Academia de Studii Economice a Moldovei, Chişinău
Academia Româno–Americană de Arte şi Ştiinţe, California

Dumitru TODOROI, Coordonator

Crearea Societăţii Conştiinţei

Materialele
TELECONFERINŢEI INTERNAŢIONALE
A TINERILOR CERCETĂTORI

Chişinău, Republica Moldova
Aprilie 21-22, 2017
Ediţia a VI-a

Radu MIHALCEA, Prof. Dr. DHC (Chicago)
Elena NECHITA, Prof. Dr. (Bacău)
Ruxandra VIDU, Prof. Dr. (Sacramento)
Diana MICUŞA, M. c. ARA (Chişinău)
Nicoleta TODOROI, Drd. (Cluj Napoca)
Alin ZAMFIROIU, As. univ. Dr., ASE Bucureşti, (Bucureşti)
Marian SIMION, Prof. Dr. (Boston)

Bacău-Boston-Bucureşti-Chicago-Chişinău-Cluj Napoca-Florida-California-Iaşi-
Timişoara – 2017

Titlul: **Crearea Societăţii Conştiinţei**
Coordonator: **Prof. Dumitru TODOROI**
Materialele: Teleconferinţei Internaţionale a Tinerilor Cercetători, Chişinău,
Republica Moldova, Aprilie 21-22, 2017, Ediţia a VI-a
Preşedinţi de Onoare a TELECONFERINŢEI internaţionale:
Grigore BELOSTECINIC, Rector ASEM, prof. univ., dr. hab., Academician AŞM,
Membru de Onoare ARA, Chişinău, Republica Moldova
Ruxandra VIDU, Preşedinte ARA, Prof., PhD, Assoc. Director California Solar
Energy Collaborative, University of California Davis, USA

Volum publicat sub egida:
    Academiei de Studii Economice a Moldovei, Chişinău
    Academiei Româno–Americană de Arte şi Ştiinţe, University of California Davis

ARA Publisher, Editura Academia Româno–Americană de Arte şi Ştiinţe,
University of California Davis
http://www.AmericanRomanianAcademy.org
Adresa: P.O. Box 2761
Citrus Heights, CA 95611-2761

Tipărit în Statele Unite ale Americii

Academia de Studii Economice a Moldovei, Chişinău
Academia Româno–Americană de Arte şi Ştiinţe, University of California Davis
Illinois State University, Chicago
Academia de Studii Economice din Bucureşti
Universitatea "Vasile Alecsandri", Bacău
Universitatea "Al. I. Cuza", Iaşi
Academia de Muzică "Gh. Dima", Cluj – Napoca
Boston Teologic Institute, Boston

TELECONFERINŢA
internationǎlǎ a tinerilor cercetǎtori
"Crearea Societǎţii Conştiinţei", (TELE-2017), Ediţia a 6-a, Aprilie 21-22, 2017,
Bacău-Boston-Bucureşti-Chicago-Chişinău-Cluj Napoca-Florida-California-Iaşi-
Timişoara
www.ase.md, www.AmericanRomanianAcademy.org

Preşedinţi de Onoare a TELECONFERINŢEI internaţionale:
Grigore BELOSTECINIC, Rector ASEM, prof. univ., dr. hab., Academician AŞM,
Membru de Onoare ARA, Chişinău, Republica Moldova
Ruxandra VIDU, Preşedinte ARA, Prof., PhD, Assoc. Director California Solar
Energy Collaborative, University of California Davis, USA

Preşedintele TELECONFERINŢEI internaţionale:
Dumitru TODOROI, prof. univ., dr. hab., m. c. ARA, Chişinău, Republica Moldova

Comitetul internaţional de organizare:
Dumitru TODOROI, prof. univ., dr. hab., m. c. ARA, ASEM, Chişinău, Preşedinte
Radu MIHALCEA, prof. univ., dr., dr., DHC, Illinois University, Chicago, Co-preşedinte
Elena NECHITA, prof. PhD, Univ. „Vasile Alecsandri", Bacău, România, Co-preşedinte,
Alin ZAMFIROIU, as. univ., dr., ASE Bucureşti, România, Co-preşedinte
Dan CRISTEA, prof. univ., dr., UAIC, m. c. AR, Iaşi, România, Co-preşedinte
Marian SIMION, prof., dr., Boston Teologic Institute, Boston, USA
Tinca BELINSKI, LYNN University, Florida, USA
Constantin SASU, prof. univ., dr., UAIC, Iaşi, România
Anatolie GODONOAGĂ, conf. univ., dr., Decan, Facultatea CSIE, ASEM
Marina COBAN, conf. univ., dr., prodecan, Facultatea BAA ASEM, Co-preşedinte
Nicoleta TODOROI, drd, Academia „Gh. Dima", Cluj-Napoca, România, Co-preşedinte,
Diana MICUŞA, m. c. ARA, UFCM, Co-preşedinte
Anatolie PRISĂCARU, conf. univ., dr., Şef catedră „Tehnologii informaţionale", ASEM

Partenerii:

Academia de Studii Economice a Moldovei, (ASEM), Chişinău, Moldova
American-Romanian Academy of Arts and Sciences, University of California Davis
UCDavs, California, USA
Illinois State University, (ISU), Chicago, USA
Academy of Economic Studies, (ASE) Bucharest, România
Boston Theological Institute, (BTI), Boston, USA
"Vasile Alecsandri" University at Bacău, (BU), Bacău, România
LYNN University, Florida, USA
"Al. Ioan Cuza" University at Iaşi, (UAIC), Iaşi, România
Music Academy "Gh. Dima" at Cluj Napoca, (MA), Cluj Napoca, România
Politehnica University of Timisoara, (TPU), Timisoara, România

Tematica:

1. Robotizarea Societăţii Conştiinţei
2. Sisteme informatice in Societatea Conştiinţei
3. Informaţia, Cunoaşterea si Conştiinta robotică
4. Robotizarea Întreprinderilor Mici şi Mijlocii

Evoluţii:

17 Martie 2017: Prezentarea titlului comunicării şi rezumatul ei (Pină la o pagină)
14 Aprilie 2017: Prezentarea lucrarii extenso (Până la 12 pagini, Ms Word, 12, Normal)
21-22 Aprilie 2017: TELE-2017 On-line, Multiple Skype
Termenul limită de înregistrare a participanţilor: 17 Martie 2017: Prezentarea titlului comunicării plus rezumatul ei (Pină la o pagină)
Termenul limită de prezentare a comunicărilor spre publicare: 14 Aprilie 2017 (Până la 12 pagini, Ms Word, 12, Normal) la adresa de email: catedra.ti@ase.md, todoroi@ase.md
Telefon: 022 402947, 022 402948, 022 402 893
Cerinţe de tehnoredactare, structura lucrării ţi alte detalii analogice ca la Congresul ARA-41:http://www.americanromanianacademy.org/41-submission.
Zilele petrecerii On-line, Multiple Skype a TELE-2017: 21-22 Aprilie 2017
Limba de lucru: română şi engleză (fără traducere).
Taxa de participare nu se percepe.
Costurile de cazare şi călătorie sunt suportate de către participanţi

Comitetul local de organizare

Prof. Dumitru TODOROI, PhD, Dr. hab. m.c. ARA
Assoc. Prof. Eugeniu GÂRLĂ, PhD, Serviciu "Stiinta", Sef serviciu
Assoc. Prof. Anatolia PRISĂCARU, PhD, "Tehnologii informaţionale", Şef catedră

21aprilie 2017 (Vineri), Sala 819 "B", Orele 8:00 – 10:00

Deschiderea TELECONFERINŢEI
Moderator: Dumitru TODOROI
Secretar: SLOBODEAN Anastasia
Grigore BELOSTECINIC, Rector ASEM, Membru de Onoare ARA, Chişinău
Ruxandra VIDU, Preşedinte ARA, University of California Davis
Elena NECHITA, Prof. Dr., m. c. ARA, Universitatea „Vasile Alexandri" din Bacău
Radu MIHALCEA, Prof. Dr. DHC, Illinois University
Alin ZAMFIROIU, Ass. Dr., CSIE ASE Bucureşti
Dan CRISTEA, Prof. Dr., m. c. AR, UAIC, Iaşi, România
Anatolie GODONOAGA, Conf. Dr., Decan CSIE ASEM, Chişinău
Dumitru TODOROI, Vice-preşedinte ARA, RM, Chişinău

Secţiunea I: Plenară
Societatea conştiinţei în istorie şi în America contemporană
Prof. Dr. Dr. H. C. Radu Mihalcea, University of Illinois at Chicago, retired
Ideile novatoare ale lui Traian VUIA aplicate
Ioana IONEL, Prof. dr. ing. Habil., m.c. ARA, Universitatea *POLITEHNICA* Timisoara, ioana.ionel@upt.ro; Ionel_Monica@hotmail.com
There has never been a better time for the sustainable development of our cities. An informational approach and a case study
Elena Nechita[1], Doina Păcurari [2], Venera-Mihaela Cojocariu[3], Cristina Cîrtiţă-Buzoianu[4], Marcela-Cornelia Danu[5]
Online Users Recognition in Consciousness Society
Alin ZAMFIROIU, AES, Bucharest, Romania, National Institute for Research & Development in Informatics, zamfiroiu@ici.ro
Stages development of ROBO-intelligences.
Dumitru TODOROI, Academy of Economic Studies of Moldova, todoroi@ase.md

Secţiunea "Sisteme informatice in Societatea Conştiinţei

The use of information technology for improving the quality of farm management
Bogdan - Alexandru SERBAN, Bucharest University of Economic Studies, Bucharest, Romania, serbanbogdan2008@yahoo.com

Secţiunea "Robotizarea Societăţii Conştiinţei"

Utilizarea Tehnologiilor Internet of Things în Societatea Conştiinţei
Ramona PLOTOGEA, Academia de Studii Economice, Bucureşti, România, ramonaplotogea@gmail.com

Învăţarea şi evaluarea studenţilor în Societatea Conştiinţei
Cornel SORA, Academia de Studii Economice, Bucureşti, România,
cornelsora@gmail.com

Choleric ROBO-intelligences with positive sensibility
Adriana ANTONI, adry97@mail.ru
Coordinator: TODOROI Dumitru, prof., dr. hab., ARA corr. member

The Sanguine ROBO-intelligence with negative sensibility
Cristina ORDEANU, kristinaordeanu@gmail.com, T-161
Coordinator: Dumitru TODOROI, univ. prof., dr. hab., ARA corr. Member

Adaptable Algorithmization for Positive Sensual ROBO-intelligences.
Laura BITCA, bitca.laura@mail.md, Dumitru TODOROI, todoroi@ase.md

Secţiunea "Sisteme informatice in Societatea Conştiinţei"

The use of information technology for improving the quality of farm management
Bogdan - Alexandru SERBAN, Bucharest University of Economic Studies, Bucharest, Romania, serbanbogdan2008@yahoo.com

Principii de bază în web design pentru optimizarea activităţii unui magazin de optică
Cristina FUSU, ASEM, ASEM, fusu.cristina@mail.ru
Valentina CAPAŢINA, conf. univ., dr., ASEM, vcapatina@yahoo.com

Tehnologii informaţionale în contabilitatea operaţiunilor specifice bugetului local
CUCER Neonela, AESM, neonelacucer@gmail.com
Valentina CAPAŢINA, *PhD Associate Professor, AESM*, vcapatina@yahoo.com

Sectiunea II: Plenară

From Human AURA to Robotic AURA.
Dumitru TODOROI, todoroi@ase.md
Mădălina MORARU, maddymauler@gmail.com, Laura BÂTCĂ, bitca.laura@mail.md

Adoptarea unui stil de viaţă sănătos în Societatea Conştiinţei
Ciprian-Andrei COŞARCĂ, Academia de Studii Economice, Bucureşti, România

Secţiunea "Informaţia, Cunoaşterea si Conştiinta robotică"

Problemele şi perspectivele dezvoltării turismului religios în cadrul RM
SLOBOZEAN Anastasia, willwandom99@mail.ru,
TODOROI Dumitru, todoroi@ase.md

Project production based on Productive Thinking
Dumitru TODOROI, AESM, Chisinau, todoroi@ase.md
Dumitru MICUSHA, ULIM, dima_micusa@mail.ru

Diferenţe de gen în reprezentările sociale ale frumuseţii
Dumitru MICUŞA, dima_micusa@mail.ru,
Coordonator: Ina MORARU, PhD, Dr., ULIM, Chişinău, Republica Moldova

Portret musical – samnatura constiintei
Nicoleta TODOROI, ntodoroi@yahoo.com,
Academia de muzică ”Gh. Dima”, Cluj Napoca, România

Secţiunea "Robotizarea Întreprinderilor Mici şi Mijlocii"

Plan de afaceri: WEB-FACTORY
Ana ONICA, ASEM, Chişinău, onica.ana0198@gmail.com
Coordonator: Dumitru TODOROI, Prof. dr. hab, m.c. ARA, todoroi@ase.md

Tehnologii informaţionale in scopul maximizării profitului
Alexandru POGON, ASEM, aalex.pogon@gmail.com
Maria MORARU, lector superior univ., **moraru_maria@yahoo.com**

Subsistem informatic: „Evidenţa corespondenţei administrative în cadrul unei întreprinderi"
Irina CĂPĂŢINĂ, ASEM, Chiţinău, irina.capatina@yahoo.com
Coordonator: Anatolie PRISĂCARU, Conf. univ., dr. a_prisacaru@yahoo.com

Tehnologii informaţionale în planificarea financiară a unităţilor economice
Catalina BARAC, ASEM, catalina.barac@gmail.com
Maria MORARU, lector superior univ., moraru_maria@yahoo.com

Sistem informatic pentru gestionarea activităţilor în cadrul unui restaurant
Ion TABAC, CSIE, *AESM*, muctuk32@gmail.com
Valentina CAPAŢINA, *PhD Associate Professor, AESM*, vcapatina@yahoo.com

Utilizarea tehnologiilor informaţionale în administrarea şi monitorizarea punctelor de acces WI-FI
Victor BARBOS, ASEM, barbos@ase.md
Valentina CAPAŢINA, conf. univ., dr., ASEM, vcapatina@yahoo.com

Sesiunea III: Plenară

Perspective for robotic AURA.
Dumitru TODOROI, todoroi@ase.md,
Mădălina MORARU, maddymauler@gmail.com, Laura BÂTCĂ, bitca.laura@mail.md

TELECONFERINŢA internationlă a tinerilor cercetători "Crearea Societăţii Conştiinţei", Ediţia a 6-a, Aprilie 21-22, 2017, Bacău-Boston-Bucureşti-Chicago-Chişinău-Cluj Napoca-Florida-Los Angeles-Iaşi-Timişoara, (TELE-2017), www.ase.md, www.AmericanRomanianAcademy.org

CUPRINSUL

Şedinţa plenară
Lucrări invitate
Moderatori: **Dumitru TODOROI, Radu MIHALCEA, Ruxandra VIDU, Elena NECHITA, Alin ZAMFIROIU**
Secretar: **Diana MICUŞA, Corina BULGAC**

21 aprilie 2017 (Vineri), Sala 819 "B", orele 10:15 – 12:15.
Secţiunea: „Robotizarea Societăţii Conştiinţei"
Moderatori: **Ioana IONEL, Alin ZAMFIROIU, Aureliu ZGUREANU**
Secretari: **Ana ONICA, Cornel SORA**

21 aprilie 2017 (Vineri), Sala 819 "B", orele 13:15 – 15:00
Secţiunea: „Sisteme informatice in Societatea Conştiinţei"
Moderatori: **Elena NECHITA, Nicoleta TODOROI, Ilie COANDA**
Secretari: **Ramona PLOTOGEA, Cristina FUSU**

22 aprilie 2017 (Sambata), Sala 819 "B", orele 10:15 – 11:15
Secţiunea: „Informaţia, Cunoaşterea si Conştiinta robotică"
Moderatori: **Maria MORARU, Diana MICUSA, Corina BULGAC**
Secretari: **Anastasia SLOBOZEAN, Catalina BARAC**

SLOBOZEAN Anastasia, TODOROI Dumitru,"Problemele şi perspectivele dezvoltării turismului religios în cadrul RM ", (Chisinau)	164
Dumitru TODOROI, AESM, Dumitru MICUSHA, ULIM, "Project production based on Cracking Creativity Productive Thinking Method", Chisinau	170
Dumitru MICUŞA, Ina MORARU, „Diferenţe de gen în reprezentările sociale ale frumuseţii", ULIM, Chişinău,	187
Nicoleta TODOROI, „Portret musical – samnatura constiintei", Academia de muzică "Gh. Dima", Cluj Napoca, România	191

22 aprilie 2017 (Sambata), Sala 819 "B", 22 aprilie, orele 11:15 – 12:30
Secţiunea: "Robotizarea Întreprinderilor Mici şi Mijlocii"
Moderatori: **Valentina CAPAŢINA, Eugeniu GARLA, Marina COBAN**
Secretari: **Ana ONICA, Alexandru DAVID**

Ana ONICA, Dumitru TODOROI," BUSINESS PLAN: WEB-FACTORY", AESM, (Chisinau)	193
Alexandru POGON, Maria MORARU, "Information technologies in order to maximize profit", ASEM, (Chisinau)	199
Catalina BARAC, Maria MORARU, "Information technologies in financial planning of economic units", ASEM, (Chisinau)	209
Ion TABAC, Valentina CAPAŢINA, "Information systems for managing activities in restaurant", CSIE, *AESM*	214
Dumitru TODOROI, Mădălina MORARU, Laura BÂTCĂ "Perspective for robotic AURA", ASEM, (Chisinau)	222
M & ARA (2017). PROGRAM – INVITATIE TELECONFERINŢA internationălă a tinerilor cercetători "Crearea Societăţii Conştiinţei", Ediţia a 6-a, Aprilie 21-22, 2017, Bacău-Boston-Bucureşti-Chicago-Chişinău-Cluj Napoca-Florida-Los Angeles-Iaşi-Timişoara (TELE-2017), www.ase.md, www.AmericanRomanianAcademy.org	223

22 aprilie, orele 12:30 – 13:30. Sala 819 "B"
Şedinţa finală
Dumitru TODOROI, Preşedinte (Chişinău)
Ruxandra VIDU, ARA (Davis)
Radu MIHALCEA, Co – preşedinte (Chicago)
Nicoleta TODOROI, Co – preşedinte (Cluj Napoca)
Alin ZAMFIROIU, Co – preşedinte (Bucureşti)
Elena NECHITA, Co-preşedinte (Bacău)
Dan CRISTEA, Co – preşedinte (Iaşi)

Discuţii, concluzii, direcţii de generalizare

Şedinţa plenară

Lucrări invitate

Societatea conştiinţei în istorie şi în America contemporană

Prof. Dr. Dr. H. C. Radu Mihalcea
University of Illinois at Chicago, retired

Abstract

Forme primitive şi încercări de organizare a unei societăţii a conştiinţei au existat de la începutul existenţei omenirii şi s-au manifestat marcant o dată cu apariţia religiilor. În Constituţia Statelor Unite ale Americii au fost ancorate primele noţiuni legate de conştiinţă. Ulterior acestea au fost complectate iar în ultimii ani aufost interpretate şi modificate substanţial prin activitatea partidelor politice.

În materialul de faţă se analizează în ce măsură încercări pentru organizarea unei societăţi a conştiinţei au existat, există şi pot avea succes în Statele Unite ale Americii.

Keywords: societate, conştiinţă, laic, creştinism, islamism, excepţionalismul american, războiul împotriva ştiinţei, valori ale societăţii americane, ignoranţă

1. Definirea unei societăţi a conştiinţei

Noţiunea de societate a conştiinţei a apărut prima oară în lucrarea academicianului Mihai Drăgănescu *Sistem şi Civilizaţie*, publicată în 1980 în Editura Politică, Bucureşti[1]. Mihai Draganescu se referă la patru forme de conştiinţe care vor fi funcţionale în viitor:

-       conştiinţa omului contemporan. Aceasta va fi considerată în materialul de faţă.

-       conştiinţa omului modificat prin mijloace biotehnologice. În afara tratamentelor medicale pentru diferite deranjamente care ar putea duce accidental la o modificare a conştiinţei omenirea se află în prezent foarte departe de a putea realiza modificări voite ale conştiinţei. Rezultate tratamentelor medicale individuale nu pot fi puse la baza unei societăţi a conştiinţei.

-       conştiinţa artificială obţinută prin mijloace pur tehnologice. Se pare că acad. Drăgănescu se referă la programele care asigură în prezent funcţionarea maşinilor automate şi a roboţilor. Acestea sunt pur şi simplu software avansate şi nu mai pot fi considerate astăzi drept forme ale conştiinţei.

-       conştiinţa fundamentală a existenţei. În literatura de specialitate nu se regăseşte această noţiune şi de altfel conţinutul ei ar putea fi identic cu *conştiinţa omului contemporan*, amintită la începutul acestui paragraf.

Noţiuni similare nu se regăsesc în literatura occidentală aşa că o definire occidentalizată şi actualizată a unei societăţi a conştiinţei – făcută cu scopul de a analiza posibilitatea dezvoltării unei societăţi a conştiinţei în USA - poate fi realizată numai pornind de la traducerea în engleză a noţiunilor de bază "societate" (society) şi „conştiinţă" (consciousness). Cuvântul societate este folosit curent şi de aceea este de la sine înţeles: *totalitatea oamenilor care trăiesc laolaltă, fiind legaţi între ei prin anumite raporturi economice sau de altă natură[2].*

Dicționarele limbii engleze oferă multiple interpretări ale traducerii cuvântului românesc conștiință (consciousness) dar majoritatea acestora se referă la o stare psihică individuală, care nu poate fi folosită în definirea fenomenului social care ar fi o societate a conștiinței. De exemplu: *nu și-a recâștigat conștiința și a decedat câteva ore mai târziu*[3].

Numai într-un dicționar electronic disponibil în Google se găsește explicația: *the thoughts or feelings, collectively, of an individual or of an aggregate of people; the moral consciousness of a nation*[3] care ar putea fi folosită în scopul definirii unei societăți a conștiinței. Această definiție este foarte aproape de cea care se regăsește în Wikipedia.ro: "conștiința poate fi considerată ca un sentiment pe care omul îl are asupra moralității acțiunilor sale". Din păcate definițiile nu limitează felul sentimentului – de exemplu: aprobare sau dezaprobare, cu urmări pozitive sau negative - și din această cauză analize suplimentare pentru definirea societății conștiinței sunt necesare.

În România și în Republica Moldova se dorește să se înțeleagă prin o *societate a conștiinței* o societate cu un înalt spirit moral și comportamental, dar aceasta este o delimitare subconștientă folosită în legătură cu noțiunea de societate a conștiinței. Experiența arată că și organizațiile cu scop destructiv dezvoltă o *conștiință*: este conștiința apartenenței unui grup violent ca de exemplu de bandiți, de traficanți de droguri sau de persoane sau de organizații politice care au avut – printre altele - și scopul distrugerii altor persoane sau popoare. De exemplu Partidul National Socialist German (1923 – 1945) a avut drept unul din scopuri eliminarea popoarelor considerate inferioare, cum se considera pe atunci că sunt comunitatea evreiască, țiganii (conform denumirii acestui popor folosită în timpul celui de al doilea război mondial), ucrainienii și alții.

De aceea în discuția despre creerea unei *societăți a conștiinței* ar trebui eliminate acele atribute care pot duce la conflicte nedorite între oameni sau popoare, ar trebui trasată o graniță între acele *thoughts or feelings* care ar creia o societate dezavantajantă pentru anumite grupuri sociale și celelalte care ar crea numai avantaje și la care se referă de fapt expresia *societate a conștiinței* în lucrarea acad. Drăgănescu. Definirea acestei granițe este însă extrem de dificilă și nesigură: însăși concentrarea eforturilor asupra definirii ei ar duce la discuții interminabile, care ar abate de la eforturile de a construi o *societate a conștiinței pozitive, umane...* oricum ar fi definită aceasta.

Să reținem din acest comentar că referința la conștiință în legătură cu societatea umană necesită o precizare care în acest material este arătată prin cuvântul „pozitivă" pentru a o delimita de acele organizații sau societăți care ar avea ca scop înrăutățirea condițiilor de trai a unei părți sau a unei majorități a populației.

Cu aceasta însă nu au fost epuizate încercările de a defini o societate a conștiinței pozitive care ar urma să apară într-un viitor apropiat. Dezvoltarea informaticii – atât în ceeace privește hard- cât și software – nu duce automat la formarea unei societatăți a conștiinței ci numai la creșterea activității informatice în cadrul societății umane ca va exista cândva, într-un viitor apropiat. Roboții nu vor înlocui oamenii în cadrul societății ci vor rămâne mai departe slujitori mecanizați și servitori ai intereselor umane. Chiar și atunci când inteligența roboților va fi atât de dezvoltată încât vor depăși capacitatea de performanță intelectuală a oamenilor – aceasta se întâmplă deja în anumite cazuri ca de exemplu la computerele programate să joace șah – oamenii vor fi aceea care vor folosi capacitatea roboților și nu invers.

Cel mai avansat supercomputer existent în prezent este Watson, oferit de firma IBM și denumit așa după inginerul american Thomas J. Watson care a fondat întreprinderea IBM. Computerul combina inteligența artificială existentă în prezent cu o software de analiză care poate fi adaptată la cele mai diferite necesități, după dorința clientului. Dar Watson rămâne o mașină care *răspunde la întrebări* într-un anumit domeniu pe baza documentației care i-a fost pusă la dispoziție[4].

Ca un exemplu al preformației de care este capabil Watson, se poate considera cazul în care toate cazurile de crimnalistică înregistrate între anii 1950 și 2015 inclusiv legislația aferentă pot fi înregistrate în memoria computerului și pe baza acestora i se poate cere să formuleze un verdict într-un caz real, în analiză în zilele noastre. O asemenea performanță de cunoaștere nu îi este posibilă nici-unei persoane. Watson va răspunde la această cerere – care, fără Watson, probabil că ar necesita activitatea unui team de avocați experimentați pe timp de câțiva ani de zile – în câteva minute. Dacă însă propunerea lui Watson de condamnare a vinovatului va fi acceptată și aplicată...aceasta va depinde de interpretarea *inteligentă* a datelor culese la locul crimei și această interpretare nu va putea fi făcută decât de ființe umane. Oamenii vor fi cei care vor forma mai departe societatea conștiinței iar computerele oricât ar fi ele de perfecționate și performante, vor fi menținute numai ca ajutoare prețioase ale activității umane. În cazul unui pericol iminent din partea roboților doritori să preia supremația asupra societății umane, simțământul de conservare tipic omenesc îi va motiva pe ingineri să scoată din priză steckerul care asigură alimentarea cu energie electrică a robotului...și cu aceasta dominația roboților va fi terminată. De aceea nu este cazul să analizăm acum evoluția unei societăți de roboți care să domine societatea umană.

2. Religiile ca forme ale societății conștiinței

Probabil că primele încercări de definire a unei societăți a conștiinței au fost făcute o dată cu stabilirea primelor reguli de conviețuire umană, cu mii de ani înainte de era noastră. Familiile primitive, pe urmă grupurile de familii, triburile și ulterior popoarele au avut – în mod sigur - *thoughts or feelings...of an aggregate of people* care ar fi justificat – la vremea aceea - denumirea de societate a conștiinței, cel puțin prin comparație cu alte grupări mai puțin organizate. Despre acestea se cunosc destul de puține date concrete, așa că analiza de față poate să fie începută cu apariția religiilor, acestea având o contribuție importantă și durabilă peste mii de ani în încercările de a forma o societate a conștiinței, de data aceasta pe baza unei conștiințe religioase.

Dintre cele cinci religii majore practicate în prezent în lume vor fi analizate în acest material numai două: creștinismul – ca fiind cea mai răspândită religie în USA - si islamismul ca fiind cea mai controversată religie contemporană datorită influenței ei în apariția de organizații marginale dar cu scopuri teroriste. Celelate trei religii majore –

budismul, confucianismul şi judaismul – au o răspândire mai redusă în USAŞi de aceea pot fi lăsate în afara analizei. Creştinismul şi islamismul se află de două – trei decenii într-un conflict provocat şi susţinut de o interpretare extremă a islamismului, conflict care favorizează întărirea sentimentului de solidaritate şi poate duce la o accelerare a apariţiei şi dezvoltării unei societăţi a conştiinţeiîn cadrul fiecăreia dintre cele două religii.

2.1 Creştinismul[5]

Religia creştină a formulat cele 10 principii (decalogul) aplicate şi în prezent de către cele cca. 2 miliarde de credincioşi creştini. În varianta ortodoxă şi întro formă prescurtată acestea sunt: **1**. Eu sunt Domnul, Dumnezeul tău. Să nu ai alţi dumnezei afară de mine.**2**. Să nu-ţi faci chip cioplit, nici vreo înfăţişare a lucrurilor care sunt sus în ceruri, sau jos pe pământ, sau în apele mai de jos decât pământul. Să nu te închini înaintea lor şi să nu le slujeşti. **3**. Să nu iei în deşert numele Domnului. **4**. Lucrează şase zile şi-ţi fă în acelea toate treburile tale, iar ziua a şaptea este odihna Domnului Dumnezeului tău. **5**. Cinsteşte pe tatăl tău şi pe mama ta. **6**. Să nu ucizi. **7**. Să nu fii desfrânat. **8**. Să nu furi. **9**. Să nu mărturiseşti strâmb. **10**. Să nu pofteşti casa, nevasta, robul, roaba, boul, măgarul, nici vreun alt lucru care este al aproapelui tău.

Principiile 4 – 9 au fost preluate în cadrul legislativ al ţărilor în care religia creştină este practicată majoritar şi de aceea şi-au pierdut din importanţa religioasă: ele constituie acum fundamentul legislativ al societăţii şi pot fi privite drept un concept al societăţii conştiinţei în forma – încă imperfectă - în care aceasta există ţările creştine.

Dar sub umbrela religiei creştine sunt adăpostite cel puţin trei orientăridiferite – catolică, ortodoxă şi protestantă – care oferă şi principii de viaţă diferite între ele. În plus, orientarea protestantă este divizată – numai în USA - în peste 200 de organizaţii independente…aşa că încercarea de a forma o societate a conştiinţei unice punând la bază religia creştină nu duce la un rezultat uşor de atins. Invers, acceptând formarea a numeroase societăţi ale conştiinţeipe baze religioase – probabil câteva sute numai în USA - fiecare cu mici diferenţe faţă de cealaltă duce la o fărâmiţare a societăţii în grupuri sociale mici, unele cu numai câteva mii de membri şi cu legături între ele mai curând concurenţiale decât prieteneşti. Această realitate duce mai curând la o diluare a conceptului de societate a conştiinţei, poate până la dispariţia importanţei acestui concept. Dacă se consideră şi faptul ca ateiştii însumează ca 20% din populaţia americană actuală şi că numărul lor este în creştere, se poate spune că şansele de a construi o societate a conştiinţei pe baza religiei creştine sunt minime sau poate… inexistente.

2.2 Islamul[6]

Aproximativ în anul 700 din era noastră a apărut religia islamică care a formulat următoarele cinci principii (cei cinci stâlpi) ale credinţei: **1**.Nu există Dumnezeu în afară de Dumnezeu, iar Muhammadeste trimisul lui Dumnezeu. **2**. Musulmanii au obligaţia săse roage la Dumnezeu de cinci ori pe zi.**3**. Orice musulman este obligat să efectueze măcar o dată în viață pelerinajul ritual la Mecca. **4.** Timp de 30 de zile în fiecare an – considerate drept zile ale iertării și a milei, ca un mijloc de purificare, ca un exercițiu de autocontrol și o dovadă de credință - musulmanii adulți trebuie să postească din zori până după apusul soarelui: să se abțină de la mâncare, băutură, fumat, relații sexuale, minciuni, jigniri, blesteme. **5.** Credincioșii trebuie să doneze anual 2,5 % din valoarea veniturilor.

Statele islamice – cu o populație totală de cca. 1.6 miliarde de oameni – nu au preluat aceste principii în legislația lor civilă însă populația le acceptă iar societatea islamică întreține și tribunale religioase care aplică *sharia* - un cod de procedură penală pe baza învățăturii islamice – în multe dintre aceste țări. Și societățile din aceste țări ar putea fi considerate drept societăți ale conștiinței - desigur, ale conștiinței islamice – dacă în Sharia nu ar fi prevăzute pedepse care – privite din punctul de vedere al umanității – ar acționa impotriva noțiunii de conștiință: tăierea mâinii hoțului; pedepsirea prin biciuirea publică; uciderea femeii adultere prin îngroparea ei până la brâu și aruncarea cu pietre în torace și în cap. Drepturile umane ale femeilor în anumite țări sunt pur și simplu desconsiderate: nu au voie să iasă din casă neînsoțite, nu au voie să conducă mașina

În cadrul religiei islamice există aceiaș divizare a credinței unice în orientări concurențiale: suniții și shiiții sunt numai două dintre grupările principale ale Islamului care și la ora actuală la mai mult de 1300 de ani de la înființaremai conduc războaie - soldate cu mii de morți anual - pentru stabilizarea zonelor de influență și achiziționarea de alte grupuri de credincioși. În realitate religia islamică cuprinde mai mult de 30 variante, cele mai multe fiind prinse în conflicte permanente între ele. Această divizare elimină momentan posibilitatea apariției unei societăți a conștiinței pozitive, umane, orientate către un viitor generosși fondată pe baza religiei islamice.

2.3 Alte considerații

Indiferent de felul religiei, problema care s-ar pune în legătură cu inființarea în viitorul apropiat a unei societăți a conștiinței este dacă o asemenea societate s-ar poate înființa pe baze religioase. Religiile oferă un set de păreri și procedee comune multor credincioși și de aceea - la o prima vedere – par a fi predestinate pentru organizarea unei societăți a conștiinței. Părerile și procedeele ar urma să fie acceptate de o întreagă populație, ceea ce se întâmplă – mai mult sau mai puțin - în prezent în USA, unde 80% dintre cetățeni declară că ar aparține uneia dintre religii și 50% dintre ei participă săptămânal la o manifestare religioasă: condițiile preliminare pentru înființarea unei societăți a conștiinței religioase ar fi îndeplinite.

Dar cunoștințele – părerile – propagate de religii au fost formulate de oameni – având funcții de preoți, imami sau similare - în urmă cu 1000 – 2000 de ani și puse pe atunci în seama unei entități pe care ei au numit-o Dumnezeu. Cercetările științifice care au mers în timp până la 14 miliarde de ani înaintea timpurilor noastre și până la miliarde de km depărtare de Pamânt nu au descoperit nicio urmă a acestei entități care să fi realizat fundamentul lumii actuale. De aceea știința neagă existența unui Dumnezeu cu toate că evită să intre întro polemică susținută cu clericii despre această problemă, și aceasta din cauză că...polemica nu prezintă nici-un interes pentru știință. Știința se bazează pe fapte verificabile în orice moment și care au fost deja verificate...Tot ce se află în afara faptelor verificate...nu este știință.

Există numeroase încercări – mai ales în USA – să se realizeze o conciliere între știință și religii, dar toate acestea rămân numai speculații care nu se pot pune la baza unei societăți a conștiinței pozitive, dacă se dorește ca această societate să aibă o bază ancorată în realitatea vizibilă în orice moment, în orice parte a lumii. De aceea ar trebui adusă o nouă complectare la denumirea de societate a conștiinței, societate care ar putea să existe numai în afara religiilor: aceasta ar deveni acum *o societate laică a conștiinței pozitive*.

2.4 Cauzele fărâmițării societăților pe bază de religie

În acest moment este justificată o scurtă analiza a factorilor care au dus la divizarea și fragmentarea organizațiilor religioase, cu toate că acestea au oferit la începutul istoriei lor – când știința modernă încă nu apăruse - posibilitatea creerii și menținerii unor societăți ale conștiinței bazate pe credință. De ce nu s-au menținut și dezvoltat aceste societăți dealungul secolelor?

Religia creștină a apărut în urmă cu 2000 de ani ca o speranță a sclavilor din imperiul roman pentru o viață mai bună. În ciuda persecuției la care au fost supuși credincioșii, speranța a devenit atât de puternică încât în anul 325 împăratul roman Constantin a decis să ridice religia sclavilor la nivel de religie de stat. Acesta a fost momentul apariției unei societăți a conștiinței – a conștiinței creștin-religioase – care s-ar fi putut menține până în prezent. Dar 800 de ani mai târziu, secția din Constantinopole a religiei creștine a decis să se separe de secția din Roma, declarându-se o religie înrudită dar independentă, cea ortodoxă. Motivul oficial al separării a fost dorința de a asigura popoarelor din estul Europei o variantă a credinței mai bine adaptată necesităților locale; motivul real a fost însă dorința de a atinge puterea absolută asupra credincioșilor din zonă, putere independentă de conducerea de la Roma. Puterea absolută aduce atât **avere personală** cât și **satisfacția de a domina oamenii** după bunul gust propiu: preoții din acea vreme - și cei din timpurile următoare, până în ziua de astazi și chiar și ceilalți membri ai societății – au rămas sensibili la aceste douărezultate ale deținerii puterii. Aceasta a dus la fărâmițarea mai întâi a societății și ulterior la eliminarea șanselor de creere a unei societăți a conștiinței pe fundamente religioase la nivelul unei națiuni.

Pe plan local, în jurul bisericilor se formează și există grupări de credincioși care se străduie să respecte toate prescripțiile religioase; ele formează embrioane ale unei societăți a conștiinței dar nu reușesc să depășească nivelul îngust al unei organizații parohiale și să se unească întro societate națională a conștiinței.

În Islam, problema a fost si a rămas asemănătoare: după moartea lui Mahomed - cel care a fundamentat Islamul - urmașii lui nu s-au putut înțelege cine să-l urmeze la conducerea noii mișcării religioase: fratele sau o rudă mai îndepărtată. La o privire superficială a problemelor, discuția s-a purtat în legătură cu puritatea conceptului islamic; în realitate însă a fost vorba de avere și de puterea rezultată din dominarea credincioșilor. Acest conflict a rămas nerezolvat până astăzi și a dus la imposibilitatea de a-ți imagina o societate a conștiinței bazată pe religia islamică la nivel de stat. Grupări embrionare ale unei societăți a conștiinței există în jurul moscheelor și sunt formate din o parte dintre credincioșiicare se străduie să respecte întocmai perceptele religiei islamice. Dar aceștia constituie numai grupări izolate și nu o societate a conștiinței.

2.5 Poate conștiința fi cumpărată?

Întrebarea este justificată atât prin cele relatate despre fărâmițarea unor posibile societăți ale conștiinței pe baze religioase cât și din simplu raționament în legătură cu stabilitatea conștiinței: este conștiința unei persoane invariabilă în timp sau se schimbă într-un proges îndelungat, sub influența:

- schimbărilor rezultate în urma unei intervenții masive din afara sau din interiorul societății?
- schimbărilor petrecute în mediul social?

Din răspunsurile la aceste întrebări se pot obține informații atât în legătură cu formarea cât și în legătură cu stabilitatea în timp a unei societăți a conștiinței. Societatea americană este una dintre cele mai avansate din lume și de aceea oferă o mulțime de exemple pentru a putea răspunde la fiecare fiecare dintre aceste întrebări.

Societatea americană este considerată a fi una democratică iar o societate democratică este cea mai apropiată de o societate a conștiinței tocmai fiindcă sprijină dreptul de a formula păreri și a le discuta în public: aceasta ar fi condiția necesară pentru formarea unei conștiințe comune, monolitice, care să stea la baza unei societăți a conștiinței.

În Constituția[7] americană este ancorată și cea mai stabilă formă de organizare statală cunoscută până în prezent: conducerea țării este asigurată de un președinte care coordonează activitatea guvernului pe baza legilor aprobate de către Parlament și Senat, după ce Justiția a stabilit că legile sunt conforme cu prevederile Constituției. Cele trei organe – Guvernul condus de Președinte, Parlamentul și Senatul și aparatul judiciar - sunt interdependente și fiecare are posibilitatea să se opună unei măsuri luate de una dintre celelalte organe. Deoarece Constituția americană este foarte veche – a fost aprobată la 1780 – mai există o Curte Constituțională care are ca sarcină să interpreteze prevederile constituționale în așa fel încât acestea să corespundă necesității satisfacerii cerințelor societății contemporane. Activitatea guvernamentală este sprijinită de instituții care culeg informații despre situația internă – de ex. FBI - și internațională – de ex. CIA - și le pun la dispoziția celor trei organe care conduc statul.

Președintele, membrii Parlamentului și ai Senatului sunt persoane alese la fiecare patru ani. Personalul de conducere din fruntea ministerelor – inclusiv ai justiției – sunt numite pentru o perioadă limitată de timp (4 ani de obicei) iar personalul de conducere al organelor de securitate și de informații sunt numite pe o perioadă de 8, 10 ani sau pe viață (numai la Curtea Constituțională), pentru a asigură continuitatea în aceste activități. Realegerea pe funcție este permisă fără limitări.

Țelul acestei organizări atât de complexe a fost ca să se asigure că persoanele alese şi cele numite pe post de conducere să poate decide numai în conformitate cu interesele alegătorilor şi cu conştiinţa lor: în acest caz societatea americană ar fi ajuns foarte departe în direcţia stabilirii unei societăţi a conştiinţei. Dar toate persoane alese au şi interese personale, dintre care cele mai importante sunt menţinerea atât a venitului cât şi a puterii care rezultă din activitatea pe postul respectiv. Din această cauză cei aleşi devin susceptibilila influenţa altor persoane sau organizaţii care pot pune la dispoziţie mijloacele financiare necesare finanţării alegerilor[1]. Folosind aceste mijloace, senatorii şi deputaţii devin îndatoraţi – cel puţin moral – celor care le-au finanţat campania electorală şi asta înseamnă că în hotărârile lor vor ţine seama şi de interese străine de cele ale marei mase a alegătorilor sau de cele personale. Posibilitatea de a organiza o societate *pură* a conştiinţei devine din această cauză din ce în ce mai îndepărtată. O societate a intereselor devine din ce în ce mai probabilă cu toate măsurile prevăzute în Constituţia americană pentru evitarea unei asemenea situaţii.

3. Mişcări laice care ar fi putut duce la o societate a conştiinţei

Lozinca revoluţiei franceze - *Liberte, Egalite, Fraternite* – formulată prima oară de Robespiere la 1790 - poate fi considerată ca un apel în încercarea de definire a unei societăţi a conştiinţei pozitive, dedicată prosperării umanităţii. Schimbările sociale care au urmat de atunci în lume au dus la realizarea în mare parte a acestor deziderate dar evoluţia conştiinţei umane şi a relaţiilor dintre oameni a dus la apariţia altor necesităţi care ar trebui să fie satisfăcute în viitor întro *societate a conştiinţei pozitive, umane.*

Disputele politice care au avut loc intre 1787 si 1790 pentru formularea Constituţiei Statelor Unite, de abea închegate, au dus la formularea unor amendamente – cunoscute acum sub denumirea de Bill of Rights[8] – care au fost gândite la vremea aceea pentru acceptarea Statelor Unite ca formă de coexistenţă administrativă a ţărilor independente de pe teritoriul american. Cele mai importante dintre acestea prevăd:

Amendamentul 1: libertatea religiilor; libertatea de a lua cuvântul; libertatea presei; dreptul oamenilor de a participa la adunări paşnice; dreptul de a se adresa guvernului pentru rezolvarea unor probleme.

Amendamentul 2: dreptul cetăţenilor înrolaţi în miliţii de a purta arme şi de a le păstra acasă.

Amendamentul 4: securitatea domiciliului individual, în care autoritatea statală nu poate pătrunde fără o hotărâre judecătorească.

Amendamentele 5 – 8 se referă la drepturile cetăţeanului în faţa justiţiei. Acestea sunt în cea mai mare parte ancorate în jurisdicţia statului american, au fost copiate în jurisdicţiile majorităţii statelor democratice din lume şi nu fac – de obicei – obiectul atenţiei cetăţenilor preocupaţi de creerea unei societăţi a conştiinţei.

---

[1] Pentru realegerea parlamentarului american John Boehner - Speaker of the United States House of Representatives - au fost donate în 2012 peste 40 milioane $. Organizaţia care a sprijinit candidatura la Preşedenţia USA a doamnei Hilary Clinton a primit donaţii de peste 400.000.000$.

Amendamentul 9 recunoaşte că lista de drepturi ale cetăţenilor deja garantate prin constituţia USA nu este limitativă; alte drepturi, încă neluate în consideraţie, pot fi recunoscute drept drepturi ale cetăţenilor şi tratate ca atare.

Acest amendament deschide perspectiva dezvoltării unei societăţi a conştiinţei care să considere şi alte cerinţe în afara celor deja considerate în contituţia americană. Acesta ar fi drumul legal pe care se pote merge către dezvoltarea unei societăţi a conştiinţei în USA.

Amendamentul 10 stabileşte că acele drepturi nedelegate prin Constituţie către Guvernul Federal, rămân in jurisdicţia statelor care au format USA. Prin aceasta devine posibilă creerea unie societăţi a conştiinţei în fiecare sau numai întrunul dintre statele USA.

Amendamentele constituţiei americane s-au situat cu mult înaintea concepţiilor de viaţă a populaţiei americane contemporane apariţiei lor. Ele au constituit nu numai un însemnat pas înainte în dezvoltarea conştiinţei poporului american dar şi o bază de la care se poate pleca şi în prezent pentru definitivarea unei *societăţi laice a conştiinţei pozitive*. În anii imediat după cel de al doilea război mondial USA a fost şi considerată ca fiind foarte aproape de o societate ideală pentru întreaga omenire şi a fost ţelul emigraţiei din toate popoarele lumii.

4. Valori de bază ale societăţii americane[9]

Populaţia Americii s-a format în mare parte datorită emigrării mai întâi din Europa şi ulterior şi din ţările asiatice. Cei care şi-au părăsit ţara de baştină pentru a ajunge pe un teritoriu puţin cunoscut şi de abea descoperit au fost mânaţi de ideale, de dorinţe, de visuri pe care şi le-au dorit să le transforme în realitatea vieţii lor. Chiar dacă în prezent americanii nu trăiesc în permanenţă şi în totalitate după aceste visuri – denumite core value (valori centrale) – ele constituie fundamentul pe care a fost construit sistemul de guvernare american, în funcţie şi astăzi. Ele sunt: libertate, autoguvernare, egalitate, individualism, diversitate şi unitate.

Libertatea este valoareacare proclamă căoamenii trebuie să fie liberi să gândească, să vorbească şi să acţioneze aşa cum doresc atât timp cât ei nu rănesc simţământul de libertate şi drepturile concetăţenilor lor.

Autoguvernareaeste acea valoare care declară că cetăţenii au un cuvând de spus despre felul în care ei sunt conduşi de către guvernul lor. Cetăţenii constituie pe de o parte sursa primară a autorităţii guvernului şi participă activ la procesul politic iar pe de altă parteguvernul există ca să promoveze bunăstarea cetăţenilor.

Egalitateaeste valoarea care stabileşte că toţii cetăţenii trebuiesc trataţi corect şi cu demnitate, şi le oferă posibilitatea de a se educa, de a avea succes economic, de a participa la procesul politic şi de a avea o viaţă împlinită.

Individualismeste valoarea legată de independenţă, de iniţiativa privată, de creşterea averii propii şi de capacitatea de a se întreţine singur. Individualism înseamnă şi capacitatea de a face decizii privind propia persoană fără influenţa – necerută - a societăţii sau a guvernului.

Diversitatea este valoarea careînvață că orice persoană este unică și importantă în felul ei indiferent de rasa sau de care aparține, de averea pe care o posedă, de cultura pe care o are sau de religia pe care o practică.

Unitatea este valoarea care învață că toți membrii societății americane atât de diverse trebuie să acționeze uniți pentru a realiza idealurile pentru care au venit pe tărâmul american.

Aplicarea în practică a acestor valori centrale ale societății americane au dus la creerea SUA așa cum aceasta este cunoscută în istorie: un stat puternic, care garantează libertatea individuală și urmărirea fericirii propii (pursuit of happiness), în condiții demne de invidiat de toate țările din lume. Desigur că aceste valori sunt respectate și în multe alte țări - dezvoltate - din lume, dar în nicio țară aceste valori nu sunt prezente în conștiința populației în măsura în care acesta se întâmplă în USA.

Desigur că o societate definită în acest fel posedă o conștiință – un set de valori - și de aceea poate fi privită ca o *societate a conștiinței*. Dar în același timp se poate pune întrebarea dacă acesta este nivelul prim - sau ultim - al unei societăți a conștiinței sau dacă se pot identifica alte nivele, definite în urma evoluției economice, sociale și politice a societății în timp.

Prin aceasta se introduce în conceptul *societății conștiinței* posibilitatea de a defini nivele diferite de dezvoltare legate de dezvoltarea societății în timp. Cu alte cuvinte, trebuie acum elucidată întrebarea dacă conceptul de societate a conștiinței poate evolua o dată cu evoluția societății.

4.1 Alte valori declarate ale societății americane[10]

Societatea americană reală a evoluat, nivelul de cunoștințe al populației a evoluat și el și cu acesta și numărul și calitatea cerințelor către societatea americană real existentă. Dealungul anilor s-au cristalizat alte opt caracteristici ale poporului american, cunoscute drept valori de bază (Values of American people). Ele sunt:

Acceptarea științei. Știința este considerată ca o sursă primară de bunăstare iar teoriile științifice care duc la bunăstare sunt prețuite.

Optimism. Progresul în toate domeniile vieții este un rezultat al optimismului american: nimic nu este imposibil.

Munca. Munca cinstită și plină de succes este prețuită; munca și averea constituie baza recunoașterii în societate.

Competiție. Personalități agresive și competitive sunt încurajate.

Mobilitatea. Mobilitatea socială și geografică este încurajată.

Angajament voluntar. A ajuta pe alții are o valoare în sine. Filantropia este admirată.

Orientarea către acțiune. Alegerea țelurilor și planificarea acțiunilor au prioritate: aceste două elemente constituie baza enunțării unei strategii. Acțiuni scurte de gen afacerist sunt apreciate. Acțiuni practice sunt susținute.

Împreună cu cele șase valori centrale ale conștiinței americane – analizate în capitolul 4 – se creează o rețea de valori care definesc din ce în ce mai detaliat conștiința poporului american. Din nou trebuie spus că nici acestea nu sunt limitative, că conştiinţa cuprinde încă alte elemente care duc la fragmentarea şi mai pronunţată a societăţii şi la posibilitatea de a defini din ce în ce mai multe societăţi ale conştiinţei, cu din ce în ce mai puţin membri dar tot atât de viabile ca şi cele analizate până acum.

O sursă puternică de diferenţiere de noi elemente ale conştiinţei este activitatea politică.

5. Partidele politice americane şi programele lor[11, 12]

Multe dintre persoanele cu concepte de viaţă (conştiinţe) sau cu interese similare se unesc devenind membri ai partidelor politice: ceilalţi rămân numai alegători – mai mult sau mai puţin - permanenţi ale acestora. În preajma alegerilor prezidenţiale din USA partidele politice redactează un program care însă numai în parte serveşte fie ca ghid al dezbaterilor dinainte de alegeri, fie ca ghid al activităţii partidului după alegeri. Imensa majoritate a alegătorilor nu citesc programele partidelor şi aleg partidul – sau candidatul – căruia îi acordă votul pe considerente personale: simpatia pentru candidat şi familia lui, tradiţia de vot a familiei, a prietenilor, a colegilor de serviciusau de speranţa că anumite probleme personale pot fi rezolvatede partidul respectiv sau de impresia generală asupra partidului, de obicei necorelată cu performanţele lui actuale. Americanii de origină română aleg de obicei candidaţii Partidului Republican pe baza unui sentiment de siguranţă: Partidul Republican se poziţionează mai departe decât Partidul Democrat- prea apropiat după părerea lor – de ideologia unui Partid Comunist, cu care au cules experienţă în timpul vieţii lor în România.

Elementul principal al dezbaterilor electorale îl constituie personalitatea candidaţilor şi felul în care aceştia reuşesc să se pună în scenă şi să compromită pe ceilalţi candidaţi cu care concurează. Ideile politice sunt numai enunţate, nu sunt nici cel puţin formulate difinitiv. Fanteziei alegătorului să dezvolte ideile anunţate şi să-şi formuleze speranţe legate de un anumit candidat nu îi sunt puse niciun fel de graniţe: diferenţa între ceea ce a promisefectiv candidatul şi ce a înţeles - şi aşteaptă - alegătorul este – în multe cazuri – imensă.

De multe ori sunt folosite numai noţiuni simbolice puternic încărcate sentimental în cadrul dezbaterilor preelectorale ca de exemplu:

- **"Dacă va fi ales candidatul x, el ne va interzice să posedăm arme!"**
Dreptul de a purta arme este garantat prin Constituţie în urma unei interpretării a acesteia de către Curtea Supremă. Candidatul x nici nu se gândeşte să interzică posesia armelor ci numai purtatul acestora în locuri publice, pe stadioane, în şcoli...etc. Dar prin aceasta afirmaţie candidatul x este stigmatizat şi şansele lui de a fi ales devin mai reduse: o mare parte dintre alegători nu sunt în stare să vadă pericolul care rezultă din deţinerea de arme şi nu sunt în stare să perceapă exact ce vrea să spună candidatul blamat.

Acesta este o alta dintre marile probleme ale alegătorului american: capacitatea de a înţelege exact ce i se spune şi de a analiza nesentimental consecinţele unei acţiuni politice. Poporul american nu beneficiază de o educaţie politică în şcoli, nu cunoaşte pericolul care rezultă din manipularea opiniei publice şi este adesea victima dezinformării practicate de multe posturi de radio, tv şi de publicaţii cu conţinut neverificat din bloguri sau alte forme de comunicare din internet.

- **„Obamacare** – acesta este denumirea peiorativă dată legii Affordable Health Care - **a distrus economia americană, este o catastrofă şi trebuie desfiinţată!"** În realitatea economia americană prosperă ca nicio data în istorie iar AHC a acordat posibilitatea de a fi asigurat medical unui număr de 20 de milioane de americani din cei cca. 50 de milioane rămaşi neasiguraţi înainte de aplicarea legii. Depăşirea cheltuielilor medicale prevăzute în bugetul de stat se datoreşte în mare parte faptului că societăţilor de asigurare le este interzis prin lege să trateze preţul medicamentelor cu întreprinderile de specialitate şi ca urmare preţul medicamentelor pe piaţa americană este deîn medie 5- 10 mai mare decât în străinătate. Un exemplu extrem este cel al întreprinderii Marathon PLCcare încasează în USA de 90 de ori - 9000% - mai mult decât încasează în străinătate pentru tratamentul anual cu medicamentul Deflazacort[13].

Problema introducerii economiei de piaţă pe piaţa de medicamente în USA ar trebui rezolvată de către Parlament – prin retragerea legii respective a medicamentelor – dar Parlamentul preferă să retragă AHC fiindcă în acesta este prevăzută şi impozitarea suplimentară a veniturilor mari în scopul finanţării cheltuielilor de sănătate a părţii sărace a populaţiei, cca. 20% din populaţia americană. Parlamentarii – persoanele alese de populaţie pentru a-i reprezenta interesele în forul legislativ – nu se simt obligaţi să reprezinte interesele tuturor alegătorilor lor: interesele celor care pot contribui substanţial la finanţarea campaniei electoraleau prioritate absolută. Desigur că se poate pune imediat întrebarea dacă o asemenea societate mai este democratică sau mai poate fi considerată ca bază de plecare pentru organizarea unei *societăţi laice a conştiinţei pozitive*.

Să reţinem şi faptul că în SUA – unde există una dintre cele mai performante economii de piaţă din lume - piaţa de medicamente este exceptată prin lege de a fi organizată ca economie de piaţă. Aceasta este o anomalie care duce la deformarea întregii structuri a societăţii, care aduce venituri imense uneia dintre industriile existente şi costuri insuportabile pentru mulţi dintre cei care au probleme de sănătate. O asemenea situaţie nu poate în nici-un caz să fie pusă la baza unei *societăţi laice a conştiinţei pozitive*.

Informaţiile de mai sus sunt disponibile în presa centrală dar alegătorul american nu citeşte presa, este sensibil la prezentările manipulative din TV sau din internet, este credul şi îi lipseşte discernământul ca să poate stabili care dintre ştirile prezentate sunt adevărate sau nu.

Cunoştinţele necesare pentru a interpreta corect ştirile oferite şi a descoperi adevărul se pot obţine în cadrul sistemului educaţional american – în parte de o calitate excepţională – dar părerea unei majorităţi a populaţiei a rămas cea corespunzătoare unei epoci de mult trecute: prea multă școală strică și nu se justifică economic fiindcă costă prea mult și necesită prea mult timp. În urmă cu 50 de ani această părere a fost – probabil – valabilă în USA unde și acum un job pentru 8$/oră – acesta este salariul minim stabilit prin lege – se poate găsi cu oarecare ușurință. Dar un salariu lunar de 1600 $ (19.000 $/an) oferă numai o existență la limita oficială a sărăciei: un venit anual de 75.000 $ este necesar - conform statisticilor oficiale - unei persoane pentru a putea beneficia de multe dintre avantajele acestei societăți americane atât de sofisticate[14]. O mare parte a populației de vârstă medie – 35–55 de ani – nu dispune de acest venit și se simte marginalizată de dinamica formidabilă a societății americane. Dintre partidele politice numai Partidul Democrat manifestă o oarecare grija pentru situația economică nesatisfăcătoare a unei mari părți a populației; Partidul Republican este complect insensibil la această problemă.

O *societate laică a conștiinței pozitive* ar trebui să asigure un înalt nivel de cunoștințe tuturor cetățenilor ei: probabil că numai după atingerea generalizată a acestui nivel de cunoștințe se poate trece la organizarea unei societăți a conștiinței.

5.1 Informarea cetățenilor

Transmiterea conceptelor politice – sau numai a părerilor – de la partide către masa alegătorilor se face folosind TV sau presa scrisă. În timp ce "capitalul" principal al presei este corectitudinea informațiilor publicate, posturile TV au un caracter comercial și oferă adesea o orientare profund partinică sau chiar incorectă a informațiilor livrate. Conținutul informațiilor lor depinde foarte mult de orientarea – socială, economică și politică – a celor care plătesc emisunile. Posibilitatea găsirii unei informații corecte – corespunzătoare cu realitatea - in TV este mai redusă decât în ziare și de aceea TV nu constituie întotdeauna o sursă de informații care poate fi luată în considerare la formarea unei *societăți laice a conștiinței pozitive* în USA.

Procedee tipice de influențare a conștiinței cetățenilor - practicate în urmă cu decenii numai de către serviciile de contraspionaj - au fost dezvoltate și au fost acceptate în societatea contemporană americană. Informația, contrainformația și dezinformarea sunt practicate pe larg în cadrul vieții sociale americane: interesant este faptul ca o parte însemnată a activităților serviciilor secrete de informații americane a devenit... stabilirea adevărului! În urmă cu decenii serviciile de informații erau însărcinate cu dezinformarea populației! [15]

În ultimele doua decenii internetul a devenit cea mai răspândită și utilizată sursă de informație a populației americane. Prin publicarea de reclame în internet firmele fac cunoscut publicului larg produsele lor și sunt dispuse să plătească celor care fac dovada că ajung să intereseze un număr cât mai mare de cititori. Aceasta a deschis drumul unor antreprenori particulari care oferă în internet publicații de tot felul întesate de reclame. Reclamele nu interesează prea mult pe cititori și de aceea succesul antreprenorilor depinde de senzaționalitatea știrilor pe care le publică. Deoarece știrile importante ajung la cunoștința cetățenilor prin intermediul presei centrale sau a TV antreprenorilor din internet nu le rămâne decât posibilitatea de a inventa realități noi[16]...neconsiderate de sursele principale de informații, presă și TV. Așa a apărut noțiunea de *adevăruri alternative* care...nu au nimic de a face cu adevărul– cu ceea ce efectiv s-a întâmplat sau există – ci sunt numai produse ale unor fantezii bogate, publicate în internet și acceptate drept realități de către cei care nu se obosesc să verifice conținutul lor informațional. De fapt sunt...minciuni.

Dacă însă acestea sunt repetate de mai multe ori în diferite publicații, ajung să fie luate în considerare și de către reporterii ziarelor și ai TV – care nu întotdeuna au timpul necesar să verifice conținutul *adevărurilor alternative*dar își doresc să-și informeze complect cititorii - și uneori apar și în presa și TV cele mai importante: ele capătă astfel caracterul unor informații *serioase,* demne de luat în considerare.Câștigul antreprenorilor care le-au inventat este maximizat...dar cantitatea de informații reale – verificabile - este minimizată.

Între timp probabil că aproape jumătate din populația USA accesează de mai multe ori pe zi informațiile din internet...ceea ce creează o problemă foarte mare privind distribuția știrilor verificate și găsite a fi adevărate: acestea nu ajung sau ajung numai parțial la cititor sau...sunt considerate ca fiind false de către cei care consideră *știrile alternative* ca fiind...corecte. Din această cauză posibilitatea de a construi o societate laică a conștiinței pozitive în USA a devenit și mai îndepărtată.

5.2 Respectarea adevărului, baza societății laice a conștiinței pozitive

În USA există în prezent o adevărată industrie informatică care creează *adevăruri alternative*, adică descrie realități care...nu au existat nicio dată decât...în fantezia celor care le-au creeat. Fenomenul este cunoscut de câțiva ani deja, dar numai după alegerile prezidențiale din decembrie 2016 acestea au ajuns să fie considerate în activitatea guvernului. Schimbarea care a dus la introducerea acestora pe scară largă în activitate politică americană a fostalegerea unui nou Președinte și prin aceasta modificarea calificării persoanei care ocupă primul loc în hierarhia politică. Președintele precedent (Obama) a activat timp de 12 ani ca profesor de Drept Constituțional la Universitatea din Chicago, cea care a dat asistență juridică și financiară guvernului american în ultimele cinci decenii: aceasta i-a dat posibilitatea să acumuleze cunoștințele și experiența necesară pentru a discerne și dispune verificarea informațiilor primite înainte de a le lua în considerație.

Noul Președinte (Donald Trump) provine din mediul de afaceri unde a practicat timp de decenii procedee și practici care au dus la dezavantajarea colaboratorilor săi. El a propagat adevăruri proprii, care au dus la cinci falimente ale unor întreprinderi conduse de el și la cca. 70 de procese civile care i-au fost intentate și mai erau pe rol în timpul alegerilor. Este vorba de practici de afaceri care au dăunat partenerilor sau clienților săi. Ajuns Președinte al SUA, el a folosit aceleaș metode care i-au adus succesul în viața de afaceri particulare. Numai că sistemul constituțional american prevede un control reciproc al celor trei componente ale conducerii SUA: Președenție, Parlament și Juridic. Judiciarii au depus un veto la acele acțiuni prezidențiale care au fost neconforme cu Constituția SUA. Serviciile secrete de specialitate – Federal Bureau of Investigation

(FBI), National Security Agency (NSA) – au analizat situația și au pus la dispoziția parlamentarilor și organelor judiciare adevărul...adică informațiile verificabile și verificate: acestea diferă de cele afirmate de Președinte. SUA a ajuns la un impas: poate să accepte să fie condusă de o persoană care în repetate rânduri nu a spus adevărul?

Răspunsul la acestă întrebare va fi dat de alegătorii americani, cel târziu peste cca. 4 ani, cînd vor avea loc noi alegeri președențiale. Pentru cei preocupați de organizarea unei *societăți laice a conștiinței pozitive* se pun două întrebări ale căror răspunsuri sunt convergente:

- se poate creea o asemenea societate și în cazul în care informațiile care circulă în public nu sunt numai cele adevărate ci sunt – în parte - adevăruri alternative, adică...minciuni?

Probabil ca o asemenea societate nu se va deosebi simțitor de societatea americană actuală și nu va putea purta denumirea de societate a conștiinței. Conștiința presupune tocmai atitudinea critică față de comportamentul propriu...și nu cuprinde o justificare pentru acceptarea și propagarea benevolă a unor minciuni.

De aici se ajunge la determinarea obligatorie a adevărului, în toate acțiunile *societății laice a conștiinței pozitive*. Determinarea adevărului se regăsește imperativ în știință...ceea ce înseamnă că societatea conștiinței va cuprinde mai ales pe oamenii de știință și – în plus – pe toți cei care vor accepta și practica metodele științifice. Aceasta presupune un foarte înalt grad de cunoștințe, de pregătire teoretică a întregii populații...ceea ce ar fi de dorit și astăzi...dar nu corespunde nici cu realitatea contemporană nici cu cea posibilă întrun viitor apropiat. *Societatea laică a conștiinței pozitive*...trebuie să mai aștepte!

- poate fi ales ca Președinte al unei *societăți laice a conștiinței pozitive* o persoană care nu corespunde înaltelor standarde ale membriei întro asemenea societate?

Dacă alegerea Președintelui s-ar face cu metode democratice – așa cum au fost recentele alegeri în SUA – atunci va rămâne pericolul că masa alegătorilor se va lăsa impresionată de promisiunile goale și de vorbăria fără temei a unui candidat cu experiență în manipularea informațiilor și a oamenilor care-l vor alege ca Președinte. Odată ajuns Președinte, acesta va avea un comportament care nu corespunde cu cerințele unei *societăți laice a conștiinței pozitive* ceea ce va duce la slăbirea sau chiar dezmembrarea acesteia.

Manipularea informațiilor este o metodă curentă de lucru nu numai a serviciilor de spionaj și contraspionaj ci și a multoradintre partidele politice șidintre organele de presă – inclusiv TV – dedicate unei cauze politice. A elimina aceste practici și instituțiile care le practică cu scopul de a creea o *societate laică a conștiinței pozitive, societate dedicată adevărului*...rămâne o sarcină identificată astăzi dar pe care o las spre rezolvare generației mai tinere, care ar avea timp destul și poate și energia să se dedice unei asemenea sarcini.

Folosirea altor metode – nedemocratice - în alegerea Președintelui unei *societăți laice a conștiinței pozitive, societate dedicată adevărului*duce la experiența nefericită acumulată de omenire în ultimul secol, odată cu încercarea de a construi o societate (socialistă) pe baza egalității în drepturi a tuturor cetățenilor. Aceasta nu a putut fi construită...De aci se poate prevedea un adevărat impas în construirea unei *societăți laice a conștiinței pozitive.*

5.3 Valori induse de către partidele politice în conștiința americană

Activitatea celor două partide politice principale – Republican și Democrat – a dus la divizarea pronunțată a societății americane pe baza valorilor considerate de bază pentru activitatea fiecăruia dintre ele. Dintre acestea vor fi analizate numai două: excepționalismul american și războiul împotriva științei.

5.3.1Excepționalismul american[17]

Faptul căUSA a contribuit decisiv la terminarea celor douărăzboaie mondiale a creeat un sentiment de superioritate în rândurile politicienilor și a membrilor forțelor armate, sentiment care nu a fost zdruncinat de rezultatele neconcludente ale intervențiilor militare în Vietnam, Korea și ulterior în Afganistan și Irak. Dezmembrarea lagărului socialist în 1989 a dus la întărirea acestui sentiment datorită faptului că SUA au rămas – temporar – atât singura putere militară mondială cât și statul cu cea mai puternică economie din lume. Aceasta a dus la formularea conceptului *excepționalismul americancare* asumă USA dreptul de a interveni economic sau militar în orice țară din lume dacă interesele americane ar fi lezate. Acest drept ar fi sancționat de Dumnezeu, în cadrul sarcinii USA de a face ordine în lume. Conceptul – îmbrățișat de Partidul Republican – încalcă dreptul națiunilor la autodeterminare, prescris în cartea Națiunilor Unite și care stă la baza relațiilor între cele cca. 210 popoare ale lumii.

Intervențiile armate în Afganistan și Irak – în care SUA nu aveau niciun interes militar sau economic - au dus la înlăturarea sistemelor politice dictatoriale existente în aceste țări dar nu au dus la instaurarea unor sisteme politice care să satisfacă populația locală. Democrația – de origină americană - s-a dovedit inpracticabilă în aceste țări locuite de o populație săracă, incultă, organizată tribal și divizată de diferitele variante ale islamului. Cu toate această experiență negativă, o parte importantă a opiniei publice americane propune intervenții militare ori de câte ori apar probleme în alte țări, multe dintre ele nelegate de nici un fel de interese ale USA: așa a fost cazul în Libia, este cazul în prezent în Siria, în Ucraina și în Uniunea Europeană.

Un exemplu curent de aplicare a exceptionalismului american este actuala criză ruso-americană, declanșată de conflictul ucrainean – rus. Ucraina și Rusia au fost timp de peste 80 de ani membre ale aceleiaș Uniuni Sovietice. În 1956 Hrusciov, un ucrainean devenit președinte al URSS, a acordat Crimeea – un teritoriu rusesc de la războaiele ruso-turce din urmă cu cca. 200 de ani – Ucrainei, ca rasplată pentru contribuția adusă la câștigarea celui de al doilea război mondial. Pe atunci această atribuire de teritoriu nu a avut nicio importanța, Crimeea a rămas mai departe locuită de ruși iar aceștia au rămas mai departe cetățeni ai Uniunii Sovietice, care cuprindea atât Ucraina cât și Rusia. În anii 2000, Ucraina și-a dorit să se separe de Rusia și să adere la Uniunea Europeană.

Ca la orice "divorț", cele două state ar fi trebuit să se așeze la masa tratativelor și să decidă pe cale pașnică cum să separe bunurile de interes comun, care includ Crimeea, teritorii populate de ruși din estul Ucrainei și întreprinderile cu caracter militar din acea zonă. Acest lucru nu s-a întâmplat, Ucraina a vrut să preia totul fără să țină seama de interesele foștilor tovarăși timp de 80 de ani. SUA și UE au intervenit unilateral – pe baza considerentelor legate de excepționalismul american - au condamnat Rusia pentru - presupusa - agresiunea în apărarea intereselor (pe care ea le consideră legitime) și a impus sancțiuni economice. Astfel au fost tulburate relațiile de bună vecinătate din zonă și au fost torpilate șansele ca cele două țări – Ucraina și Rusia – să ajungă cândva la o înțelegere. Și relațiile ruso – americane au fost tulburate grav cu toate că SUA nu are nici-un fel de interese in întreaga zonă cuprinsă între fluviul Don și munții Ural, un teritoriu imens care aparține în cea mai mare parte Rusiei și unde se regăsește și Ucraina. Mai mult decât atât, în 2014 NATO a identificat oficial Rusia drept un dușman al țărilor europene, după ce acestea au colaborat pașnic cu Rusia timp de 20 de ani...întrerupând procesul de destindere europeană început de Cancelarul german Willi Brand încă din anul 1975. Trupe americane au făcut manevre și au fost staționate în România și în Polonia pentru a le apăra în cazul unei agresiuni rusești, cu toate că aceste țări nu au o graniță comună cu Rusia.

In legătură cu acest exemplu se pune întrebarea dacă o societate a conștiiței poate fi construită în USA atunci când aceasta aplică conceptul excepționalimului american în afara granițelor ei. Răspunsul este probabil negativ fiindcă conștiința colectivă a unei mari părți a populației dintro parte a lumii nu poate fi strivită de pseudo-interesele politice ale SUA fără repercursiuni în interiorul SUA. Politica de expansiune a SUA are repercursiunii în interior prin neglijarea numeroaselor probleme cu care se confruntă populația americană. **O societate a conștiiței trebuie să fie și o societate a dreptăţii** pentru toți cetățenii participanți la ea, cu toate diferențele de interese și de înțelegere a noțiunii de dreptate care apar cu siguranță în comunități mari de persoane.

„Dreptatea" însă are multe fațete și poate fi determinată din mai multe puncte de vedere, în parte ireconciliabile. În aceste situații singura posibilitate de a construi o *societate laică a conștiinței pozitive* ar apare atunci când una dintre capacitățile ade seamă ale politicianului – aceea de a încheia comprimise – ar fi utilizată permanent, intens și cu succes. Ca exemplu se poate analiza activitatea Uniunii Europene care a practicat această metodă timp de multe decenii și cu toate că a obținut succese remarcabile nu a putut împiedica nici ieșirea Angliei din UE și nici atitudini complect opuse conceptelor oficiale ale UE, așa cum se manifestă acestea în prezent în Ungaria și în Polonia. UE a reușit să asigure pacea în Europa timp de 70 de ani dar nu a reușit să creeze încă o societate a conștiinței europene. Aceast exemplu ilustrează cât de dificil este drumul spre constrirea unei *societăţi laice a conștiinței pozitive*.

5.3.2 Războiul împotriva științei[18]
Dezvoltarea razantă a cunoștințelor științifice și aplicarea lor imediată în practică a adus SUA poziția de leader economic, politic, militar și tehnic în lume. Știința este

28

recunoscută ca motorul dezvoltării economice a SUA. Cunoştinţe mai recente pun însă sub semnul întrebării tehnologii mai vechi care – în mare parte – au fost dezvoltate fără să se ţină seama de influenţa lor asupra naturii. O dată cu înmulţirea populaţiei şi cu creşterea numărului şi dimensiunilor instalaţiilor industriale, influenţa acestora asupra naturii a devenit masivă şi a dus la formularea conceptului de *dezvoltare (economică) susţinută* care ar trebui asigurată fără intervenţii masive şi distrugătoare în natură. Desigur că acest concept duce la costuri mai mari pentru întreprinderile producătoare şi deci la câştiguri mai mici. O soluţie pentru conservarea câştigurilor întreprinderilor ar fi nu adaptarea lor la noile cerinţe ci denigrarea, compromiterea noilor concepte tehnologice sau social-economice. Metoda cea mai promiţătoare ar fi creerea de rezultate "ştiinţifice" care să contrazică concluziile ultimelor cercetări. O campanie susţinută în presă poate crea iluzia că noile rezultate „ştiinţifice" au fost obţinute folosind aceiaş grijă pentru corectitudinea lor ca şi rezultatele ştiinţifice recunoscute ca atare.

Pentru consolidarea cunoştinţelor noi, acestea sunt verificate şi confirmate în cadrul „ştiinţei"– înainte de publicare – de multe alte laboratoare de specialitate, până ce orice dubiu asupra corectitudinii lor este eliminat. Publicului larg şi oamenilor politici nu le sunt cunoscute aceste eforturi şi de aceea aceştia înclină să creadă ce li se pare lor plauzibil, ce este prezentat într-un limbaj accesibil – limbajul folosit de oamenii de ştiinţă este complex şi de multe ori greu de înţeles – sau ce prezintă interes economic pentru ei. Dacă conceptele anti-ştiinţă sunt prezentate de o persoană posesoare a unui titlu academic...atunci conceptul antiştiinţă devine credibil şi eforturile pentru popularizarea lui costă numai o infimă parte din costurile modernizării tehnologiei.

Întro societate bazată pe o competiţie acerbă – cum este cea americană – se pot găsi cu relativă uşurinţă personalităţi cu titluri ştiinţifice care nu au reuşit să se încadreze în institutele de cercetări recunoscute şi care sunt gata să accepte o poziţie de cercetător, în cadrul căreia sarcina lor ar fi să contrazică descoperirile ştiinţifice privite ca dăunătoare unei întreprinderi sau unei ramuri industriale.

Desigur că această procedură nu poate fi considerată ca aparţinând unei societăţi a conştiinţei şi – invers – o societate a conştiinţei nu poate fi dezvoltată atât timp cât asemenea practici sunt comune în economia SUA. Mai trebuie spus că aceste practici nu sunt noi: o dată cu apariţia activităţii ştiinţifice – pe la anul 1500 era noastră – cei care se ocupau de alchimie au făcut – probabil - totul ca să compromită proaspetele cunoştinţe ştiinţifice, revoluţionare pentru vremea respectivă. Lupta între cunoştinţele noi şi cele învechite a însoţit întotdeuna devoltarea ştiinţei, numai că dimensiunile acestei lupte au devenit cu totul altele acum, când mijloace financiare şi de popularizare a cunoştinţelor practic nelimitate stau la dispoziţie. Activişti care folosesc argumente religioase au fost şi sunt în mare parte involvaţi în această luptă antiştiinţă, fiindcă ştiinţa distruge bazele credinţei religioase prin reducerea la absord a multora dintre tezele lor.

Prezentarea cu mare pompă a unui concept antiştiinţă duce la creşterea masivă a auditorilor interesaţi în aspecte prezentate drept noi şi revoluţionare. Aceasta duce la sporirea încasărilor posturilor TV...ceea ce stimulează mai departe producerea de asemenea cunoştinţe antiştiinţă. Partidul Republican – care se înţelege ca un exponent al intereselor economiei – este unul care favorizează difuzarea acestui gen de cunoştinţe şi înlăturarea acelor legi aprobate de Parlament care ar duce la costuri suplimentare economiei dar care asigură protecţia naturii, conservarea sănătăţii oamenilor şi sprijinul populaţiei din ţările sărace din lume. Ajunşi să deţină puterea politică, persoanele angajate în managementul ministerelor asigură (de exemplu) finanţarea studiilor efectuate de către National Aeronautical and Space Agency (NASA) pentru efectuarea unui zbor către planeta Marte – fiindcă această cercetare duce la rezultate spectaculoase urmărite de o mare parte a populaţiei - dar taie finaţarea studiilor privind schimbările înregistrate în atmosfera Pământului datorită fenomenului de încălzire a climei. Acestea din urmă sunt mai greu de înţeles fiindcă cuprind evaluarea a milioane de măsurători efectuate în întreaga lume[19]. Dar încălzirea climei afectează deja milioane de oameniîntrun fel subtil şi greu de observat direct; dacă nu se iau măsuri, schimbările climatice vor afecta în viitor miliarde de oameni, poate va periclita chiar menţinerea vieţii pe Pământ. Ajuns la acest nivel periculos mijloacele de care va dispune omenirea vor fi insuficiente ca să inverseze evoluţia nefastă a climei iar consecinţele vor fi dramatice.

Singura soluţie este ca omenirea să reacţioneze proactiv, începând din prezent...dar aceaste acţiuni costă, reduc beneficiile unor întreprinderi şi sunt greu de explicat acelor politicieni care nu pot gândi global şi planifica strategic şi nici alegătorilor cu un nivel informaţional şi educativ redus. Din nefericire aceştia constituie o majoritate a populaţiei şi – aşa cum se vede din decizia Preşedintelui american Donald Trump din 28.03.2017 de a anula iniţiativele de protecţie a naturii întroduse de precedesorul său – aceştia sunt gata să se aventureze întro situaţie periculoasă care ar putea fi fără soluţie pentru întrega viaţă pe Pământ. Preşedintele Trump a propus ca fondurile alocate Environmental Protection Agency să fie reduse cu 31% şi mai mult decât atât, cele alocate National Institutes of Health să fie reduse cu 18% şi cele alocate Office of Science al Departmene of Energy cu 20%. Din cei 24 de salariaţi ai White Haus Chief Technology Office a mai rămas numai unul; un Chief Technology Officer nu a fost încă numit: a fost angajat numai un locţiitor al acestuia care însă posedă numai un bachelor in ştiinte politice![20] De menţionat este faptul că Departamentul de Energie a fost condus în timpul guvernării Obama de un fizician laureat la premiului Nobel.

Ignoranţa se manifestă acut în viaţa de toate zilele a actualei conduceri de stat a SUA.

196 de ţări au convenit în decembrie 2015 că problema schimbării climatului datorită activităţii umane a devenit atât de presantă încât trebuiesc luate măsuri concrete cât mai repede; parlamentul american a decis că rezultatul activităţii a sute de laboratoare de specialitate şi a mii de oameni de ştiinţă din toate ţările, sub coordonarea Organizaţiei Naţiunilor Unite - care confirmă influenţa activităţii umane asupra schimbărilor climatice - este numai o păcăleală pusă la cale pentru a slăbi poziţia SUA în lume. În timpul fluxurilor maritime mari – care revin periodic – străzile din sudul oraşului Miami, situat în sudul peninsulei Florida, sunt inundate cu regularitate şi din ce în ce mai mult datorită creşterii nivelului oceanelor...dar parlamentarii americani refuză să ia

la cunoştinţă acest fenomen. Ei refuză să ia la cunoştinţă adevărul care le stă în faţă, fiindcă îşi apără interesul de a fi realeşi în Parlament, iar acesta este garantat de fondurile pe care le primesc de la întreprinderile sau personalităţile care au interes pentru menţinerea stării de fapt şi a pericolului existent.

Neştiinţa, ignoranţa, dominaţia interesului - şi a câştigului imediat - dominaţia dogmelor politice au căpătat lamari părţi din populaţia SUA prioritate asupra gândirii logice. Întro *societate laică a conştiinţei pozitive* toate aceste măsuri vor trebui reinversate iar grija pentru conservarea naturii şi a climei va trebui să devină primordială.

6. Un set de valori pentru dezvoltarea unei *societăţi laice a conştiinţei pozitive*

Societatea umană a viitorului va fi supusă acelorlaşi tip de solicitări ca şi cele care au fost evidenţiate de istorie: dorinţa de îmbogăţire şi dorinţa lor de a deţine puterea vor determina acţiunile oamenilor, multe dintre ele îndreptate împotriva semenilor lor şi – dacă va fi cazul – şi împotriva roboţilor. Pentru a căpăta acceptanţa şi ulterior şi sprijinul contemporanilor lor, oamenii îşi vor prezenta acţiunile îndreptate impotriva lor ca fiind...în favoarea acestora. Ca şi în prezent, capacitatea de diferenţiere şi de înţelegere a unei majorităţi a populaţiei nu va fi la înălţimea manipulărilor la care vor fi supuşi şi aceştia vor accepta ceea ce li se prezintă ca fiind interesul lor, chiar dacă consecinţele le vor fi defavorabile.

Fiecare societate se bazează pe existenţa unui set de valori comune, acceptate de toţi membrii ei şi care constituie atât liantul cât şi elementul de atracţie al acesteia. Valorile comune ale unei *societăţi laice a conştiinţei pozitive* ar trebui să cuprindă cel puţin următoarele valori:

- **toate valorile discutate anterior**: cele dezvoltate de religia creştină cât şi de mişcările sociale care au avut loc în decursul istoriei. Religia islamică conţine încă multe restricţii legate de activitatea şi poziţia femeii în societate care face dificilă acceptarea ei îm cadrul unei societăţi laice a conştiinţei pozitive. Catalogul de pedepse prevăzut în Sharia prevede încă mutilarea persoanelor considerate vinovate şi aceasta nu poate fi acceptat întro *societate laică a conştiinţei pozitive.*

- **stabilirea şi respectarea adevărului**. Adevărurile alternative care inundă acum piaţa de informaţii americană şi pe cea românească nu au ce căuta întro *societate laică a conştiinţei pozitive*. Eliminarea acestora se poate face numai în urma unui proces îndelungat de educaţie a populaţiei, care să poată discerne între adevăr şi adevăruri alternative şi să elimine astfel condiţiile fa vorabile pentru propagarea acestora din urmă.

- **empatia**ar trebui să devină simţământul care va stă la baza relaţiilor între oameni. Empatia este definită drept capacitatea unei persoane de a se identifica cu sentimentele, gândurile sau atitudinile unei alte persoane. Este un sentiment esenţial în relaţiile între oameni fiindcă numai datorită empatiei oamenii pot înregistra problemele care există în jurul lor iar persoanele care deţin o responsabilitate pot acţiona în aşa fel încât să satisfacă necesităţile concetăţenilor lor.

- **un nivel educativ şi cultural foarte dezvoltat**al tuturor membrilor societăţii, aşa cum în prezent se poate găsi în ţările scandinave şi în cercurile elevate ale societăţii americane.

- **un nivelde responsabilitate socială** care să ducă la eliminarea acelor aberații care se manifestă în prezent în societatea americană.

Discuțiile pe acestă temă trebuiesc continuate iar aspectele care au fost puse în evidență în acest material pot constitui subiecte de studiu pentru studenții de la ASEM.

Bibliografie
1. **Elena Borzin**, *Academicianul Mihai Draganescu și era informaticii*, în Society, Consciousness, Computers, vol 1, 2014, Academia de Studii Economice a Republicii Moldova
2. **Academia Română**, *Insitutul de Lingvistică Iorgu Iordan*, Dicționarul Explicativ al Limbii Române, Editura Univers Enciclopedic, 2009, București
3. **Google**, translation
4. **IBM**, *www.ibm.com/Easy_Analytics/Discover_Watson*
5. **Paul Johnson**, *History of Christianity*, Borders Book, 2005, ISBN 0-7432-8203-5
6. **Syed Vicar Ahamed**, *The Quran*, Book of Signs Foundation, ISBN 978-0-9773009-0-7
7. **Robert Davenport**, *American History,* Penguin, 2002, ISBN 0-02-864407-7
8. www.**en.Wikipedia.org,***United States Bill of Rights*
9.**Joint Bases Andrews Education Center,**
https://www.andrews.edu/~tidwell/bsad560/US**Values**.html
10. **Alte Valori**
11.**Republican National Convention,** Republican Party Platform, published in
https://www.gop.com/the-2016-republican-party-platform, 28.07.2016
12. **Democratic Platform Committee,** 2016 Democratic Party Platform - The American Presidency Project, www.presidency.ucsb.edu/papers_pdf/117717.pdf, 08.07.2016
13. **Joseph Walker**, *Pricey Drug Is Sold After Outcry*, in Wall Street Journal, 28.02.2017
14. **Kathleen Elkins**, The Pew Report 2016, prezentat la postul TV CNBC, 28.08.2016
15. **Robert B. Cialdini**, Psihologia Manipulării, EuroPress Group, București, 2015, ISBN 978-606-668-149-0
16. **Eli Rosenberg** "*Prominent Conspiracy Theorist Says He's Sorry for Promoting „Pizzagate" hoax,* New York Times, 26.03.2017
17. **Charles Murray**, *American Exceptionalism*, AEI Press, Washington DC, 2013, ISBN 978-0-8447-7264-6
18. **Shawn Otto**, *The War on Science*, Milkweed Editions, 2016, ISBN 9781571313539
19. **Editorial**, *TheAdministration's War of Science*, New York Times, 27.03.2017
20. **Cecilia Kang, Michael D. Shear**, *Unease Among Scietists as Decks Stand Empty in White House Technology Office*, New York Times, 31.03.2017.

Ideile novatoare ale lui Traian VUIA aplicate

Ioana IONEL, Prof. dr. ing. habil, m.c. ARA, Universitatea *POLITEHNICA* Timisoara, <u>ioana.ionel@upt.ro</u>; <u>Ionel_Monica@hotmail.com</u>

Abstract

Încă din 1902, când a descins pe meleagurile Franței, Traian Vuia era preocupat de ideile construirii unui motor adecvat pentru acționarea aparatului său de zbor mai greu decât aerul și capabil să decoleze folosind mijloace proprii de propulsie. Motorul cu anhidridă carbonică, conceput și construit de Vuia pentru acționarea aeroplanului cu care în 18 martie 1906 pe câmpul de la Montesson a înfăptuit epocalul zbor, nu îl satisfăcea pentru că nu era suficient de puternic, nu prezenta prea multă siguranță în funcționare, avea randamentul slab, iar fluidul de lucru folosit era consumabil.

Nici motoarele cu ardere internă, fie cu aprindere prin scânteie fie prin compresie, nu corespundeau exigențelor lui Traia Vuia întrucât, fiind la începutul dezvoltării lor, realizau puteri unitare mici, avea randamentul scăzut și o greutate mare în raport cu puterea produsă. De aceea, Vuia a considerat că agentul termodinamic cel mai potrivit este aburul de înaltă presiune și temperatură, care să se destindă într-o turbină, iar aceasta să antreneze elicea avionului.

There Has Never Been a Better Time for The Sustainable Development of Our Cities.
An Informational Approach and A Case Study

Elena Nechita[1], Doina Păcurari [2], Venera-Mihaela Cojocariu[3], Cristina Cîrtiță-Buzoianu[4], Marcela-Cornelia Danu[5]

[1] "Vasile Alecsandri" University of Bacău, Department of Mathematics, Informatics and Educational Sciences
[2] "Vasile Alecsandri" University of Bacău, Department of Accounting, Audit, Economic and Financial Analysis
[3] "Vasile Alecsandri" University of Bacău, Department of Teacher Training
[4] "Vasile Alecsandri" University of Bacău, Department of Communication Sciences
[5] "Vasile Alecsandri" University of Bacău, Department of Marketing and Management

Abstract

At the United Nations Sustainable Development Summit on September 25, 2015, the *2030 Agenda for Sustainable Development* (UNPD, 2015) set up a numer of seventeen goals to address "the universal need for development that works for all people". Among the Sustainable Development Goals (SDGs), also known as *Global Goals*, the eleventh refers to "Sustainable cities and communities" and aims at a significant transformation of the way we build and manage the liveable spaces. Staring from this approach, our paper presents several ideas regarding the roles of information and of the ICT infrastructure for the sustainability of a city. The perspective takes into account the four domains of the *Circles of Sustainability* model, as developed in 2011 by the United Nations Global Compact Cities Programme: economics, ecology, politics and culture. This framework could be used as a managing tool, in order to assign the resources where these are needed mostly, as well as for raising awareness on the interlacing between all the factors that influence the environment in a city. Based on these considerations, an informational profile of Bacău, Romania is designed.

Keywords: Information, Infrastructure, Sustainability, Economics, Ecology, Politics, Culture.

1. Introduction

The complexity of the present context entails a multi-faceted approach of tools designed to improve local and global sustainability. At the United Nations Sustainable Development Summit on September 25, 2015, the *2030 Agenda for Sustainable Development* (UNPD, 2015) set up a numer of seventeen goals to address "the universal need for development that works for all people". Among the Sustainable Development

Goals (SDGs), also known as *Global Goals*, the eleventh refers to "Sustainable cities and communities" and aims at a significant transformation of the way we build and manage the liveable spaces.

Since information and communication technology (ICT) is a dominanat part of our life and a fundamental force for change, it definitely shapes the way that urban spaces evolve. According to recent key research insights on ICT and the SDGs (Sachs, 2015), there are five major ways in which ICT can support the SDG-supporting services. The first refers to ICTs themselves: their rapid diffuse at a global scale is a premise for progress. Secondly, ICT can significantly reduce the cost of new, vital services (such as in education and healthcare), while speeding up the public awareness is the third way. Moreover, ICT can boost technology development and shorten the time technology generation through innovative ICT-based solutions. Finally, the use of multiple channels (including smart phones, laptops and other various devices) for instruction provides the training of workers in real time. However, the successful ICT deployment depends on the efficiency of governments and policy makers in creating the adequate framework for the transformation.

This paper emerged as a result of the discussions that the authors had had before launching the idea of assessing the sustainability of the city of Bacău, Romania, within the framework of the *Global Compact Cities Programme* (shortly, *Cities Programme*) of United Nations (GCCP, 2013a; GCCP, 2013b; GCRI, 2011). This initiative is administered by the Global Cities Institute at RMIT University in Melbourne, Australia, and involves the participation of cities from all continents. Bacău would be the first city from Romania to be registered.

Situated in the North-East Development Region of Romania (NUTS code RO21), Bacău is the main city of Bacău County, with a population about 140,000 inhabitants. Situated at 300 kilometres North from Bucharest (the capital of Romania), the city is connected to the main Romanian cities. The European routes E85 and E574 cross Bacău, and there is an international airport linking the city with 10 cities in Europe. Two universities (a public and a private one) are among the strength points of the city, which is also known for the industrial group Aerostar (AEROSTAR, 2015) that supplies aerostructures and equipment for the civil aviation, and maintenance for aviation and ground defence systems.

As a preparatory step before considering the participation in the Cities Programme, the work performed and concluded in this paper focuses on the ICT infrastructure of Bacău and on the way, it supports the sustainability goals. Therefore, we shall approach these issues from the four perspectives considered by the *Circles of SustainabilityApproach* (GCCP, 2013a): economics, ecology, politics and culture.

Circles of Sustainability (GCCP, 2013a; GCCP, 2013b) is a complex approach which was grounded on numerous studies and integrates both local and globalized knowledge, allowing people in a city to engage in a co-operative practice. It was intended to develop a set of indicators to measure and assess sustainability, within a common global qualitative framework. At the same time, the policy-makers and the citizens of an urban settlement are allowed to choose their own relevant quantitative indicators or metrics, by means of a reflexive process conducted across four broad domains of practice: the economics, the ecology, the political and the cultural. Each domain is divided into seven subdomains or *perspectives*, and the assessment is conducted on a nine-point scale (James, 2015): from 1 -"critical sustainability" to 9 - "vibrant sustainability". Details regarding the subdomains will be given in the subsequent paragraphs.

Hereinafter, the paper is divided into five sections. The first one emphasizes the importance of ICT in achieving sustainability. Section 2 deals with the impact of ICT on the nowadays economy, underlining the facilities that the flexible smart applications offer in creating a strong communication between the actors involved in economics: SMEs, governmental institutions, customers. Section 3 relates to the sectors that have an impact on the ecology of the urban area, and it points out on how ICT could support some improvements in this domain. Section 4 considers the role of new technologies in increasing the citizens' participation in the life of the city, thus leading to tangible progress in people's lives. Section 5 considers the role of ICT in promoting culture and events, therefore, increasing the level of cultural participation and well being in the city. The final section integrates the perspectives on the four domains, concluding with several recommendations that could enhance the city's capacity to respond to the citizens' needs, within the global context. According to the European Commission's Sustainable Development Strategy (EC, 2010b), sustainable development stands for "meeting the needs of the present generations without jeopardizing the ability of future generations to meet their own needs – in other words, a better quality of life for everyone, now and for generations to come". But sustainable development needs transformational changes both in technology and in our patterns of production, consumption and way of living. The role of ICT in these processes is huge and has to be emphasized, so that people become more aware that, by using the power of ICT, they can be not only passive actors, but also architects of their own lives, in their communities.

2. ICT supporting Economics

According to the *Circles of Sustainability Approach* (GCCP, 2013b), the field of *economics* is defined as "a social domain that emphasizes the practices, discourses, and material expressions associated with the production, use and management of resources". For a long time, the economic factor was considered to be determining in the well-being of a city. But the complexity and dynamics of the actual economic sector cannot appear apart from the natural environment that hosts human activities, and from the citizens' involvement and engagement. Moreover, the *e-economy*, extensively based on the use of Internet and on the ICT infrastructure, has been gaining more and more ground. Therefore, the ICT support has become essential and represents the link between all the other aspects defining the modern life. ICT expansion, which depends on the available financial and institutional resources, can emphasize the economic inequalities between countries or even within them (Schlichter, GIQ 2014).

The issues taken into account by the circles of sustainability model for the economics perspective refer to: *production and resourcing, exchange and transfer, accounting and regulation, consumption and use, labour and welfare, technology and infrastructure, wealth and distribution*. Detailed information reporting about all these issues are available on the website of the Statistical Direction of Bacău County (NIS, 2014), and they are also provided online by the Chamber of Commerce and Industry of Romania, Bacău Branch (CCIR, 2014).

Taking into account the information technology involvement into the economic life, we presented, in paragraph 2.1, the development stage of the online trade in Romania and the Romanian online buyer's profile. We could not neglect the ICT importance as an information supplier and, based on this, as support for decision in a consumer's and enterprise's life. Since information maintains communication, in a few paragraphs, we have exposed some examples of communication malfunctions between the governmental institutions, companies and citizens.

Furthermore, several proposals are advanced. There are, at present, various ICT solutions that could reliably allow significant improvements.

2.1 Considerations on the online trade in Romania

In Romania, the electronic commerce is growing (CAPITAL, 2015). In 2014, approximately 70 online orders were made every minute, with a total value of 10,783 lei. During the first 5 months of the 2014, the number of online transactions with the Romanian online shops increased by more than 30%. If from 2011 to 2013 the average shopping basket decreased, due to the diversification of the range of products purchased online, during the first 5 months of the 2014, it increased by 20%, compared to the same period of time in 2013. A favourable development was recorded by the travel, toy, IT&C, fashion segments.

The sales increase of tablets, Smartphone led to an increase in volume of the electronic commerce to such an extent that approximately 20% of the orders are made on these devices and 50% are paid online. The most receptive segments of the online payments made on mobile phone are telecom shops, fashion industry and utilities. Another aspect of the purchasing behaviour of the Romanian consumers is the adoption of the alternative methods of payment for the transactions concluded. In the case of more expensive purchases, the credit card instalment loans are increasingly used, recording a monthly increase of about 10%, while the number of transactions paid by iTransfer is increasing by approximately 30% per month.

A market research conducted on 6th April 2015 (Retail-FMCG, 2015) highlights that in Romania mainly men go shopping online (66%) and only 34% women. This situation is reversed in the case of Bulgaria, the online shopping being made at a rate of 58% by women and 42% by men, as well as in Hungary - 51% by women, 49% by men. From the point of view of the products purchased online it resulted that: the Romanians purchase mainly electronic devices – computer components, mobile phones, tablets and electronic products such as TVs, games consoles, Ebook readers; the Bulgarians buy electronic devices and clothing items in equal shares; the Hungarians purchase a varied range of products: electronic devices, books, clothing and household appliances. By analysing the purchasing habits of the Romanians, the online buyers can be included in the following segments:

- experts (29%) - those who know best the online system: they know the payment and delivery methods; they consider the online shopping easy-to-manage and cost-effective; they have, for the most part, confidence in this system; they purchase constantly different types of products, in a very short period of time, gathering information from many sources; they are mainly men aged between 30 and 49 years, in the urban areas, who prefer shops with a diverse range of products. 36% of them bought online products over 10 times in the last year.

- Discount seekers (18%) - those who search for offers: they shop spontaneously, after a long time of analysis; they consider that the price is the determining factor in their purchase decision; they are mainly men aged between 30 and 49 years, in the urban areas. 63% of them purchased products online more than 5 times in 2014.

- Checkers (16%) - those who analyse the offers the most: they get informed from many sources before launching an order online; they consider quality important both from the point of view of the product and of the services provided; they are mainly men aged between 30 and 49 years, from Bucharest, having a higher education.

- Beginners (13%) - those who they have just started to buy products online: they get information online, but they prefer to purchase directly from traditional shops; 70% of them consider the lack for testing of a product a shortcoming; they are mainly men aged between 30 and 49 years, in the rural areas, having a secondary education.

- Occasional buyers (12%) - those who buy on an occasional basis: they order products online only a few times a year, when they purchase gifts, on the occasion of special family moments; they get information in detail on their order; they do not wish to provide personal data; they prefer to pay in cash; they are, mainly, men aged between 30 and 50 years, in urban areas.

- Adventurers (12%) - those open to new experiences: they are extremely active on the Internet; they are the most open to buying products online; they do purchases spontaneously; they like to experiment and are interested in new shops, new solutions for payment or delivery; they place an order also from abroad; they are, mainly, men aged between 30 and 59 years, in urban areas. 54% of the adventurers have purchased in 2014 products online more than 10 times.

A common feature of the Romanian online buyers is, at the pre-purchasing stage, the choice of the price comparison sites, as a source of information; it is followed by the online shops from where they buy their products directly.

2.2. Information – decision support at the level of enterprises and consumers
Supporting the business environment in Romania, the recently-adopted legislation aimed at the improvement of the National Trade Register Office (NTRO, 2015) (part of the interconnection system of the Trade Registers in the EU Member States) and its

beneficiaries. In this respect, Law no. 152/2015 for the modification and completion of some normative documents in the field of registration in the trade register, published in the Romanian Official Gazette, Part I, on 13.07.2015, specifies that the time limit for issuing the certificate of registration shall be 3 working days.

In addition, there are specified changes regarding the improvement and simplification of the procedures for the dissolution, liquidation and deletion of companies from the Trade Register. The business information streamlining is also supported by the changes related to the carrying out of legal publicity. It is significant that the Trade Register has the *Infocert* online service for providing all the information necessary to the economic operators, releasing documents with an electronic signature at (NTRO, 2015) on a permanent basis.

An important role in providing the information necessary for the business environment is played by the Department *of Small and Medium-sized Enterprises, Business Environment and Tourism* within the Romanian Government (Rom. Abbrev. AIPPIMM) (DSME, 2015). This body makes available to the economic operators the legislation specific to such enterprises: Euro Info Centres and information on the European affairs (Community policies in the SMEs, the Treaty of Lisbon, micro-crediting in Europe, "Competitiveness and Innovation framework Programme 2007-2013"- CIP, European Charter for Small Enterprises, various studies and analyzes - for example, the Practical Guide for "European marking, quality management system, standards and intellectual property rights").

Furthermore, an obvious position is occupied by the information on the activity of the *Group for the economic impact assessment of the normative small and medium-sized enterprises documents* (GIL), whereas for the key chapters, "Studies and surveys" or "Annual reports" respectively, there is no information available on the web page of the institution.

The actual or potential investors have the opportunity to document themselves as well as at the level of the 8 *Small and Medium-sized Enterprises and Cooperation Territorial Offices* (Rom. abbrev. OTIMMC) in the country. In transforming the quality of the business environment in Romania, an important part is played by the information provided by the economic operators regarding the perception of the business environment. In this respect, during the period from 12th to 26th March 2015, TNS&CSOP (TNS, 2015) performed a study on a national representative sample of 500 companies. According to this study, the main problems which the Romanian companies are faced with are: high fiscal policy (38%), finding clients (14%), legislation (11%) and competition (9%). The negative impact on the companies' activity is due mainly to the following factors: unstable legislative framework (82%), taxation level (81%), and infrastructure situation (68%). The negative effects on the companies' activity are caused primarily: by the useless and expensive rules imposed by the state (58 %) and by the lack of correlation between the databases of the public institutions (58%). On the other side, the consumers, as exponents of the demand for tangible goods and/or services, have at their disposal a body which is designed to protect their interests, namely the National Authority for Consumer Protection (Rom. abbrev. ANPC) (NACP, 2015). This authority has, as subordinate at the level of the North-East Area (which Bacău County it is part of), the *North-East Regional Consumer Protection Commissariat*.

It includes, as organizational sub-divisions, county commissariats. It is the County Consumer Protection Commissariat which operates in Bacău County. Among other things, NACP controls the compliance with the legal provisions concerning the consumer protection regarding the product and service safety, by performing market checks on producers, importers, distributors, vendors, service providers, including financial services, and at customs checkpoints.

It also coordinates the rapid exchange of information with the institutions and the competent national and international bodies regarding the products and services that represent a risk to the consumers' health and safety. NACP carries out the activities for informing, counselling and educating natural person consumers in terms of the products and services intended for them.

2.3. Lack of communication between institutions and its consequences over the companies

As employers, companies have to fill in and transmit at the Employment Agency of Bacău County (EABC) a series of forms for the employees whose individual contracts have been rescinded and who, according to the law in force, claim their unemployment allowances. These forms include, for each person, information about the incomes obtained during the last twelve months and the contributions retained for the unemployment insurance (together with the numbers and dates of the documents proving the payment of the respective contributions). This detailed report is redundant, because the *National Agency of Fiscal Administration* (NAFA), through its local tax authorities, already has all information and could make it available, very easily, to other interested authorities.

Moreover, when companies are to require from the *Health Insurance House* (HIH) of Bacău County the amount that employees are entitled to receive when they are on sick leave, they, as employers, have to fill in and submit a series of documents. According to the Romanian legislation, the temporarily disabled employees have the right to go on sick leave and receive an allowance which is covered partially by the employer and partially from the health insurance budget. The employer pays the whole allowance and recovers the budget share afterwards from HIH. Apart from the fact that the respective sums are transferred to the employers with a significant delay, employers have to communicate to the HIH the incomes received by employees during their last six months and their health insurance contributions (with the corresponding payment details). All this information is already stored at NAFA. Moreover, employers have to submit copies of the medical certificates, of the health contribution payment documents and even a *taxpayer statement*, issued by NAFA. We also have to mention that medical certificates have a special regime, are issued electronically and amenable to a strict control by HIHs, since the information already exists in their databases. Due to the defective communication between NAFA and the National Trade Register Office (NTRO), but also due to an excessive control developed by the state through the Ministry of Finance, the obligation for companies to present the annual financial statements to the fiscal authorities has not been revoked yet. However, this is an abnormal situation because NTRO (subordinated to the Ministry of Finance) is the institution which should record and publish the financial statements of the companies.

2.4. Lack of communication between institutions and its consequences over the citizens

The individuals who do not obtain incomes but want to be insured within the public insurance health system (and, consequently, they are able to benefit from medical services) are obliged to visit several institutions, in order to pay their contribution to the system. Thus, they have to obtain a document from the *National Trade Register Office* attesting that they do not own a company and another document proving that they do not receive any incomes from the fiscal authority; finally, they have to fill in an insurance contract and pay the corresponding contribution at HIH. The contract being available only for 3 months, its beneficiary has to restart the procedure from the very beginning and follow the same steps over the whole period in which he does not have any incomes, being forced to have a voluntary insurance for the public health system.

Another aspect we noticed is the situation when an unemployed person finds a job during the period he/she receives the unemployment allowance and does not report the situation to Employment Agency. According to the legislation in force, the unemployment allowance should be suspended, but, due to the lack of communication between the Employment Agencies, that person will continue to receive it.

Even if, temporarily, not declaring the incomes may look beneficial, tracking them at a later control action will impair the individual. This situation could be avoided if the authorities communicated or used an integrated database which records the incomes received by an individual (taken from the registered statements compulsorily submitted to NAFA by all the income payers.

2.5. Communication between the companies and the fiscal authorities

Most of the companies are displeased with the fact that they must go and pick up the tax statement (which specifies all the taxes and social contributions declared by the contributor or imposed by the fiscal authorities, together with the documents certifying their payments) directly from the fiscal authorities, whereas this form, which is edited by means of the fiscal authorities' software, could be sent online. The document is necessary for the taxpayer in order to check if there are no pending obligations towards the state budget and if the data recorded in the database of the fiscal authority match the data in the company's records. In addition, companies have to go to the headquarters of the fiscal authorities whenever they need a fiscal certificate (in order to participate, for example, in public auctions, or for other purposes). The fiscal certificate (which proves that the company does not have debts to the state budget) is issued based on a stamp duty. Obviously, both steps – the stamp duty and the certificate issuing - could be made online, but this is not enforced, at the moment.

Another remaining problem (and consequently dragging along significant costs with paper and postal services) is that of delivering notifications to the contributors by regular mail. We are talking about various notifications regarding: payment of the fiscal obligations, tax declarations not submitted in due time, demands for payment or executory titles. These notifications cost quite a lot and could be sent by e-mail at the address indicated by the contributor (with or without electronic signature, as appropriate). A receipt confirmation could be given as a response to the message (instead of a written one, which is currently physically given). Although the above mentioned issues are not specific to Bacău area only, they could be partially solved through the local authorities' involvement. For instance, communication by regular mail can be avoided if the companies have the opportunity to use the electronic mail with the local tax authorities.

As far as the inter-institutional communication is concerned, which is essential for a proper activity of the public sector (Matei & Enescu, 2013), a correlation between the operating legislation and the effective use of the common database is strongly needed.

Few steps for improving the communication between the public institutions, on the one hand, and the business environment and population, on the other hand, have been undertaken lately. Thus, at the beginning of 2015, NAFA has implemented a service just for natural persons for the time being. Based on it, natural persons can check the status of their taxes and can request on-line various information and documents. At the moment, companies have only limited access to their fiscal records and this is exclusively based on their electronic signature registered at the tax authority.

Another step forward is the implementation of the *National Electronic System of online payment of taxes and fees* (NES-TF, 2015), managed and operated by the *Romanian Agency for Digital Agenda* (Romanian abbreviation AADR) (RADA, 2015). By the end of 2014, only 98 out of the 3180 city halls in the country have decided to make available this system to the taxpayers, the number of online payments, at that time, being of 80,000 (RADA, 2015). Bacău City Hall started to apply the online payment system at the end of 2013, trying to support the local taxpayers, but only starting 2015 the users can log into the system to find out how much they must pay or in order to pay by credit card (BM, 2015). It remains to be seen whether the system will be considered reliable for paying the obligations to the local budget. Concerning the information made available on the websites of local public institutions in Bacău city with which the economic entities interact frequently, our own experience has shown that, most of the time, it is incomplete and outdated. This can give rise to mistrust information published and less use of e-government. Or, the implementation of e-government requires confidence of service users (citizens, companies). If the online services are not used, then the effect of the planned investments made in the implementation and use of ICT cannot be achieved (Savoldelli, 2014).

The implementation and development of the e-government services, according to the law, aims to improve the access to information and public services of the central public administration, to eliminate bureaucracy and simplify the working methodologies, to exchange information and services between central public administrations, to improve the public services quality at central government level.

The National Electronic System (Romanian abbreviation SEN) is the only gateway to the unique statement 112, regarding the payment obligations and the nominal records of insured persons (NES-EG, 2015).

The specific principles of the Strategy are:

- Centralized Access (the agency must be the main connecting pointbetween the public institutions and the citizens who are beneficiaries of the e-government services);

- Data Reuse (the Agency should be a facilitator for the exchange of data between public administrations and services. In this regard, on the portal www.data.gov.ro, RADA (RADA, 2015) has already published datasets of public procurement and transport of goods and people;

- Single Supplier (acording to the legislation in force and to the guidelines of financing from structural funds, public institutions are forbidden to provide free e-government facilities similar to the services provided by RADA (RADA, 2015), thus ensuring an effective spending of public money).

3. The impact of ICT on Ecology

The vision of the *Circles of Sustainability Approach* (GCCP, 2013b) on *ecology* is that of social-environmental interconnection, focusing on: *materials and energy, water and air, flora and fauna, habitat and settlements, built-form and transport, embodiment and food, emission and waste*. Many different approaches have been proposed for human ecology since the 80's (Rambo, 1983; Van Kamp et al., 2003; Schlüter et al., 2012); among these, cultural ecology, the ecosystem-based model, and the actor based-model appear very consistent with the *Circles of Sustainability Approach*. All of them try to improve our understanding regarding the human impact on the environment, treated as a place of being and not only as a context.

The role of ICT in raising awareness and responsibility of citizens in preserving a balance in the environment has already been proved. On the other hand, the support that the ICT is providing for advancement in the environmental sciences is unquestionable (Casagrandi & Guariso, 2009; Clausen, Geiger & Behmer, 2012; RICE, 2014).

3.1. National context of scientific research and technological innovation

The evolution of the economic, social and political environment in Romania, in the past few years, has influenced the ICT sector, vital for the macroeconomic growth and development. In this respect, it is relevant that, in 2000, the number of employees from the research and development activity out of 10,000 civil employed people was a country total of 43.2, whereas in Bacău County it was only 26.1. In the country, the situation had a rising trend reaching 50.6 persons in 2011. In Bacău County, the evolution was the other way around, the number of persons employed in this key sector being, in 2011, 19.0 out of the 10,000 employed civil people. Referring to one of the counties of the North-East Region, namely Iaşi, we also see a discrepancy found at the level of dynamics (taking into account the applied policy in this area): 61.9 out of 10,000 persons in 2000 and 91.9 out of 10,000 persons in 2011. There are great differences with respect to the costs of research and development.

When referring to the share of the innovative enterprises compared to the total of enterprises (%), from 2008 to 2010, we can present it as follows (Table 1). The difference between the national average (30.8%) and the region which Bacău County is part of (42.6%) reflects the proactive attitude for research, creation, and technological development in this region. Most of the innovative enterprises are large, coming from the tertiary sector.

The economic and financial crisis had effects on the dynamics of the number of innovative enterprises according to activities, size classes and types of innovation, from 2008 to 2010 compared to the period from 2006 to 2008. In the North-East Region, the situation highlights a setback of the number of innovative enterprises, on almost all the size classes and types of innovation (Table 2), except the product innovations for large enterprises and the unfinished innovations.

3.2. The availability of envionmental information for Bacău

The website of Bacău County Council (BCC, 2014a) displays what environmental information is and consists of, what the rights of the citizens are, what institutions can provide this type of information and the modalities to access it. A series of handbooks is available for the following: eco-citizens, eco-public employees, eco-tourists, energy efficiency and energy savings, as well as a calendar for ecological events. The National Environmental Protection Agency, Bacău Branch (NEPA, 2014) maintains a detailed website with information, such as: air quality, biodiversity, atmospheric pollutants, industrial emissions, chemical substances and products, radioactivity, soil and subsurface, waste. A report on the state of the environment (for the whole county), specific legislation, sustainable development, and tools for environment performance is displayed on dedicated pages.

Periodically, information regarding waste (both dangerous and non-dangerous, industrial or generated by medical activities) are collected and reported. The management options are (in a decreasing order of priorities): waste generation prevention and minimization, reuse/ recycling, materials or energy valorification, treatment/storage. Over the last decade, an increase in volume of dangerous medical waste has been noticed, but it has remained within normal, legal limits.

Table 1. Share of the innovative enterprises compared to the total of enterprises (%), from 2008 to 2010

2008-2010	Number of innovative enterprises – Romania	Share of the innovative enterprises out of the total number of enterprises in Romania (%)	Number of innovative enterprises – North-East Region	Share of the innovative enterprises out of the total number of enterprises North-East Region (%)
TOTAL	8116	30.8	1554	42.6
Small	5613	27.5	871	39.9
Medium-sized	1874	38.8	223	51.4
Big	629	56.4	60	62.5
Industry	4439	30.1	674	38.7
Services	3677	31.7	480	49.4

Source: www.insse.ro

Table 2. Innovative enterprises according to activities, size classes and types of innovation, 2006-2008/ 2008-2010, North-East Region

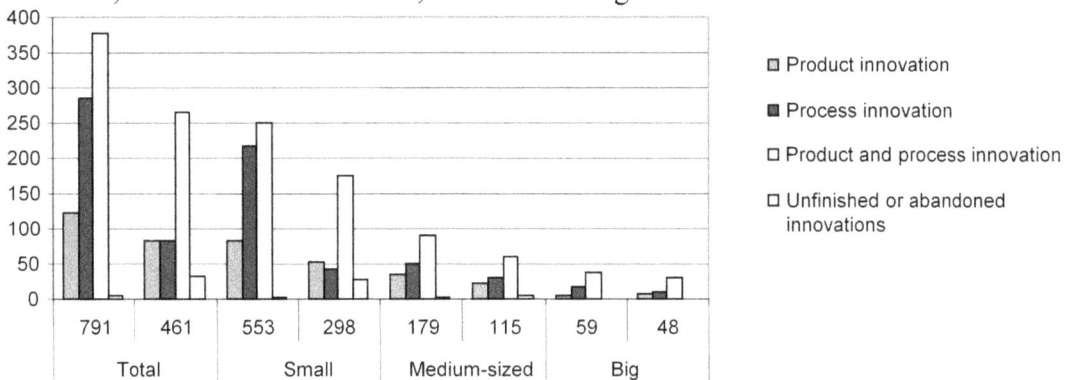

Source: www.insse.ro

The municipality is a partner in several national and international projects focused on environmental issues, among which an important one refers to the management of Natura 2000 sites, *Buhuşi - Bacău - Bereştilakes* and *Middle Siret river meadow*. Moreover, the civil society is engaged in environmental projects and some steps towards an intelligent traffic management have been undertaken (BCC, 2014b).

3.2. How can ICT support the environment?
A study of OECD (2009) indicates that there are patent databases that might be used

to find patents for ICT products that would result in benefits for the environment if commercialised. Another direction is represented by the research and development of ICT products which could lead to control and care of the environment, production, distribution and rational use of energy (GESI, 2014b; OECD, 2010). Home-based work facilitated by ICT (also known as "e-working" or "telecommuting") and e-learning (instead of traditional educational activities) are supposed to lead to some savings (for example, in motor vehicle use and, consequently, in emission reduction).

The trend in shifting from real activities to Internet activities, also known as "dematerialization" of activities, is manifesting in Bacău, too. Reading news (or books, or other materials) online, selling and/or buying goods and/or services, dealing with banks or government through specific applications are increasing in frequency.

Last but not least, the attitude of citizens who are ICT users and, at the same time, concerned about the environment is also important to consider.

3.3. Mitigating the environmental issues

With a view to an efficient management of the relationship between the anthropic environment and the natural environment, the Environmental Protection Agency has been implementing the *Local Environmental Action Plan* for the period from 2013 to 2017.

In Bacău County, the following environmental issues have been identified (listed in a descending order according to the number of aspects at (NEPA, 2015)): waste management, surface water pollution, hazards due to catastrophes, natural and anthropic phenomena, degradation of the built and natural environment, environmental urbanization, atmosphere pollution, soil and groundwater pollution, drinking-water quality and quantity, tourism and leisure, environmental education.

The complexity level and the impact of the socio-economic activities on the environment in Bacău County rank as the first in the hierarchy the following: surface water pollution, drinking-water quality and quantity, hazards due to catastrophes, natural and anthropic phenomena, atmosphere pollution, soil and groundwater pollution.

The action plan monitoring is carried out by using the information technology. In order to assess the progress made towards the achievement of the objectives, a database is being set up. The database will make available the following information: the evolution of the quality of the built and natural environment; the characterisation of the stress factors on the built and natural environment; the compliance with the national legislation in the field of environmental protection; the measures and actions carried out by the institutions, economic operators, local public administration and community in order to protect and preserve the natural environment.

The pieces of information contained in the database will be collected and compiled annually taking into account the adaptation to the dynamics of the societal environment. At the implementation of the environmental action plan several institutions will collaborate. For example, in the case of "surface water pollution" we have Bacău

Regional Water Company (Rom. abbrev. CRAB) together with the "Romanian Waters" National Agency (Rom. abbrev. AN) - ABA Siret; in the case of "drinking water quality and quantity" - Bacău County Council with the Bacău Public Health Directorate; in the case of "hazards due to catastrophes, natural and anthropic phenomena" - "Romanian Waters" National Agency – ABA Siret with Bacău County Council; in the case of "poor waste management" - Bacău County Council with the local councils.

The monitoring of the action plan implementation will be carried out according to the category and the type of issues, as well as according to the involvement of several public and/or private entities. For example, in the case of "surface water pollution due to the discharge of the waste-water untreated or treated improperly", resulting from the treatment plants in the urban areas, CRAB Bacău and the local councils will collaborate; in the case of "atmosphere pollution caused by the emissions generated by the industrial activities and massive burning installations" - SC CET TO Bacău (thermal power supplier), Bacău Local Council, the economic operators, Bacău Environmental Protection Agency (Rom. Abbrev. APM); in the case of "soil and groundwater pollution caused by the industrial activity (including historical pollution) and poor storage of industrial waste" - economic operators are the actors; in the case of "poor management of decommissioned vehicles", Bacău Environmental Protection Agency (Rom. Abbrev. APM) and the Environmental National Guard will collaborate - Bacău Environmental Guard Commissariat (Rom. abbrev. GNM - CGM). Regarding the "environmental urbanization, degradation and reduction of the intra-urban green spaces and recreational areas in the urban areas", Bacău District Council and local councils will monitor them; the "inadequate transport infrastructure in the urban localities" will be monitored by Bacău County Council and Bacău City Hall, etc.

The following conclusions can be drawn from the presented information:

- Environmental protection is considered to be an important issue for the local and national business decision-makers.

- The legislative and institutional frameworks offer the necessary tools necessary for the implementation of the environmental objectives;

- The information and communication technology is the axis of the environmental policy mechanism.

- The low level of social and economic development of the north-east region (which Bacău County is part of) leads to the impossibility to effectively implement all the measures envisaged.

- There are many problems concerning the behaviour, attitude of the individuals, but also of the companies or other national actors in terms of the optimization of the relationship with the natural environment.

4. The benefits of ICT for Politics

Politics, as defined by the *Circles of Sustainability Approach* (GCCP, 2013b), is "a social domain that emphasizes practices and meanings associated with basic issues of social power as they pertain to the organization, authorization, legitimation and regulation of a social life held-in-common". This definition refers to politics as a large concept that includes social relations in general. The essence of the term *politics* is *social life held-in-common*, based on the relations between the citizens and the political class, the reason why researchers aim to discover if the measures adopted by politicians are in accordance with the interests of a certain local social community. Our analysis regarding the recent political context showed us that the Romanians have a negative attitude towards politicians (Cîrtiță-Buzoianu, 2013; Daba-Buzoianu & Cîrtiță-Buzoianu, 2013). The negative attitude is based on two aspects: the political class is corrupted and all parties have disappointed their electors. This has lead to a significant lack of interest towards politics and elections. Moreover, the elections taken place over the last years in Romania have been won due to a negative vote. When we refer to the local community, namely to Bacău City, we must note that the electors preferred a certain candidate because they were against the opposite candidate and not for the accomplishments during the mandate.

4.1. Relevant issues regarding the political life in Bacău

The aim of this paragraph is to appreciate to what degree the citizens of Bacău are aware of the community problems and get involved in making decisions. When analysing the political aspects of the local community we took into consideration the seven items pointed in (GCCP, 2013b) regarding the relations between the political class and the social community: *organization and governance, law and justice, communication and critique, representation and negotiation, security and accord, dialogue and reconciliation, ethics and accountability*. Each item shows a certain aspect of the political and is described by several relevant indicators trying to establish if the political decisions are in accordance with the citizens' expectations. Our case study applies all the seven items to Bacău local community and analyses whether citizens have enough information regarding the political activities.

Organization and governance are the main aspects that appear in the analysis of the political class activities. The question is: *"How well does the current system of governance function to maximize benefits for all"?* This is relevant, in general, for voters and for the electors of Bacău in particular, when they decide to vote for a certain candidate. If our daily life has a good level during the political mandate, we associate that with the candidate and transfer to him our accomplishment. This is valid for the positive way, as well as for the negative one. For this reason, the mayor of Bacău was elected in the second mandate. Most of the indicators were considered to be positive by the community: the political legitimacy of the various levels of government relevant to the urban area, the leader capacity (local political actors that occupied functions at the national level, government, ministries, national administration). During the first mandate, the institution of the Mayor managed the urban growth: the allocation of European funds, the first Municipal Hospital built during the last 23 years, school modernization, the local airport, the urban infrastructure (an underground passage way, ecological parkings). There are some indicators, such as the transparency of the decision-making process or the translation of the monitoring of administrative practices into strategies for enhancing the quality of governance, which are negative or are not visible for the local community. Regarding law and justice, the citizens' interest is centered rather on the legal aspects than on justice, focusing on the protection of human rights in the urban area, civil order, and treatment of all citizens as equal before the law. This component has a meaning for the people who were in these situations, and not for the whole community. This is the consequence of the lack of reaction of the citizens to problems that are relevant for the urban area.

The aspects related to communication and critique, representation and negotiationmust be analyzed together because they are interconnected and less visible in the local communities. The local public space reflects the tendency of the national public space. The local press is split into two opposite sides: for and against the local government. This segmentation is reflected as well at the level of the social life. In Bacău, there are two important newspapers and broadcasters that are financed by politicians. This is strongly connected with the negative aspects regarding the active participation of local people in the political process of the urban area and with the power of local people to influence the political decision-making processes. This is a social risk: the lack of social implication of a community generates the lack of responsibility for the political class. The intrusion of private life into the public life is a consequence of this aspect.

The less visible indicators are about security and agreement, dialogue and reconciliation, ethics and accountability, because these facets are difficult to evaluate, since their effects do not impact on everyday life. Aspects such as the level of personal security in relation to human security issues, the support for immigrants, the recognition of identity differences, the level of social trust in other people, the tensions between communities distinguished by various differences, the role of anti-corruption offices, the possibility of meaningful public debate are not considered relevant for citizens because of the general implications. This is an effect for the communities that are at the beginning of the democratic political system. For this reason, politicians emphasize more on the housing that were constructed and on their measures against poverty. Between 2004 and 2011, a number of 816 housing facilities were built in Bacău for the young generations.

4.2. Could ICT really engage people in political issues?

The young people are really opened towards the new technologies, such as social platforms, information content creation and online communication. Therefore, these skills could be employed for the benefit of the community life. In order to increase the social participation of the young generation, the Foundation for the Development of Civil Society organized in 2012 a campaign named "Vote for the future. Smartvote". The goal of this action was to mobilize younger people in the urban everyday problems, by means of the "Your Idea for Bacău" contest. In order to determine the young to be active, the electronic vote must be seriously taken into consideration. However, complementing the electronic vote with the classical one is essential for involving all age categories of citizens, because the politically-mature ones (who usually participate in voting campaigns) are less familiar with (and sometimes reject) the online activity.

The political indicator is essential for the analysis performed according to the *Circles of SustainabilityApproach*, because the social and the political are interconnected and define the way of living in a certain local community. This couple determines the way in which economics, ecology and culture develop in the urban area. If citizens and politicians cooperate, the urban area develops sustainably. In Romania, most of the topics are centred on the responsibilities of politicians and nothing about the social duties (Cîrtiţă-Buzoianu & Daba-Buzoianu, 2013). The way that politicians govern is strongly influenced by the way citizens react to local problems that affect the everyday life. Therefore, the social life held-in-common is the result of an active process between the citizens and the political class in order to generate urban sustainability.

"In many smaller communities, support for e-government and ICT-enabled services implementation is countered by various forms of resistance to the idea of e-government and ICT-enabled initiatives" (Ebbers & van Dijk, 2007). In Romania, the e-government is at the very beginning. So, it is essential that government takes into consideration social media in the process of making policies. The 2014 presidential elections were influenced by the online campaign. The Romanians were more than ever under the influence of the online messages sent by the Romanians living outside the country who were not able to vote. That was the theme for the second round of the presidential elections which made the difference between the two candidates: the electronic vote became imperative in order to express opinion.

Nowadays, much government activity in many countries is now focused on social media which has become a central component of e-government in a very short period of time. Government employment of social media offers several key opportunities for technology: democratic participation and engagement, co-production, crowdsourcing solutions and innovations (Bertot, Jaeger, Munson, & Glaisyer, 2010).

Bringing social media usage by government agencies in line with existing policies is a first essential step in the ongoing usage of social media with other government goals. Politics redefines under the impact of ICT being "more than an allocator of services and values; it is an apparatus for assembling and managing the political information associated with expressions of public will and with public policy" (Bimber, 2003,p. 17).

"If e-government is to be truly transformative of government in terms of citizen participation and engagement, than e-government must be citizen-centered in its development and implementation" (Jaeger & Bertot, in press, n.p.). This is the main challenge for the political class: communication and civic participation are cyclical, not only during the elections.

5. ICT and the cultural dimension

The circle closes up with the *cultural* dimension, which thus appears relevant for the sustainability issue of a city. According to the integrated *Circles of*

SustainabilityApproach, the term "culture" is difficult to be defined in a comprehensive manner. The framework (GCCP, 2013b) conventionally agrees on a working acceptance of the expression, as follows: "the cultural domain is defined in terms of practices, discourses, and material expressions, which, over time, express continuities and discontinuities, and commonalities and differentiations of meaning".

Taking into consideration the aspects of the cultural component within the *Circles of SustainabilityApproach* (GCCP, 2013a), we shall detail several aspects in order to argue that the Bacău City makes use of the ICT support in increasing the citizens' cultural participation in their community. Therefore, we looked upon the following subdomains: *identity and engagement, creativity and recreation, memory and projection, belief and ideas, gender and generations, enquiry and learning, health and wellbeing* and their corresponding indicators, which structure the cultural profile process.

The following paragraphs report on several media that were studied and selected, in order to support the correlation between the cultural life indicators and the use of ICT in Bacău City.

5.1. Cultural information available online

Our research identified how transparent and how accessible the basic information on the cultural life of Bacău is, at the community level, by means of ICT. The accessed sources are not referenced below, as they can be easily found; the aim of the description is only to notice the presence or lack of the cultural information, as well as its appropriateness related to Bacău City.

The *Wikipedia* page includes general information about the city, while the *Facebook* page had not been updated (at the date of the study) since December 2013; the portal of the communities in Bacău County is not functional; the online city guide is relatively poor in images and somehow stereotype, while the tourist agenda is structured into sections and includes links to the main cultural institutions, museums, theatres, memorial houses, churches belonging to different religions, tourism agencies.

The outdoor information is also present in the city, but the way in which it is displayed is not always the most inspiring one. The prints are diverse, some of them are professional, but others are not. The city history is displayed on several web pages (wiki, tourist guide, museum guide, YouTube videos, etc.). The emblem of Bacău City appears on several pages, including the Municipality's official one (BM, 2014), but with different content symbols, confusing the reader. The historical monuments are listed on the website of Bacău Cultural County Committee and also on the official website of the city, in both cases as mere lists, without images or descriptions. The evolution of the ethnic communities is available via several websites at the national level (including interactive maps).

The pre-university educational institutions are all presented with their own web pages, while their activity is coordinated by Bacău County School Inspectorate. The higher education is represented by two institutions, "Vasile Alecsandri" University of Bacău and "George Bacovia" University (both bearing the names of two poets with national recognition). "Bacovia" Theatre website is not updated, while "Radu Beligan" Summer Theatre website is under construction; "Mihail Jora" Philharmonic website is not fully functional. The festivals, concerts and events in Bacău are systematically posted and the sports activities are also advertized on specific pages. For the free time and leisure activities, there are several specific pages, while the tourism offer is promoted on various channels. The tourist agenda of the city is structured into sections and includes links to the main cultural objectives and events.

The health institution network is poorly visible online, since the whole local system bears the difficulties of the national system (as described in Section 2). It is worth to be noticed that the private health system is quite well represented.

5.2. Inconveniences and risks related to the cultural information

After performing an analysis on the content available online for the above-mentioned issues, we can conclude that several disfunctionalities are present: lack in maintaining the websites with updated information, incomplete content (and sometimes even with errors), difficulties for the visitors in finding specific information. In most cases, the pages in foreign languages are not available, which seems to be a major drawback.

What can we notice? It is the fact that we have naturally been witnessing, in the digital era, a multiplication of the ways to promote on-line the institutions and events of the cultural type. However, as recent studies show, not even under these circumstances is this quantitative growth associated with a qualitative impact, visible at improving the knowledge degree, at making individuals become responsible and involved in the community cultural life (Fuentes-Bautista, 2014). We would like to highlight a few aspects:

-    Many citizens face a real challenge when it comes to access on-line the different sources of cultural information and to participate actively in the local community life (idem). Due to different objective reasons (age, education, access to a device, insufficient economic level) or subjective ones (attitude towards new technologies, lack of confidence in the information presented this way, prejudices) (Kongo, 2011), they do not manage to take advantage of this opportunity even if it is at hand.

-    There is a series of barriers which manifests for real in the way of accessing on-line the information of a cultural type. Arguing about the national differences in the e-Government readiness, Khalil (2011) analyses the presence and the specific of the folllowing 5 potential barriers: legislative, adiministrative, technological, cultural and social. The barriers which stand in the users's way are closely connected to their culture: atitude towards e-services, lack of information, lack of confidence, multiculturalism and multilingualism problematics, technological competences, lack of accessibility.

-    Last but not least, there may raise the issue related to the degree of confidence which may be granted to the cultural products promoted on-line. To what extent do magazines, shows/events, the links to which we have access promote the genuine value? Who checks and holds responsibility that the respective content offers models and not antimodels? The axiological dimension is vital, by definition, when it comes to culture and it can be, unfortunately, often eluded in the virtual environment where, there are times when responsibility is assumed explicitly or passed off unlawfully.

All the aspects dealt with in section 5.1., towards which the risks and inconveniences previously synthesized in section 5.2 are manifested, give a picture of the cultural life through ICT, with all its advantages and disadvantages.

6. What could lead to a better informational flow and what could add value through ICT?

ICT are generally recognized as key enabling technologies of future development, contributing significantly to humans' ability to meet major challenges of the society (CB, 2014; GCRI, 2011; MERCER, 2011). But what could go better for the community of Bacău?

The Strategy for Sustainable Development of Bacău County (BCC, 2014b) (with specific targets for Bacău, the capital city), includes the following ICT-related measures as priorities: support for the development of the ICT infrastructure and for research and development in ICT, together with the dissemination of the results; improved education in this area, in order to prepare graduates with adequate skills for the job market and its particular needs for the region; a stronger link between academia and companies. SMEs should promote technological innovation, largely enabling ICT's influence to boost efficiency in all sectors.

Since 2013, Bacău is (through its state university and several IT&C companies) part of the Regional Innovative Cluster EuroNEst IT&C Hub (RICE, 2014), which is expected to increase the role of ICT in the development of the North-East Development region of Romania (where Bacău is located).

Table 3 summarizes the potential impact that ICT could have by means of an appropriate infrastructure and smart software applications, for each of the four domains (economics, ecology, politics and culture). Although the analysis performed for each domain revealed specific impact, the premises and the solutions are highly interconnected. Therefore, the barriers that stand, at present, against the possible achievements, and the actions that we suggest in order to overcome these impediments have to be described globally, as there is a great degree of interdependency among the four directions. Finally, an assessment is made for the ICT sustainability level of each domain, on the *Scale for Critical Judgement*, as introduced in (GCCP, 2013b), on a nine-point scale of sustainability. Given the above evaluation, it appears that the level of ICT support for Bacău City is one which allows a satisfactory sustainability development and offers a starting point for the coming period.

Conclusions and further work

Finding an answer to the question "How is ICT transforming a city?" can be a challenging task. It surely needs an integrated approach to clarify of a large number of aspects. Moreover, developing a general set of indicators is very difficult, since the task of providing an adequate assessment for a certain community should be specific, as its context is. There have been developed some indicators for city ranking, such as Mercer Quality of Living surveys (Navarra & Cornford, 2009) and the Economist's Intelligence Unit Survey (EIU, 2005). United Nations Global Cities Compact Cities initiative's intention was to rethink the foundations that structure the way to measure sustainability issues (GCCP, 2013a).

Table 3. ICT potential impact. Status and assessment

Domain	Potential impact of smart ICT use	Barriers	Suggested actions	Critical assessment of the current state
Economics	- Increase in economic efficiency (and, consequently, the economy's support for the other domains) - Sustainable development practices	- Bureaucracy - Lack of ICT tools and/or skills for all citizens (digital exclusion) - Weak interest in shaping the life of community	- Professional networks for better knowledge share - Social responsibility campaigns - Modern civic education at all ages - Advocacy for volunteering - Information points and updated information online	6 (Satisfactory+)
Ecology	- Preservation of biodiversity - Commitment to environmental protection			5 (Satisfactory)
Politics	- Active implication and participation of the citizens in decision making - Public policies agreed with the citizens			5 (Satisfactory)
Culture	- Preserving local identity - Promoting the city and surroundings			6 (Satisfactory+)

As mentioned in (GESI, 2014a), "the rise of information and communication technology (ICT) has been one of the most transformative developments of the last several decades" and nowadays we are all assisting at a broader use of ICT in every field of our lives. A sustainable development of our society can be assured through a wise management of the present and future resources: natural, energy, material and informational.

New relationships that technologies engender can encourage and support innovation and enable the integration of ideas, values, and cultures in such ways that push societies forward (EC, 2010a; GCRI, 2011; Navarra & Cornford, 2009). However, technology can also reinforce the isolation of individuals (Rienties & Johan, 2014), that is why the best option is to have a community engagement. ICT is definitely blurring the line between information producers and information consumers, be they young or aged, private or public.

We should not forget to mention the role of education on this matter. It is essential to provide students, regardless of their age, with insights into the problems of sustainability, illustrated by as many examples as possible. Teaching ICT implies responsibility for the future developers and users, or for society as a whole.

As mentioned in (Sachs, 2015), the universities play an important role in "scaling up education and incubation of ICT solutions, including through partnerships with the business sector".

Acknowledgement

This research was supported by the project "Bacau and Lugano – Teaching Informatics for a Sustainable Society", co-financed by a grant from Switzerland through the Swiss Contribution to the enlarged European Union.

References

1.   AEROSTAR (2015). *Aerostar website*, http://www.aerostar.ro/index-en.php, accessed December 2015;

2.   BCC (Bacău County Council) (2014a). *Bacău County Council website*, http://www.csjbacau.ro/, accessed October 2014.

3.   BCC (Bacău County Council) (2014b). *Strategy for Sustainable Development of Bacău County for the period 2010-2030*, available online at http://www.bids-see.ro/, retrieved October 2014.

4.   Bertot, J.C., Jaeger, P.T., Munson, S., & Glaisyer, T. (2010). Engaging the public in open government: The policy and government application of social media technology for guvernment transparency. *IEEE Computer*, 43 (11), 53-59.

5.   Bimber, B. (2003). Information and American democracy: Technology in the evolution of political power. Cambridge: Cambridge University Press.

6.   Bjarne, R.S. & Danylchenko, L. (2014). Measuring ICT usage quality for information society building. *Government Information Quarterly* 31, 170-184.

7.   BM (Bacău Municipality) (2015). *Bacău Municipality website*, http://www.primariabacau.ro/, accessed December 2015.

8.   CAPITAL (2015). CAPITAL website, http://www.capital.ro/, accessed December 2015.

9.   Casagrandi, R. & Guariso, G. (2009). Impact of ICT in Environmental Sciences: A citation analysis 1990–2007. *Environmental Modelling & Software*24(7), 865–871.

10. CB (The Conference Board) (2014). *The Linked World: How ICT is Transforming Societies, Cultures, and Economies*. Research Report, available online at http://www.ictperformance.com/eng/book.php, retrieved September 2014.

11. CCIR (The Chamber of Commerce and Industry of Romania) (2014). *The Chamber of Commerce and Industry of Romania, Bacău Branch website*, http://ccibc.ro/, accessed October 2014.

12. Cîrtiţă-Buzoianu, C. (2013). The Political Actor's Brand in the 2012 Bacău Electoral Campaign. Scientific Studies and Researches. Economics Edition, 18, 344-321.

13. Cîrtiţă-Buzoianu, C. & Daba-Buzoianu, C. (2013) .Inquiring Public Space in Romania: A Communication Analysis of the 2012 Protests. *Procedia - Social and Behavioral Sciences*, 81, 229-234.

14. Clausen, U., Geiger, C. & Behmer, C. (2012). Green Corridors by Means of ICT Applications. *Procedia – Social and Behavioral Sciences*, 48, 1877–1886.

15. Daba-Buzoianu, C. &Cîrtiţă-Buzoianu, C. (2013). Media Picture Politics: a Communicational Analysis of the Romanian Media Public Space. *Revista de Sociologie Românească. Mass-media, new media şi criza actuală*, XI (1), 19-28.

16. Dawson R.J., Wyckmans A., Heidrich O., Köhler J., Dobson S., Feliu, E. (2014). Understanding Cities: Advances in integrated assessment of urban sustainability, Final Report of COST Action TU0902, Centre for Earth Systems EngineeringResearch (CESER), Newcastle, UK. ISBN 978-0-9928437-0-0.

17. DSME (Department of Small and Medium-sized Enterprises, Business Environment and Tourism) (2015). *Department of Small and Medium-sized Enterprises, Business Environment and Tourism website*, http://www.aippimm.ro/, accessed September 2015

18. Ebbers, W.E., & van Dijk, J.A.G.M. (2007). Resistance and support to electronic government, building a model innovation. *Government Information Quarterly*, 24, 554-575.

19. EC (European Commission) (2010a). *A Digital Agenda for Europe*, accessed online at http://eur-lex.europa.eu/, retrieved June 2014.

20. EC (European Commission) (2010b). On the review of the Sustainable Development Strategy. A platform for action, accessed online at http://eur-lex.europa.eu/, retrieved June 2014.

21. EIU (The Economist Intelligence Unit) (2005). *The Economist Intelligence Unit's quality-of-life index*, accessed online at http://www.economist.com/media/pdf/QUALITY_OF_LIFE.pdf, retrieved August 2014.

22. Fuentes-Bautista, M. (2014). Rethinking localism in the broadband era: A participatory community development approach. *Government Information Quarterly*, 31, 65-77.

23. GESI (Global e-Sustainability Initiative) (2014a). GeSI SMARTer2020 - The Role of ICT in Driving a Sustainable Future, accessed online at http://gesi.org, retrieved June 2014.

24. GESI (Global e-Sustainability Initiative) (2014b). SMART 2020: Enabling the low carbon economy in the information age, accessed online at http://gesi.org, retrieved June 2014.

25. GCCP (Global Compact Cities Programme) (2013a). *Circles of Sustainability: An*

Integrated Approach, accessed online at http://citiespro.pmhclients.com/images/ uploads/Indicators_-_Briefing_Paper.pdf, retrieved March 2014.

26. GCCP (Global Compact Cities Programme) (2013b). *Circles of Sustainability Urban Profile Process Tool and Guiding Paper*, accessed online at http://citiesprogramme.com/ wp-content/uploads/2013/04/Urban-Profile-Process-Tool-V3.3-web.pdf, retrieved March 2014.

27. GCRI (Global Cities Research Institute) (2011). Annual Review 2011 Global Cities, accessed online at http://global-cities.info/wp-content/uploads/2012/03/2011-GCRI-Annual-Review-web.pdf, retrieved September 2014.

28. Herrschel, T. (2013). Competitiveness AND Sustainability: Can 'Smart City Regionalism' Square the Circle? *Urban Studies*, 50(11), 2332-2348.

29. IISD (International Institute for Sustainable Development) (2015). International Institute for Sustainable Development website, http://www.iisd.org/, accessed October 2015.

30. Jaeger, P.T., & Bertot, J.C. (2010). Desingning, implementing, and evaluating user-centered and citizen-centered e-government. *International Journal of Electronic Government Research*, 6(2), 1-17.

31. James, P., Magee, L., Scerri, A., Steger, M. (2015). Urban Sustainability in Theory and Practice. Routlege: Taylor and Francis.

32. Khalil, O.E.M. (2011). E-Government readiness: Does national culture matter? *Government Information Quarterly*, 28, 388-399.

33. Kempton, L. (2015) Delivering smart specialization in peripheral regions: the role of Universities, *Regional Studies, Regional Science*, 2(1), 489-496.

34. Matei, A., Enescu, E.B. (2013) Good Local Public Administration and Performance. An Empirical Study, *Procedia – Social and Behavioral Sciences. World Congress on Administrative and Political Sciences*, 81, 449-453.

35. MERCER (2011). Location-Specific Premiums: Choosing the Right Methodology to Match Your Needs, accessed online at http://www.imercer.com/uploads/common/pdfs/hardshipwhitepaper-2011.pdf, retrieved September 2014.

36. Navarra, D.D. & Cornford, T. (2009). Globalization, networks, and governance: Researching global ICT programs. *Government Information Quarterly*, 26(1), 35–41.

37. NACP (National Authority for Consumer Protection) (2015). *National Authority for Consumer Protection website*, http://www.anpc.gov.ro/, accessed September 2015

38. NEPA (National Environmental Protection Agency) (2015). *National Environmental Protection Agency, Bacău Branch website*, http://apmbc.anpm.ro/, accessed October 2015.

39. NES-EG (National Electronic System e-guvernare) (2015). *National Electronic System e-guvernare website*, http://www.e-guvernare.ro/, accessed October 2015.

40. NES-TF (National Electronic System of online payment of taxes and fees) (2015). *National Electronic System of online payment of taxes and fees website*, http://www.ghiseul.ro/, accessed September 2015.

41. NIS (National Institute of Statistics) (2015). *National Institute of Statistics, Bacău*

Branch website, http://www.bacau.insse.ro/, accessed October 2015.

42. NTRO (National Trade Register Office) (2015). *National Trade Register Office website*, https://portal.onrc.ro/, accessed November 2015.

43. OECD (Organisation for Economic Co-Operation and Development) (2009). *Measuring the Relationship between ICT and the Environment*. Report available online at http://www.oecd.org/sti/43539507.pdf, retrieved October 2015.

44. OECD (Organisation for Economic Co-Operation and Development) (2010). *OECD Information Technology Outlook 2010*, available online at http://www.oecd-ilibrary.org/, retrieved October 2015.

45. RADA (Romanian Agency for Digital Agenda) (2015). Romanian Agency for Digital Agenda website, https://www.aadr.ro/, accessed Octomber 2015.

46. Rambo, A.T. (1983). *Conceptual Approaches to Human Ecology. Research Report No. 14*. Honolulu: East-West Center.

47. Retail-FMCG (2015). *Retail & FMCG website*, http://www.retail-fmcg.ro/, accessed November 2015.

48. RICE (Regional Innovative Cluster EURONEST IT&C Hub) (2014). *Regional Innovative Cluster EURONEST IT&C Hub*, https://www.clustercollaboration.eu/web/euronest-itc-hub, accessed October 2014.

49. Rienties, B. & Johan, N. (2014). Getting the Balance Right in Intercultural Groups: A Dynamic Social Network Perspective. *Social Networking*,3, 173-185.

50. Sachs J.D. (coordinator) (2015). *How Information and Communication Technologies can Achieve the Sustainable Development Goals*. Report from the Earth Institute at Columbia University and Ericsson. Available online at http://www.ericsson.com/res/docs/2015/ict-and-sdg-interim-report.pdf, retrieved december 2015.

51. Savoldelli, A., Codagnone, C., Misuraca, G. (2014) Understanding the e-government paradox: Learning from literature and practice on barriers to adoption, *Government Information Quarterly 31(1). ICEGOV 2012 Supplement. Towards Smarter Governments: New Technologies and Inovation in the Public Sector*, S63-S71.

52. Schlüter, M., McAllister, R.R.J., Arlinghaus, R., Bunnefeld, N., Eisenack, K., Hölker, F., Milner-Gulland, E.J., Müller, B., Nicholson, E., Quaas, M. & Stöven, M. (2012). New Horizons for managing the Environment: a Review of Coupled Social-Ecological Systems Modeling, *Natural Resource Modeling*, 25(1), 219-292.

53. TNS (2015) TNS CSOP website, http://www.tns-csop.ro/, accessed December 2015

54. UNPD (United Nations Development Programme) (2015). *Sustainable Development Goals*, http://www.undp.org/content/undp/en/home/mdgoverview/post-2015-development-agenda/#, accessed December 2015.

55. Van Kamp, I., Leidelmeijer, K., Marsman, G. & De Hollander, A. (2003). Urban environmental quality and human well-being. Towards a conceptual framework and demarcation of concepts; a literature study. *Landscape and Urban Planning*, 65, 5–18.

Online Users Recognition in Consciousness Society

Alin ZAMFIROIU

The National Institute for Research & Development in Informatics, Bucharest, 011455, Romania
Bucharest University of Economic Studies, Bucharest, 010552, Romania
zamfiroiu@ici.ro

Purpose: make a report / study of the current context of user authentication in online applications, and establish methods of getting the software user profiles, building on existing research conducted and their behavior.

Design/methodology/approach: This paper presents the characteristics of user behavior in online applications.

Findings: based on analysis and identified characteristics will achieve recognition model users online applications based on their behavior.

Research limitations/implications: behavior characteristics and models that will be developed will be implemented online platform for users.

Practical implications: features and models for recognizing the user will be used for E-Learning platforms for recognition of students taking exams in platforms.

Originality/value: Traditional authentication mode by entering password create major problems in the context of authentication on mobile devices, where limitations devices and consumer attitudes requires more integrated, convenient and secure.

Introduction

According to Shi et al., 2011, mobile devices are increasingly used and became more popular. More and more software developers began to create applications for these devices. Most applications have online and mobile online version.

Traditional authentication mode by entering the password, create major problems in the context of authentication on mobile devices, where limitations devices and consumer attitudes require an integrated, convenient and secure mode.

Password-based authentication was very often a solution vulnerable to attacks. With a second factor as part of the authentication process, it provides increased security.

Thus, this paper proposes the implicit authentication, using observations of user behavior within the application.

Considering the above reasons, the implicit authentication is particularly suitable for mobile devices and laptops. This method of authentication may be implemented for any type of device.

Use of the device varies from person to person and so this information can be used to create a more detailed profile for each user.

The implicit authentication:

- acts as a second factor and complete password authentication;

- acts as a primary method of authentication; password authentication is entirely replaced;
- provide additional security for financial transactions such as purchases by credit card, acting as an indicator of fraud.

Method for determining the score of the previous authentications based on the detection of positive events and increasing the score when such an event is identified and lead to the detection of the decrease of adverse events.

Negative events may include those that are not familiar to the user, such as calling an unknown number, or an event usually associated with misuse or theft of the device, such as sudden changes location. The model proposes that when the score drops below a certain threshold, the user is required to authenticate explicitly by entering a password. Threshold that will require explicit authentication may vary for different applications depending on security needs.

There are ways to reduce the authentication problem such as Single Sign-On - SSO, but it identifies the device, not as user.

Therefore, SSO does not defend well against theft or exchange devices if the devices are shared voluntarily.

According to studies on perception authentication process for users on mobile devices, it appears that they want a transparent authentication experience that enhances security. Users were receptive to biometric authentication modes and behavioral indicators.

The default login forms are, for example, location-based access control, biometric methods, key combinations and the model dynamic typing.

However, these methods are not easy to use the untranslatable for mobile devices possess different keyboards and automatic correction features or autocompleting. More recently, accelerometers of devices have been used to profile and identify the users.

Figure 1. Single Sign On – SSO

The default authentication uses a variety of data sources to make decisions authentication. For example, modern mobile devices offer rich collections of data on behavior, such as:

- location;
- measurements of the accelerometers;
- WiFi, Bluetooth or USB connections;
- style biometric measurements, such as typing and voice data;
- contextual data such as calendar entries content.

Also, auxiliary user information could be another source of data for the default authentication. For example, a user's calendar held in the cloud could be used to confirm the data from cell phone.

Mobile device authentication itself can make decisions as to whether a password is required to unlock the device or using a certain application. In this case, data can be stored locally, advantageous for privacy. It can also use local authentication to access a remote service, using SIM card can be signed and sent an authentication decision (or score) by the service provider. It should be considered, however, that although this approach protects user privacy, it does not protect against theft devices.

Another possibility is that a third party trusted to be responsible for authentication credentials and submit qualified providers. For example, a carrier that has access to the information required to the default authentication and which has already established a relationship of trust with the consumer, could serve naturally into the role that part of confidence.

All approaches, even those containing data held locally have the potential breach of confidentiality.

Some mitigation measures violations such as:

- eliminate identifiable information (such as names or phone numbers) of reported data;
- using a pseudonym approach, like, "phone number, location B, D code area";
- use aggregate data, for example, reporting a gross geographic location.

Modeling user profile should contain all its behaviors. For example, how often made phone calls to numbers from the directory or in what order call phone numbers.

Broadly speaking, the user can also consider combinations of indicators.

According to Joseph Roth, 2014 standard password-based authentication is vulnerable immediately after connection, because there is no mechanism to verify the user's identity continuously. This can be a serious problem especially for sensitive platforms that offer facilities only users based on username and password. Therefore, a method that allows continuous user authentication is highly desired.

A popular alternative to password-based authentication method is based on biometrics. Researchers developed this range of biometric authentication methods due to a number of reasons:

1. users interact with a computer in several ways; It is used predominantly in the

keyboard, mouse or touch-screeen of the device; Other input methods may become common in the future for users (such as gestures or facial gestures);
2. computer users can be present or can connect to a remote machine;
3. each way has its own limitation. For example, the sensors integrated fingerprint involve cooperation from the user pressing a dedicated position.
The methods of biometric identification refer to the users by their physical characteristics (eg. The face, fingerprint, iris) or behavioral characteristics (eg. Dynamic key combinations, the dynamic mouse, etc.).

Users in Consciousness Society
According to (Todoroi 2013) today's society has become one of the Internet and information awareness. Items such as electrical circuit and computer discovery led to the advent of the Internet. User participation, becoming more numerous, the structure of the Internet and online interaction among more users or between users and machines appeared in the network need to recognize users online.
According to (Todoroi 2013) Globalization is a phenomenon specific to the information society, so the process of globalization, more and more users access the Internet and in response to the need for authentication that users are rightful holders of accounts appeared accessed using password. The process is shown in Figure 2.

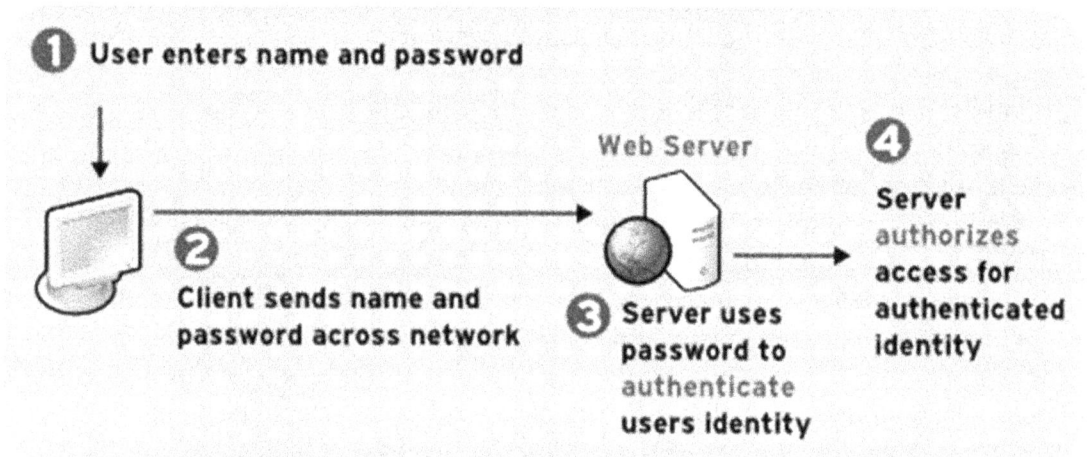

Figure 2. Password Authentication Process (Certificates and Authentication)

This method of authentication used conscience society can give many results, but if users want to provide the username and the password to other persons, so that they are fouled ramp on their behalf, this process is no longer usable.
For these situations, it is proposed a model based on the behavior of users recognition based on their previous sessions, Figure 3.
To achieve a profile requires a learning algorithm user behavior. To determine user

behavior is needed to determine a set of behavioral characteristics of users, and based on these characteristics decide what measurements to do.

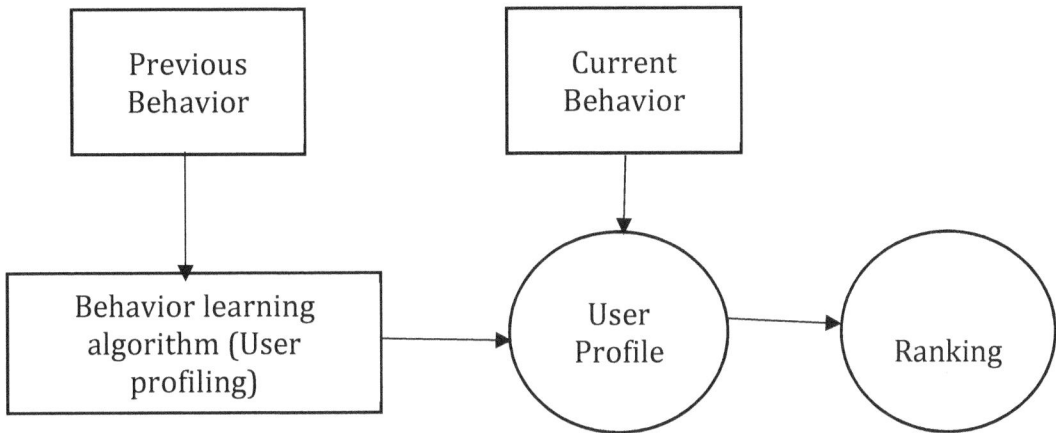

Figure 3. Structure of recognition algorithm based on behavior (Shi et. al., 2011)

Characteristics of Users Behavior

For web applications for mobile devices can take into account the specific characteristics of traditional web applications, but other mobile-specific features such as:

- speed typing text; This speed is significantly different from the speed of typing on a keyboard of a computer;
- area covered when typing; each user has a touch screen of mobile device, and depending on the size of the user's fingers;
- the time of pressing a button; similar to a computer keyboard to be measured long as a press a key on the virtual keyboard;
- how to leave the keyboard when no longer necessary; this user can be achieved by touch app, just outside the keyboard or using the device leaving the current activity in this case the current work being used virtual keyboard;
- area where touch screen to run (scrolling) a page or a text; like deciding that the area where the user holds a cursor, mobile device screen is divided into several sectors saving is used to run the page content within the application;
- zooming required to read a text; each user uses a particular text magnification, so this application to read text displayed as comfortable;
- editing mode; the user can use a single finger, use two fingers on two hands or use more fingers to write with the virtual keyboard; This feature applies only to users who use devices with virtual keyboard; for other devices with physical keyboard may not apply;
- how to keep your mobile device when reading (landscape or portrait);

how to keep your mobile device when writing (landscape or portrait, Figure 4).

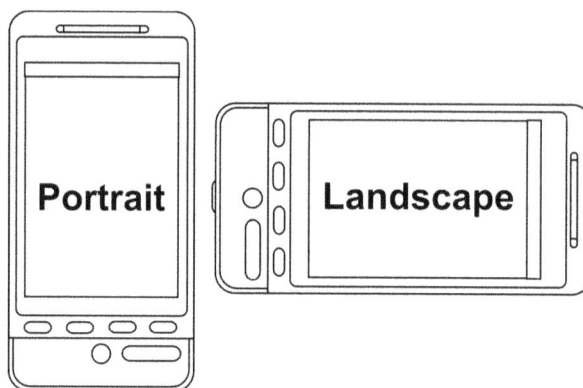

Figure 4. Portrait or landscape

These characteristics must be measured for all users based on their mobile online application to achieve one profile for each user.

Conclusions

This paper is an analysis of the current state of domain authentication in applications online.

They were carried out research on the interaction of users in web applications for mobile devices. This research led to the characterization mode of interaction online applications. These characteristics are measurable and should not necessarily all be included in user behavior analysis module.

In future research will be carried out to determine the profile models based on the characteristics identified. The models will vary depending on the metering mode and capacity programming language used to develop web platforms.

Acknowledgment

This work has been carried out as part of the project: PN 16 09 01 02 – Cercetări privind autentificarea online în cadrul aplicaţiilor software bazată pe comportamentul utilizatorilor (Researches on the online authentication on software applications based on user behavior).

References

1. Elaine Shi, Yuan Niu, Markus Jakobsson, Richard Chow, Implicit Authetication through Learning User Behavior, Information Security. Springer Berlin Heidelberg, 2011. 99-113.
2. Joseph Roth, On Continuous User Authentication via Typing Behavior, IEEE Transactions On Image Processing, July 28, 2014.
3. Roman V. Yampolskiy, Action-based user authentication, Int. J. Electronic Security and Digital Forensics, Vol. 1, No. 3, 2008.
4. Paul Pocatilu, Ion Ivan, Adrian Visoiu, Felician Alecu, Alin Zamfiroiu, Bogdan Iancu, Programarea Aplicaţiilor Android, Editura ASE, 2015, ISBN 978-606-505-856-9, 718 pag.
5. FTC seeks public comments on facial recognition, 2012,

https://crisisboom.com/2012/01/10/ftc-seeks-public-comments-on-facial-recognition/

6. Fingerprint sensors, facial recognition and biometric surveillance to propel biometrics market, http://www.donseed.com/4278-2/

7. IBTimes, 2015, UN: Biometric iris scanners transforming Syrian refugee programme by preventing fraud, http://www.ibtimes.co.uk/un-biometric-iris-scanners-transforming-syrian-refugee-programme-by-preventing-fraud-1527362

8. 5 Things You Should Know About the FBI's Massive New Biometric Database, 2012, https://crisisboom.com/2012/01/11/fbi-biometric-database/

9. Digital Authentication - The Basics, 2016, https://www.cryptomathic.com/news-events/blog/digital-authentication-the-basics

10.   NIST Authentication Guideline. 2016, https://pages.nist.gov/800-63-3/sp800-63-3.html#sec4

11.   Strong Authentication Best Practices, https://safenet.gemalto.com/multi-factor-authentication/strong-authentication-best-practices/

12.   Biometric authentication: what method works best?, http://www.technovelgy.com/ct/Technology-Article.asp?ArtNum=16

13.   Understanding Digital Certificates, https://technet.microsoft.com/en-us/library/bb123848(v=exchg.65).aspx

14.   Security token and smart card authentication, http://searchsecurity.techtarget.com/tip/Security-token-and-smart-card-authentication

15.   Biometric authentication, http://searchsecurity.techtarget.com/definition/biometric-authentication

16.   Retina scan, http://whatis.techtarget.com/definition/retina-scan

17.   Flash Drive authentication, https://www.authasas.com/products/diversity-of-supported-authentication-types-and-devices/flash-drive-authentication/

18.   IT4fans, 2010, http://www.it4fans.ro/3360/cat-de-eficient-iti-folosesti-tastatura.html

19.   Genistra, 2009, http://www.genistra.com/blog/2009/02/12/whats-the-difference-between-delete-and-backspace/

20.   Dumitru TODOROI, Era Informaticii. Sisteme Informatice În Societatea Informațională, Revista / Journal „ECONOMICA" nr. 1 (83) 2013.

Certificates and Authentication, https://access.redhat.com/documentation/en-US/Red_Hat_Certificate_System/8.0/html/Deployment_Guide/Introduction_to_Public_Key_Cryptography-Certificates_and_Authentication.html

Stages development of ROBO-intelligences.

Dumitru TODOROI,
Academy of Economic Studies of Moldova, todoroi@ase.md

Abstract.

Information Society preceded Knowledge Society, which, in turn, preceded Consciousness Society. Consciousness Society is characterized by equality of structured Natural Intelligence (NIstructured) and Artificial (AI) ROBO-Intelligence: AI = NIstructured.

The purpose of research constitutes adaptable algorithmic process of robotic implementation of Artificial (AI) ROBO-Intelligences elements.

There are created creative, emotional, temperamental, and sensual matrices (tables) of **items** which are to be implemented in ROBO-intelligences. Creative, emotional, temperamental and sensual items are situated on one **axe** of robotic tables. It represents first level of ROBO-intelligences elements.

Another dimension of these tables represents items' evolution functions. Functions are located on other **axe** of robotic matrices. This second axe represents intellectual, emotional, sensual, and spiritual evolution **steps.**

On the intersections of elements from one axe with the elements of other axe are situated next, superior level of ROBO-intelligence elements. One of the next level elements is developed on the base of functions of previous level elements. Using adaptable tools of algorithmic definitions of robotic elements are defined superior, next level elements of ROBO - intelligences.

Presented adaptable information technology for ROBO-intelligence's creation process is used in the institutional project "Creating Consciousness Society" that is developed in the period 2008 - 2018 by the team of AESM and supporters.

Key words: robot, creativity, emotion, temperament, sentiment, intelligence, conscience, society

Introduction

Consciousness Society is characterised by the equality of Artificial Intelligence and structured Natural Intelligence (AI=NIstructured). It is predicted that Consciousness Society will be created in the period from 2019 to 2035 years.

About 90 research teams in the World are working intensive in the branch of creation of robots. It is demonstrated (Carnegie Mellon University) that from the 7 million of human work functions about 5 and a half million today can be done by the robots. These human work functions are mostly of the physical type. The intellectual, sensual, emotional, temperamental and other human functions are in the phase of investigation.

1. **Adaptable tools** [1] represent the algorithmic basis to be implemented in first three stage of robotic creation: formulation the problem, its formalization, and its algorithmic definition. The Kernel of adaptable tools in presented be its Adapter, which defines

pragmatics (utility), syntax (structure), semantics (content, mining), context (user environment) and examples of ROBO-intelligence elements. Very important subject constitutes the utilization of Adapters in definition
the higher level elements of ROBO-intelligences through its lower-level elements. Adapter is the tool, engine of information technology to create adaptive ROBO - intelligences.

Computer Based Information Systems define functional elements of ROBO – intelligences. CBIS of each of elements of ROBO-intelligences represents components part of elements and evaluation stages of these components. Components parts of ROBO-intelligences elements are presented by software, hardware, people, methods-models-algorithms-procedures, information-data-knowledge-conscience, and distri-bution of robotic elements. Evaluation stages of these CBIS components of ROBO-intelligences are presented by **initiation** and **capture** of elements, its **saving, processing** and **distribution-implementation**.

The Adaptable Evolution Method (AEM) is investigated, developed, and implemented in creation process of Consciousness ROBO-intelligences.

It is done analysis and development of the AEM to be used for the adaptable algorithmic processing of robotic elements from the point of view of its definition (pragmatics), its presentation forms (syntax), its meaning (semantics), its usage environment (context), and its examples.

2. ROBO-intelligence's creation process as AESM institutional Projects began to be developed in 2008 year.

In the years 2008-2011 research results in the field were discussed especially by the researchers – participants at the international annual symposia at the AESM. Beginning with 2012 year results were discussed at the international TELE-CONFERENCES of young researchers from Moldova, Romania, Germany, Italy, Poland, and the USA.

The TELE - 2012 Conference was dedicated especially to the discussion of research results of creativity of ROBO-intelligences. Volume work was published in 2012 by ASEM [2].

It is analyzed and developed the AEM to be used for the adaptable algorithmic processing of robotic creativity's features: Inspiration, Imagery, Imagination, Intuition, Insight, Improvisation, Incubation and its evolutions: Acquire Knowledge, Develop Curiosity, Become Interested, Passion, Dedication, and Professionalism. Obtained table of higher level elements of Creative ROBO-intelligences will be adaptable algorithmic defined with the help of special developed AEM.

At the TELE -2013 Conference was presented research results obtained in the branch of emotional elements of ROBO-intelligences. The results were published in the Volume nr. 1 of newly founded by the University "Vasile Alecsandri" of Bacău ISSN Journal "Computers Consciousness Society" [3].

It is analyzed and developed the AEM to be used for the adaptable algorithmic processing of the basic emotion elements: Happiness, Fear, Amazement, Disgust,

Sadness, and Anger in combination with its evolutions: Self-awareness, Managing emotions, Motivation, Empathy, Handling relationships. Obtained table of higher level elements of Emotion ROBO-intelligences will be adaptable algorithmic defined with the help of special developed AEM.

Temperament elements of ROBO - intelligences were studied, analyzed, presented, and discussed in sections of the TELE - 2014. The research results were published by ASEM [4].

The TELE – 2015 [5] and TELE – 2016 [6] were discussed the implementation of the AEM in the process of creation the sensual elements of ROBO –intelligences - positive and negative sentiments. Gifts from the Pandora's Box represent negative sentiments of ROBO-intelligences, and their opposites - positive ones.

It was implemented the AEM in the process of algorithmically definition of Sensual (positive) ROBO-intelligences characteristics. It is analyzed and developed the AEM to be used for the adaptable algorithmic processing of main positive sensual robotic characteristics: Meekness, Modesty, Satisfaction, Pleasure, Simplicity, Lavishness, Tolerance, Frigidity, Love, Health, Diligence, Joy, Courage, Fidelity, Issue, Life, and Despair. Obtained table of higher level elements of positive Sensual ROBO-intelligences will be adaptable algorithmic defined with the help of special developed AEM.

Present TELE-2017 [7] is concerned to the investigations in the next research directions: Robots in Society, Robot's Conscience processing, robotic information technologies, Robotic Information, Knowledge, and Conscience, Robots and SME.

It is implemented the AEM in the process of algorithmically definition of Sensual (negative) ROBO-intelligences characteristics. Will be done analysis and will be developed the AEM to be used for the adaptable algorithmic processing of main negative sensual robotic characteristics: Pride, Wrath, Sorrow, Deceit, Misery, Glory, Cowardice, Hate, Arrogance, Gluttony, Envy, Vanity, Lust, Fear, and Greed. Obtained table of higher level elements of negative Sensual ROBO-intelligences will be adaptable algorithmic defined with the help of special developed AEM.

There are investigated the measure of intellectual and spiritual human features, the physical places of the brain from where such features are directed and managed, the type of signals and its intensity these places produce. Such investigations are in the great interest for the mixt teams of researchers from the biology, psychology, physics, nano-technology, bio-informatics and other sciences. Results of such investigations represent the **digital basis** for the adaptable algorithms of reproduce the intelligent and spiritual robotic features.

Intelligent robots have to have the creativity's evolutional features, which depends from the intensity of corresponding intelligent signals.

Spiritual robots have to possess emotion and sensual features. Its algorithmic adaptation depends of digital emotion, temperament, and sensual correspond digital basis. Our goal is to investigate the process of algorithmic adaptation of robots based on digital basis for the algorithms of creation of intelligent and spiritual robotic features.

3. IQ vs EQ

IQ is genetic potential with which you are born and that is fixed after the age of 12 years. IQ can be developed or improved after this age. IQ is a threshold that can only show you the way to a particular career or field.

EQ, emotional quotient can be learned, developed and improved at any age. It is the combination of personal skills with experience, because emotional maturity which support your chosen career promotion. If you create a balance between IQ and EQ, the road to a remarkable success and you open.

EQ evaluats through the following creative stages:
* Better understanding of their emotions
* Effective management of their emotions and significantly increase the quality of life
* Better understanding of others and coexistence with a high degree of comfort
* Creating better relationships at all levels with others and increase productivity and personal image

Research shows that emotional intelligence may be even more important than the combination of cognitive ability and technical skills. In fact, some studies indicate that emotional intelligence is twice more important than IQ.

4. Creativity

Consciousness Society will be created in the years 2019-2035 according to the results reported by researchers of approximately 90 collectives of researchers from the World. Conscience Society will be created in the period from 2019 to 2035 years. Such society will be characterized by the equality of structured Natural Intelligence and Artificial (robotic) intelligences. Conscience Society will be based on the strong correlation between natural and artificial (robotic) intelligence's creativity, emotions, temperaments, and sensuality. Creativity is mental process. Intelligences in Conscience Society will possess the Piirto's inspiration, imagery, imagination, intuition, insights, improvisation, and incubation features which characterize highly creative people. Creativity top of intelligences will be touched by the process of acquiring knowledge, developing curiosity, becoming interested, and successive culminating with passion, dedication, and professionalism as highest level of activity. Correlation between creativity, temperament, emotional, and sensual features of robotic intelligences and its interactivity represent Robotic Intelligence Kernel of Consciousness Society. Case studies illustrate that adaptable tools can represent algorithmic engine to develop Robotic Intelligence Kernel, it's levels and dialects in Conscience Society.

5. Emotions

Creative intelligence quotient (IQ) and emotional intelligence quotient (EQ) are complementary and their measurement allows you to assess your ability to succeed in life. Explore what IQ and EQ and if IQ tests are relevant to your career, you can develop yourself to succeed and become a successful person. Base emotions are: Happiness, Fear, Surprise, Disgust, Sadness, and Anger

Happiness is a mental state of well-being characterized by positive emotions or pleasant, from contentment to intense joy. Different approaches to biological, psychological, religious and philosophical strove to define happiness and identify its sources.

Fear is a survival mechanism occurring as a human response to a specific threat, usually negative. Fear is related to anxiety. It depends on the person and can range from phobia and paranoia caution. It takes several states, including care, anxiety, terror, paranoia, horror, panic. A fear of extreme intensity, persistent seized by the subject as phobia. Phobia is only determined by the presence or anticipation of the presence of an object, of a life or situation.

Disgust is an emotion that is usually associated with things considered unclean, inedible, infectious etc. A disgusted man may be primarily a food that does not smell unpleasant

Sadness is an emotion characterized by feelings of disadvantage, loss, and helplessness. When sad, quiet man often becomes less energetic and withdrawn.

Anger is an emotion that physical effects include increased heart rate, blood pressure, and levels of adrenaline and noradrenaline. Anger becomes the predominant feeling in terms of behavioral, cognitive, physiological, when a person consciously chooses to act against the danger came from outside

Correlation between temperament's and emotion's features of robotic intelligences represents Robotic Emotional Kernel of EQ in Consciousness Society. Next examples show definition's component parts of the adaptable algorithms which describe the emotional evolution of sanguine ROBO-intelligences: **Happy**ROBO – intelligence: Won the football loved team; **Fearful**ROBO-intelligence: Have the fear that it will not be able to arrive on time; **Surprised** ROBO-intelligence: His roommate was working better than it; ROBO-intelligence with **disgust:** Was awakened from sleep with a frog on the nose; ROBO-intelligence**sadness**: It was sick and could not get to a business meeting; **Anger** ROBO-intelligence: At the meeting was not presented not one of the group co-workers

Conclusion

Research results in the Aesm institutional Project "Consciousness Society Creation" are announced in tens ather publications, inclusively in two books [8, 9].

Detailed information about discussed subject is presented in the Book: **"Creativity in Conscience Society. Creativity and Adaptability"**. This book is in press at the LAMBERT Academic Publishing, Saarbrucken, Germany, 2012.

C1. Book presentation.

C1.1. Consciousness evolution. Information Society. Knowledge based Society. Conscience Society.

C1.2. Conscience. Conscious competence. Conscious incompetence. The subconscious mind. The power of Subconscious. Conscious vs. Subconscious. Unconscious. Unconscious competence. Unconscious incompetence. Cognition. Consciousness and thought. Our Behaviour is Driven by our Subconscious Mind.

Subconscious.

C1.3. What is Subconscious Mind? The power of Subconscious Mind. What goes in our Subconscious Mind? Our behaviour is driven by our Subconscious Mind. How to discover the Subconscious? Subconscious Learning. Reprogramming your Subconscious Mind for success. The incredible power of intent. Are Your beliefs holding You back? The Subconscious contains our unused potentials and our blockages. Dark shadow. Light Shadow. How to come into relationship with your subconscious? Dialogue with your subconscious.

C1.4. Creativity in Conscience Society. Information, Knowledge Based, and Conscience Societies. New orientations in actual informatics. Ceativity in Conscience Society. What Creativity Is, why It Is Important, where It Is Used. Analyzing Creativity. Creativity is a Brain Activity. Mastering the Daily Life. Creativity and Profession. The Piirto's Six Steps. The Piirto's 7i. Creativity's Kernel. When and where Creativity Occurs. How Creative People are Looked upon. Managing Individual Creativity and Company Goals. Individual Creativity. Teams, Creativity and Product Development. Company's Product Development Goals. Entrepreneur's and Small Companies' Product Development

C1.5. Adaptable Support for Creativity. Difficulties in porting Office. Criticisms of Microsoft Office. Adaptive and Evolvable Hardware. Adaptable Software.First level Adaptable Processors.
The second levelAdaptable Processors. The third level adaptable processors. Adaptable Tools' perspectives. Adaptable Software advantage.

C1.6. Adaptable Human - Machine Interface. Memory requirements. Human - Machine Interface (HMI). BI - dimensional computer graphics. 3D - computer graphics. Adaptable computer graphics. Modern evolution of Computer graphics. Next Generation Graphics & Thunderbolt I/O Technology. NVIDIA Quadro® 400 graphics processing unit. Video Editing Requirements of Creative Professionals.

C1.7. Creativity's Kernel Extensions-Dialects. The First Seven Years in Conscious Life. Millennium's Personalities for Conscience Society. Religion and social moralities in Conscience Society. Religious views of conscience. Ecologic Business in Conscience Society. Ecologically pure production in Conscience Society. Beauty - a conscience's element. Conscience elements.
Conscience elements & Creativity's Kernel.

C1.8. Education and research in Conscience Society. Educational components. Educational environment. Educational components. Educational Development. Conscience domains. The first 7 years of life. Primary education. Secondary school. Higher education. Bologna process. Education and research in current decade. The decade of change in European Higher Education. Sustainability through reform on a European scale. Increasing Responsiveness. Sustainability through more cooperation. Improving capacity to manage change. Next decade in the European education and research areas.

C2. The 2nd main publication is presented by the book **"Creative Robotic**

Intelligences", Editions Universitaires Europeennes, Saarbrucken, New York, 2017 [9]

C2,1, Conscience Society will be created in the period from 2019 to 2035 years. Such society will be based on the strong correlation between natural and artificial intelligences. Intelligences in Conscience Society to our opinion will possess the Piirto's inspiration, imagery, imagination, intuition, insights, improvisation, and incubation features which characterize highly creative people. Creativity top of intelligences in Conscience Society will be touched by acquiring knowledge, developing curiosity, becoming interested, and successive culminating with passion, dedication, and professionalism as highest level of activity. Correlation between intelligence's features and creativity levels of activity and its interactivity represent Creativity Kernel. Case studies illustrate that adaptable tools can represent engine to develop Creativity Kernel and it's dialects in Conscience Society

C2,2, Creativity is man's (in our opinion not only man's (Natural Intelligence) but and exclusive important computer's, that is, Artificial Intelligence's) capacity to produce insights, new ideas, inventions or artistic objects, which are accepted of being of social, spiritual, esthetic, or technological value. Creativity is a mental process [1]. The Piirto's Six Steps of Creativity development (acquire Knowledge, develop Curiosity, become Interested, Passion, Dedication, andProfessionalism) interference and interaction with Piirto's 7i features (Inspiration, Imagery, Imagination, Intuition, Insights, Improvisation, and Incubation) which characterize highly creative people represents the Base Creativity's Kernel to be developed in Conscience Society. Tools for Base Creativity's Kernel's development are represented by both [2] it's information (adaptable environment) and it's operational (adaptable system) parts.

It was studied the interest and passion, evolution steps of creativity in Conscience Society. That first level Creativity's elements are based on the creativity's base elements in Conscience Society.

C2.3. Creativity is a mental process. Intelligences in Conscience Society will possess the Piirto's inspiration, imagery, imagination, intuition, insights, improvisation, and incubation features which characterize highly creative people. Creativity top of intelligences will be touched by the process of acquiring knowledge, developing curiosity, becoming interested, and successive culminating with passion, **dedication**, and **professionalism** as highest level of activity.Dedication is: complete and wholehearted fidelity; a ceremony in which something is dedicated to some goal or purpose; a message that makes a pledge; a short message dedicating it to someone or something; the act of binding yourself (intellectually or emotionally) to a course of action; an act or rite of dedicating to a divine being or to a sacred use; a devoting or setting aside for a particular purpose; self-sacrificing devotion; a ceremony to mark the official completion or opening of something. Professionalism is often defined as the strict adherence to courtesy, honesty and responsibility when dealing with individuals or other companies in the business environment. This trait often includes a high level of excellence going above and beyond basic requirements. Work ethic is usually concerned with the personal values demonstrated by business owners or entrepreneurs and instilled in the company's employees. The good work ethic may include completing tasks in a timely manner with the highest quality possible and taking pride in completed tasks. When Creativity features Dedication and Professionalism Creativity tops are working, the individuals, the team and the company hit success!

C2.4. Creativity is a mental process; it is a result of **brain activity** which differentiates individuals and could ensure an important competitive advantage for persons, for companies, and for Society in general. Very innovative branches – like software industry, computer industry, machines industry – in Information Era and in special, in Conscience Society of this Era, consider creativity as the key of business success.

C2.5. Intelligences in Conscience Society will possess the investigated inspiration, imagery, imagination, intuition, insights, improvisation, and incubation intelligence's features which characterize highly creative people. Creativity top of intelligences will be touched by the hierarchical process of acquiring knowledge, developing curiosity, becoming interested, and successive culminating with passion, dedication, and professionalism as highest level of activity.

C2.6. Dedication is: (1) complete and wholehearted fidelity; (2) a ceremony in which something is dedicated to some goal or purpose; (3) a message that makes a pledge; (4) a short message dedicating it to someone or something; (5) the act of binding yourself (intellectually or emotionally) to a course of action; (6) an act or rite of dedicating to a divine being or to a sacred use; (7) a devoting or setting aside for a particular purpose; (8) self-sacrificing devotion; (9) a ceremony to mark the official completion or opening of something.

C2.7. Professionalism is often defined as the strict adherence to courtesy, honesty and responsibility when dealing with individuals or other companies in the business environment. This trait often includes a high level of excellence going above and beyond basic requirements. Work ethic is usually concerned with the personal values demonstrated by business owners or entrepreneurs and instilled in the company's employees. The good work ethic may include completing tasks in a timely manner with the highest quality possible and taking pride in completed tasks.

When Creative features Dedication and Professionalism Creativity tops are working, the individuals, the team and the company hit success!

Taking "A machine can act intelligently" as a working hypothesis, many researchers have attempted to build such a machine. **The purpose of the research** is to find out the common moral principles for Artificial and Natural Intelligence that would serve a basis for successful interacting of robots with humans. By the investigation of many researches The Conscience Society will be created in the period of 2019-2035 years. Such society will be characterized by the equality of structured Natural Intelligence and Artificial (robotic) intelligences. Artificial (ROBO) intelligences will be of different types. Creative ROBO-intelligences will possess features which characterize highly creative people (natural intelligence). Character's creativity and emotion intelligences which are to be implemented in Character ROBO-intelligences and Emotional ROBO-intelligences are analysed and developed.

Adaptable tools which represent the engine of implementation of higher level elements of ROBO-intelligences are proposed.

D. The last time in European Community: EC [10]. All these publications confirm the international interest for our research in the Branch of Conscience Society Creation process and its engine ROBO-intelligences algorithmically supported by the Adaptable Tools.

D1. Robots in Homo - Robotic Conscience Society. Committee on the problems of the European Parliament endorsed the draft recommendations, as well as the administrative regulations on the civil-engineering production of robots.

For that document voted PRO: 17 deputies, Against: 2 deputies, and Refrained: 2 deputies.

D2. Robot's Econometrics. According to data of the European Parliament, in the period 2010-2014 the average sales of robots was 17% annual and in 2015 has risen to 29 percent. Growth of robots developed the volume of patents in relation to robots - in the last 10 years the volume has doubled. Artificial intelligence will determine economic efficiency in such spheres as manufacturing, commerce, transport, medical service, education, case-law and agriculture.

D3. Robot - legal status. It is not yet determined the **legal status of robots,** which soon will overwhelm us. Scientists are, as some carriers of artificial intelligence, provided with self-education capacity, separately, will need to be identified as **"electronic faces"** with corresponding Passport. The document will contain the framework conditions for producers and users of robots, formulated since the great writer Isaac Azimov: 3 principles - the basic conditions in collaboration with robots and humans.

D4. Isaac Azimov: 3 principles. Asimov's Three Laws of Robotics, as they are called, have survived to the present:

1. Robots must never harm human beings or, through inaction, allow a human being to come to harm.
2. Robots must follow instructions from humans without violating rule 1.
3. Robots must protect themselves without violating the other rules.

References

1. Todoroi, D., Micuşa, D., *Sisteme adaptabile,* Editura Alma Mater, Bacău, România, 2014, 148 pagini. ISBN 978-606-527-347-4
2. Todoroi, D., *Crearea societăţii conştiinţei*, Materialele primei Teleconferinţe Internaţionale a tinerilor cercetători "Crearea Societăţii Conştiinţei", 7-8 aprilie 2012, Chişinău, 169 pages / coord.: Dumitru Todoroi: ASEM, ARA, UAIC, ASE. ISBN 978-9975-75-611-2.
3. *Society Consciousness Computers, Volume 1,* 2014, Alma Mater Publishing House, Bacău, /Honorary Editor Dumitru Todoroi, Editor in Chief Elena Nechita/, 176 pages. ISSN 2359-7321, ISSN-L 2359-7321
4. Todoroi, D., *Crearea societăţii conştiinţei*, MaterialeleTeleconferinţei Internaţionale a tinerilor cercetători "Crearea Societăţii Conştiinţei", Ed. a 3-a, 11-12 aprilie 2014, Chişinău, 129 pagini / coord.: Dumitru Todoroi: ASEM (Chisinau,

Republic of Moldova), ARA (University of California Davis, USA), UAIC (Iashi, România), ISU (Chicago, USA), UB (Bacău, România), UC (Cluj, România), ASE (Bucharest, România). ISBN 978-9975-75-612-6.

5.   *Society Consciousness Computers*, *Volume 2*, Bacău-Bucureşti-Chicago-Chişinău-Cluj Napoca-Iaşi-Los Angeles, 2015, Alma Mater Publishing House, Bacău, 81 pages, ISSN 2359-7321, ISSN-L 2359-7321

6.   *Society Consciousness Computers, Volume 3*, Bacău-Bucureşti-Boston-Chicago-Chişinău-Cluj Napoca-Iaşi-Los Angeles, May 2016, Alma Mater Publishing House, Bacău, 183 pages, ISSN 2359-7321, ISSN-L 2359-7321

7.   Todoroi, D., *Conscience Society Creation,* Proc. Of the 6th international TELECONFERENCE of young researchers "Conscience Society Creation", April 21-22, 2017, Bacău-Bucureşti-Boston-Chicago-Chişinău-Cluj Napoca-Florida-Iaşi-Los Angeles, 169 pages (To be published)/

8.   Todoroi, D., *Creative Robotic Intelligences,* Editions Universitaires Europeennes, Saarbrucken, New York, 2017, 123 pages. ISBN: 978-3-8484-2335-9

9.   Todoroi, D., *Creativity in Conscience Society,* LAMBERT Academic Publishing, Saarbrucken, Germany, 2012, 120 pages. ISBN: 978-3-8484-2335-4

10. *Moldova Suverana,* 25.01.2017, Nr. 8(2095), www.utro.ru

Secţiunea
"Robotizarea Societăţii Conştiinţei"

Utilizarea Tehnologiilor Internet of Things în Societatea Conştiinţei

Ramona PLOTOGEA
Academia de Studii Economice, Bucureşti, 010374, România
ramonaplotogea@gmail.com

Scopul lucrării: constă în analiza atentă a strategiilor, a variabilelor şi a modului in care acestea permit tehnologiilor IoT şi interfetelor creier-computer să aducă o contribuţie semnificativă la imbunătătirea conditiilor de trai în contextul Societăţii Conştiinţei.

Design-ul / metodologia / abordarea: prezenta lucrare urmăreşte expunerea aspectelor ce ţin de structura unui sistem bazat pe BCI (brain-computer interface), a rezultatelor obţinute până în prezent, precum şi a complexităţii ridicate a acestor sisteme, inclusiv din punct de vedere al limitărilor de ordin moral, etic şi chiar legal.

Constatări: în urma cercetării si a analizei întreprinse, se poate concluziona că implementarea urmată îndeaproape de dezvoltarea acestor sisteme şi tehnologii noninvazive prezintă un potenţial uriaş de a spori semnificativ calitatea vieţii, în special pentru persoanele cu dizabilităti sau cu afecţiuni severe.

Limitări/sugestii de cercetare: se urmăreşte îndeaproape crearea acelor sisteme BCI care să ajute la "vindecarea" unor afecţiuni cerebrale. Principalele limitări din cadrul acestei sfere de cercetare ţin atât de costurile necesare, cât şi de securitate şi de protecţia intimităţii şi a datelor cu conţinut personal.

Valoarea aplicativă: observaţiile şi concluziile ce caracterizează această lucrare indică modul în care cercetarea si dezvoltarea acestui domeniu vizează folosirea activităţii cerebrale strict pentru a ajuta persoanele cu nevoi speciale si nu pentru a modifica în vreun fel activitatea cerebrală si pot constitui un reper pentru detectarea şi prevenirea timpurie a acestor afecţiuni, folosind corect si corespunzător tehnologiile BCI.

Noutatea şi originalitatea ştiinţifică: Lucrarea dezbate două domenii de actualitate şi de perspectivă, tratează subiectele legate de tulburările neurologice şi de impactul interfeţelor creier-computer şi prezintă modul in care aceste două direcţii pot conlucra in vederea atingerii unor progrese record în medicină şi nu numai.

Mediul implementării: o cercetare mai aprofundata a domeniului este cuprinsă în lucrarea – "Utilizarea Tehnologiilor IoT in vederea îmbunatăţirii condiţiilor de trai"

1 Introducere

Conceptul de Internet of Things (Internetul Lucrurilor) defineşte un domeniu care se dezvoltă extrem de rapid în contextul în care miliarde de conexiuni furnizează soluţii pentru o lume mai inteligentă şi mai conectată. IoT devine din ce în ce mai mult sinonim cu conceptul de Internet of Everyting (Internetul tuturor lucrurilor) şi are la bază ideea de a permite unei game variate de dispozitive, obiecte, date şi procese să comunice într-o manieră „inteligentă”, adică să partajeze informaţii şi să acţioneze în concordanţă pe baza acestor date prelucrate, oferind suportul unor funcţionalităţi diverse care pot fi accesate şi de la distanţă. [1] În ceea ce priveşte domeniul medical, furnizorii de servicii medicale au apelat la pionieri ai tehnologiilor IoT, un exemplu edificator în acest sens constituindu-l telemetria, cu mult timp înainte ca termenul actual de Internetul Lucrurilor să capete nuanţa pe care o are la momentul curent. Şi în acest domeniu, tehnologiile IoT au ca principal scop să reducă dependenţa de asistenţă oferită de personalul medical, sau de oameni, în general, şi să ofere soluţii stabile şi fiabile care să furnizeze un diagnostic precoce şi un tratament eficient. Principalele direcţii în care dispozitivele medicale IoT acţionează vizează atât funcţionalităţi care permit îngrijirea şi asistarea persoanelor cu dizabilităţi sau cu un grad redus de mobilitate, cât şi opţiuni de colectare şi monitorizare a datelor de la pacienţi. Cu alte cuvinte, impactul pe care aceste tehnologii îl deţin în domeniul medical este unul extrem de semnificativ, având potenţialul uriaş de a spori semnificativ gradul de implicare şi de satisfacţie al paci-enţilor şi de a îmbunătăţi şi eficientiza practicile furnizorilor de servicii medicale. [2]

1.1 IoT şi viitorul domeniului medical

Tendinţele majore care redefinesc continuu lumea în care trăim se leagă de aspecte precum: simplitate, siguranţă şi acces constant. Societatea de consum se adaptează şi ea, oarecum „instinctiv”, la acest dinamism şi astfel ajungem în punctul în care clientul determină, acum mai mult ca în orice alt moment din trecut, ceea ce se potriveşte mai bine nevoilor sale. În domeniul medical, comparativ cu alte sectoare, metoda de abordare a fost, timp de mulţi ani, una mai conservatoare, lucru care a încetinit oarecum progresul. În ultimii ani, asistăm la o schimbare impresionantă: serviciile şi produsele inovative din domeniul medical oferă rezultate formidabile care îi determină pe producătorii de servicii, echipamente sau dispozitive medicale să ia atitudine şi să devină conştienţi de acest potenţial uriaş. În termeni de specialitate, fenomenul este cunoscut sub denumirea de Internet of Medical Things, cu alte cuvinte, Internetul Lucrurilor ce ţin de domeniul medical, un „fenomen” care îşi propune o transformare digitală a serviciilor de sănătate şi a asistenţei medicale. [3] Denumirea şi definiţiile pe care le găsim în acest sens prezintă o tentă mai generalizată, întrucât vizează o arie mai largă de aplicabilitate: de la gadget-urile şi aplicaţiile mobile care oferă funcţionalităţi multiple în materie de fitness, educaţie în sănătate, detectarea timpurie a simptomelor şi managementul eficient al tratamentelor între pacienţi şi doctori, toate acestea reprezintă componenete fundamentale ale unui algoritm care are la bază schimbarea şi care caută să îmbunătăţească productivitatea, să diminueze costurile şi să optimizeze eficienţa tratamentelor.

1.2 Interfețe Creier-Computer si Neuro-Știință

În literatura de specialitate, o interfață este definită ca fiind un sistem prin care o mașină este conectată la o altă mașină. În strânsă legătură cu domeniul IoMT prezentat mai sus se află și conceptul de interfață creier-computer sau interfață creier-mașină (ICM), pe care o găsim în lucrările de specialitate ca fiind numită și interfață neuronală directă (direct neural interface) sau chiar interfață mind-machine. Toate aceste denumiri alternative descriu, de fapt, echipamente care le permit oamenilor să transmită informație fără să efectueze vreo mișcare. ICM(rom.) sau BCI (BCI din englezescul Brain Computer Interface) are ca principală funcționalitate comunicarea dintre creierul uman și un dispozitiv extern. Pe baza acestui fapt, cercetătorii din domeniu lucrează continuu pentru a folosi sistemele ICM în vederea asistării, mapării și reparării funcțiilor umane de tip cognitiv sau care țin de aparatul loco-motor. [4]

Primele cercetări din domeniu au început în anii 1970 în Statele Unite și au arătat pentru prima dată felul în care maimuțele învățau să controleze un obiect cu ajutorul activității neuronale. Cu toate acestea, istoria acestor sisteme a început cu mult timp înainte de acest moment, mai exact în anii 1920 când Hans Berger, un psihiatru german, a conștientizat existența activității electrice la nivelul creierului și a început dezvoltarea a ceea ce astăzi numim electroencefalografie(n.a.EEG). Psihologul german a realizat în anul 1924 prima înregistrare a activității neuronale, folosindu-se de electro-encefalografie, metodă electrofiziologică de explorare a sistemului nervos central. Electroencefalografia este procesul prin care activitatea neuronilor cortexului cerebral este înregistrată cu ajutorul unor electrozi situați la nivelul scalpului. [5]

2 Sisteme ICM

Principalele tipuri de sisteme ICM sunt cele invazive și non-invazive. Diferența este dată de modalitatea de plasare a senzorilor responsabili cu monitorizarea activității cerebrale. Sistemele ICM de tip invaziv oferă o perspectivă mult mai clară și mai reală asupra activității cerebrale, însă implică plasarea senzorilor direct pe suprafața creierului sau chiar în creier. Modalitatea de observare a acestor sisteme se bazează pe electrocorticogramă, pe procesul de înregistrare a activității bio-electrice cerebrale prin electrozi plasați direct pe suprafața cortexului cerebral. Pe de cealaltă parte, sistemele ICM non-invazive nu necesită nici un fel de intervenție neuro-chirurgicală și nu transmit impulsuri electrice la nivelul organismului. Aceste sisteme măsoară activitatea cerebrală vizibilă la suprafața scalpului, având la bază metoda prezentată mai sus, electroencefalografia. Aceasta din urmă a devenit cea mai studiată și comună interfață creier-computer de tip non-invaziv, mai ales grație modului facil de utilizare, portabilității și costurilor scăzute. [6]

2.1 Stadiul actual al interfețelor creier-computer bazate pe semnalele EEG

Experimentele pe care Hans Berger le-a început în anii 1920, bazându-se pe electroencefalografie, au lansat teoria potrivit căreia activitatea neurologică a creierului poate fi utilizată ca un canal de comunicație suplimentar. Apariția acestor sisteme de interacţiune om-maşină s-a produs, însă, mult mai târziu, în anul 1973, moment în care profesorul Jacques J. Vidal a şi lansat această denumire de interfeţe om-computer. [7]

2.2 Structura şi complexitatea unui sistem ICM

Motivul pentru care o interfaţă creier-computer funcţionează are la bază esenţa prin care creierul uman funcţionează. Creierul fiecărui om este compus din miliarde de neuroni, celule care comunică între ele prin intermediul impulsurilor electrice. Schimburile acestea determină, prin cantitatea de energie produsă, activitatea electrică de la nivelul creierului care se concretizează sub forma unor unde cerebrale. Undele pot fi de tip alfa, beta, delta, sigma sau gama şi se măsoară, de regulă, în hertzi. [8]

Prima categorie de unde, undele alfa, sunt emise atunci când persoana se află într-o stare de relaxare sau de meditaţie. De regulă, la o persoană sănătoasă aflată în stare de veghe, predomină ritmul alfa întrucât acesta caracterizează activitatea bio-electrică a creierului aflat în stare de repaus. Undele beta sunt unde mai rapide, emise atunci când persoana se află într-o stare de alertă sau de uşoară alertă. Este un ritm care caracterizează o activitate mai sporită a scoarţei cerebrale: stimulări senzoriale, efort mental determinat de sarcini de natură zilnică, însă poate foarte uşor să conducă la stări de stres şi nelinişte. Specialiştii consideră că aceste două tipuri de unde cerebrale: alfa şi beta sunt cele care reprezintă, în cazul unui om normal, aproape 90% din totalul activităţii neurologice observate, celelalte unde şi ritmuri fiind identificate mai rar. Undele delta apar în condiţiile unui somn profund, cu precădere la adulţi, întrucât acestea caracterizează o activitate a minţii inconştiente. Undele sigma şi delta sunt undele specifice unei stări de somn adânc. Ritmul determinat de undele teta este un ritm ce se observă în cazul unor stări de somnolenţă la adulţi şi este mai frecvent în copilărie. Acest ritm caracterizează o stare de relaxare, dar în care persoana rămâne conştientă de realitatea care o înconjoară. [9]

Potrivit următorului scenariu, atunci când o persoană se pregăteşte de somn şi când se sistează orice activitate, creierul uman trece treptat din starea beta, în starea alfa, teta şi în final, atunci când persoana se află într-o stare de somn profund, în starea delta. Creierul uman produce aceste unde în funcţie de momentul zilei şi de activitatea pe care o persoană o desfăşoară. Echipamentele medicale de tip EEG se ocupă cu înregistrarea activităţii electrice a generatorilor cerebrali şi cu analiza acesteia. Un astfel de echipament este, de regulă, compus dintr-o cască cu zeci de electrozi pe suprafaţa ei, electrozi care detectează semnalele electrice care circulă în interiorul creierului. Cu toate acestea, electroencefalograma este oarecum susceptibilă la zgomot şi reflectă doar o parte din totalul mecanismul electric cerebral rezultat din activitatea neuronilor şi a funcţiilor cerebrale de tip cortical şi subcortical. [10]

2.3 Rezultate obţinute pana in prezent

Graţie acestor interfeţe creier-computer, oamenii au reuşit să faciliteze comunicarea directă între creier şi un alt dispozitiv, în speţă computerul, astfel încât să ofere oamenilor cu afecţiuni cerebrale sau neuro-musculare severe posibilitatea de a comunica. Sistemele ICM au, deci, la bază două părți componente principale: prima este reprezentată de neuron, iar cea de-a doua de tehnica de înregistrare a semnalului neuronal. În cazul persoanelor perfect sănătoase, funcțiile cortexului motor al creierului trimit comenzi mușchilor prin intermediul măduvei spinării. În cazul unor persoane cu dizabilități sau afecțiuni severe, această cale este întreruptă și persoanele se află în imposibilitatea de a controla mușchii. Soluțiile avute în vedere vizează înregistrarea activității creierului, preluarea semnalelor înregistrate, decodificarea lor și transforarea în comenzi de control a mușchilor sau, după caz, a neuroprotezelor sau a altor dispozitive. Exceptând utilizarea sistemelor ICM în domenii precum multimedia, crearea de jocuri (eng. Neurogames), cercetarea și dezvoltarea acestui concept își propune ca până în 2030, să avem posibilitatea de a controla dispozitivele prin intermediul gândurilor și a impulsurilor nervoase. [11] Mai mult decât atât, un punct extrem de important vizat de cercetătorii de pretutindeni este folosirea tehnologiilor ICM pentru a oferi ajutor persoanelor cu handicap fizic. În acest sens, foarte populare la momentul actual sunt implanturile de tip cohlear, iar inovația în medicină a adus și ochiul bionic. Primul implant de acest tip a fost realizat de chirurgii din Marea Britanie, iar pacientul care își pierduse vederea poate acum să vadă fără probleme siluetele umane și formele obiectelor, folosind un implant retinian. Deși implantul nu oferă vedere normală, ci mai degrabă anumite tipare vizuale suficiente ca pacientul să distingă forme și contururi, curând se anticipează apariția unor soluții care să asigure beneficii sporite [12]

Specialiștii și cercetătorii din domeniu doresc să folosească activitatea cerebrală pentru a îi ajuta pe oameni să trimită unele mesaje și nu pentru a altera această activitate. Se urmărește îndeaproape felul în care sistemele ICM pot să ajute și la vindecarea unor afecțiuni cerebrale și la identificarea timpurie a unor simptome ce anunță unele afecțiuni și tulburări neurologice.

Până în prezent, interfețele creier-computer au permis utilizatorilor să scrie, să navigheze pe Internet și chiar să controleze un braț robotic, toate acestea realizându-se prin intermediul activității cerebrale. Sistemele sunt folosite, cel mai frecvent, de către persoanele care suferă de afecțiuni ce nu le permit să vorbească sau folosească interfețe convenționale. Spre exemplu, sistemele ICM sunt singurele care oferă posibilități de a comunica persoanelor cu anumite tipuri de afecțiuni ale creierului, comoții cerebrale, sau sindrom de tip locked-in, situație în care pacienții sunt pe deplin conștienți de realitate, dar nu se pot mișca. Cea mai recentă paradigmă demonstrează cu succes felul în care atât persoanele sănătoase, cât și persoanele cu afecțiuni severe pot să scrie, să caute pe Internet, să controleze scaunul cu rotile sau alte aplicații. [13] Un experiment realizat de oameni de știință din Geneva, Elveția, arată un real succes al unui dispozitiv de tip ICM care le-a permis pacienților cu scleroză laterală amiotrofică să răspundă la întrebări cu „da" sau „nu" prin concentrarea atenției într-un anumit mod. Oamenii de știință au reușit să distingă, cu un grad rezonabil de certitudine, răspunsurile pozitive de cele negative. Cei de la NASA au încercat să proiecteze un dispozitiv similar și au obținut rezultate motivante, deși senzorii care înregistrau semnale electrice erau plasați în cavitatea bucală sau la nivelul gâtului și nu direct pe suprafața creierului.

Un alt exemplu grăitor este oferit de cercetătorii de la Universitatea Stanford. Aceştia au proiectat o interfaţă creier-computer care le permite oamenilor cu afecţiuni ale coloanei vertebrale să tasteze cuvinte pe computer prin intermediul gândurilor, ajungându-se şi la 39 de caractere pe minut. Pacientii paralizaţi controlează cursorul şi click-urile unui mouse pe o tastatură virtuală exclusiv prin intermediul minţii, orice atingere fizică nefiind necesară. Progresul este posibil graţie electrozilor implantaţi pe suprafaţa creierului, electrozi care monitorizează semnalele trimise de celulele nervoase şi care transmit informaţia către un computer. La nivelul computerului, aplicaţiile software dedicate au transformat, prin intermediul unui set de algoritmi specifici, impulsurile recepţionate în comenzi corespunzătoare. [14]

De asemenea, studii recente atestă nevoia critică de a transfera şi adapta sistemele ICM din laboratoare în casele pacienţilor, lucru care ridică încă numeroase probleme de asistenţă şi implementare. Nu în ultimul rând, unii cercetători se ocupă cu studiul felului în care sistemele ICM pot fi utilizate pentru a asigura recuperarea medicală neurologică. Aceste ipoteze ar putea duce la apariţia unor metode de a utiliza părţi afectate ale creierului sau de a reface unele conexiuni cerebrale. Terapia bazată pe aceste interfeţe ar putea să devină rapid un înlocuitor al metodelor tradiţionale de recuperare neurologică şi, astfel, ar putea reduce substanţial costurile, eliminând nevoia de a fi asistat constant de un terapeut.

Recent, doi pacienţi cărora le-a fost implantată în mod stereotactic o serie de electrozi în hipocamp (n.a. componentă majoră a creierului uman) după intervenţia chirurgicală a epilepsiei, au reuşit să folosească semnalele venite de la aceşti electrozi pentru a controla cu precizie un dispozitiv care îi ajută să scrie. Alte studii îşi propun să asigure controlul natural al protezelor funcţionale pentru membrele superioare, folosind senzori implantaţi în zona cortexului. Pe piaţă există deja diverse căşti cu senzori EEG care pot fi conectaţi la un computer pentru a crea un sistem basic care are rolul de a controla alte aplicaţii software. De asemenea, interfetele bazate pe EEG sunt folosite de către diverse persoane şi pentru a- şi „educa" creierul, pentru a atinge acea stare de relaxare care le permite să se concentreze mai uşor, să facă mai uşor asociaţii. Conform cercetărilor, această stare este obţinută atunci când undele cerebrale îşi incentinesc frecvenţa şi persoanele ajung în starea alfa, o stare în care se învaţă mai rapid şi în care putem îndeplini sarcini complexe.

3 Interfeţele Creier-Computer în contextul Societăţii Conştiinţei

Aproximativ o persoană din 6 suferă de o tulburare neurologică, fapt care a determinat ca afecţiunile cerebrale să devină o problemă majoră în cadrul serviciilor de sănătate. Beneficiile pe care sistemele ICM le oferă sunt, fără îndoială, un pas major făcut pentru binele celor aflaţi în suferinţă.

Dispozitivele şi sistemele bazate pe aceste interfeţe creier-computer constituie, însă, şi un subiect foarte controversat. Posibilitatea de a monitoriza şi de a controla activitatea cerebrală ridică multe semne de întrebare legate de securitatea informaţională, de protejarea intimităţii şi de integritatea psihică a subiecţilor.

Informaţia înregistrată la nivelul neuronilor constituie un tip aparte de informaţie, deoarece sunt implicate strict date cu conţinut personal: gânduri, convingeri, dorinţe şi sentimente – elemente definitorii pentru identitatea de sine a unui om. Bazată fix pe acest tip de informaţie, folosirea sistemelor ICM generează o serie lungă de efecte negative prin prisma aspectelor de natură etică şi morală. Dezvoltarea tehnologiilor ICM constituie un aspect extrem de important, cu un potenţial uriaş, însă este fundamental ca inovaţiile din domeniu să fie realizate în afara oricărui risc de crimă cibernetică. Riscul principal este limitarea, alterarea sau anularea comenzilor şi a funcţiilor care constituie interfaţa om-maşină. Aceste riscuri au devenit aproape iminente în contextul actual al bioingineriei medicale. Persoane rău-intenţionate pot să acceseze şi să altereze informaţii şi gânduri pe care deţinătorii doresc să le menţină ascunse.[15]

Mai mult decât atât, un studiu recent indică faptul că date importante cu conţinut personal precum coduri PIN, adrese, sau conturi bancare au fost accesate de către hacker-i prin modificarea unor sisteme ICM comercializate pe piaţă. În consecinţă, posibilitatea de a prelua date şi informaţii sensibile, cu caracter personal fără consimţământul persoanei în cauză, reprezintă o ameninţare extrem de gravă şi pe care toţi oamenii trebuie să o conştientizeze. Un risc major vine chiar din partea furnizorilor de servicii medicale, întrucât majoritatea utilizatorilor dispozitivelor ICM se tem de posibilitatea ca aceştia să fie interesaţi de folosirea înregistrărilor pacienţilor în scopuri strict personale şi care ar aduce prejudicii substanţiale pacienţilor. Codul penal al Statelor Unite afirmă faptul că o persoană nu se poate găsi vinovată de o infracţiune dacă aceasta a survenit în urma unei acţiuni involuntare, categorie în care intră şi victimele acestor tipuri de atacuri, să le numim „neurologice". În ceea ce priveşte autonomia unui individ, autodeterminarea şi aspectele definitorii legate de identitatea personală, existenţa unui control extern asupra comportamentului unui pacient constituie dezavantaje majore ale acestor tehnologii cu care societatea sigur se va confrunta pe viitor. De la probleme de natură etică şi până la cele de natură legală, accesarea informaţiilor înregistrate la nivelul creierului este un subiect aflat sub semnul întrebării, mai ales în contextul unei societăţi libere care promovează democraţia şi drepturile omului. [16]

4 Interfaţă bazată pe semnalele EEG pentru asistare şi monitorizare

Soluţia software gândită constituie un sistem ICM non-invaziv care are la bază semnalele EEG. Rezultatul activităţii electrochimice a celulelor din corp este reprezentat printr-o serie variată de semnale electrice si magnetice. Măsurarea selectivă şi într-o manieră non-invazivă a bio-semnalelor conferă informaţii utile despre diverse funcţii ale organismului uman. Interfaţa are ca punct de pornire aplicarea la nivelul scalpului a unei căşti EEG cu doi senzori, casca având rolul de a determina o electroencefalogramă. Aceşti senzori aplicaţi la nivel de cască constituie dispozitivul care răspunde la stimulii fizici înregistraţi, stimuli care vor fi ulterior transformaţi în semnale electrice.

Sistemul de achiziţie al semnalelor biomedicale se continuă cu un dispozitiv Arduino - instrument ce are rolul de ajuta aplicaţia în sine să „perceapă" realitatea de la nivelul creierului. Acest parcurs defineşte procesul de înregistrare a activităţii neurologice: începand cu preluarea semnalelor de la electrozi, amplificarea, convertirea din analog în numeric şi achiziţia datelor de un calculator prin intermediul Arduino. Pasul urmator îl constituie depozitarea datelor pe serverul cu care comunică aplicaţia mobilă-parte finală a sistemului informatic gândit. Aplicaţia dezvoltată în mediul Android Studio se foloseşte de aceste semnale înregistrate pentru a oferi o serie de funcţionalităţi importante utilizatorilor. Din acest punct de vedere, aplicaţia prezintă o interfaţă user-friendly şi este foarte uşor de utilizat de către orice persoană, indiferent de vârstă. Principala funcţionalitate a aplicaţiei este aceea de a monitoriza în timp real activitatea cerebrală. Acest lucru se realizează prin accesarea opţiunii respective din meniul principal şi prin conectarea senzorilor EEG. Înregistrarea activităţii cerebrale este constituită de traseul diferitelor unde cerebrale, unde care permit caracterizarea traseului ca fiind normal sau patologic. Alte opţiuni din cadrul aplicaţiei le permit utilizatorilor să consulte un istoric cu înregistrările activităţii cerebrale obţinute până în prezent, precum şi solicitarea unui diagnostic care se obţine pe baza comparării semnalelor obţinute cu un set de valori normale pentru fiecare semnal în parte. Aplicaţia vizează recunoaşterea prematură a unor afecţiuni neurologice, dar poate fi folosită şi pentru o monitorizare şi îmbunătăţire a activităţii cerebrale: a atenţiei, meditaţiei, etc.

Principalul obiectiv al acestui sistem ICM si al soluţiei software este acela de a permite o detectare cât mai precoce posbil a perturbărilor neurologice ce afectează starea subiectului în cauză, urmând ca ulterior să se poată urma un tratament adecvat.

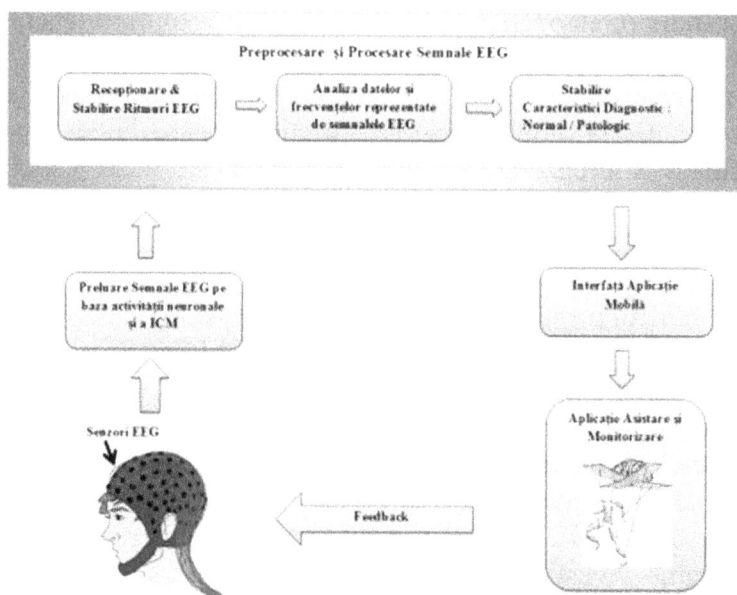

Figura 1. Arhitectura aplicaţiei bazată pe ICM şi utilizarea biopotenţialelor EEG

5 Concluzii

Potrivit afirmaţiei laureatului premiului Nobel, Erick R. Kandel, cele mai importante informaţii care caracterizează mintea umană au apărut în urma fuziunii filosofiei, psihologiei sau psihanalizei cu biologia creierului. [17] În mod similar, scopul dezvoltatorilor de sisteme ICM este de a crea o minte mai puternică şi de a oferi pacienţilor complet paralizaţi şansa de a transcede această condiţie limitată. Interfetele creier-computer încearcă şi vor continua să ofere soluţii care să le permită oamenilor cu diverse afecţiuni să facă, prin intermediul unui computer, toate lucrurile pe care o persoană normală le poate face, deci posibilitatea de a se elibera de constrângerile corporale. Neuroştiinţa şi aceste progrese uimitoare generează un entuziasm fără precedent care conduce cercetarea şi dezvoltarea în domeniu în direcţia înţelegerii circuitelor neuronale complexe ale creierului. Avantajele şi progresele sunt extrem de semnificative, întrucât rareori se întâmplă ca o realizare ştiinţifică să atragă un aşa impact de natură emoţională, prin prisma faptului că este în joc calitatea vieţii a milioane de pacienţi şi a persoanelor care le stau alături. [18]

Cercetătorii şi-au stabilit planuri îndrăzneţe, concretizate în dezvoltarea de interfeţe care să îmbunătăţească radical viaţa persoanelor paralizate. Cea mai recentă veste arată faptul că Elon Musk, creatorul maşinii electrice Tesla, a înfiinţat o întreagă societate dedicată proiectelor de interfaţă creier-computer. [19] Vizionarul din Silicon Valley vizează amplificarea puterii creierului, prin conectarea nervilor şi neuronilor la funcţionalităţile unui computer.

Consider că aceste interfeţe constituie atât cea mai bună soluţie pentru recuperarea persoanelor care prezintă afecţiunile prezentate anterior, cât şi un motor care antrenează dezvoltarea capacităţilor creierului uman şi, în ultima instanţă, a domeniului roboticii. [20] Dezvoltarea ICM depinde, în continuare, de cele 3 aspecte: proiectarea de soluţii convenabile şi stabile, interfeţe care să asigure validitatea şi diseminarea datelor, precum şi soluţii care să ofere un real ajutor pentru utilizatorii de pretutindeni, indiferent de nivelul de dezvoltare al ţării din care provin. Atât timp cât tot fluxul de date preluate din activitatea neurologică este securizat şi folosit strict în beneficiul pacienţilor, respectându-se normele morale, cercetările în domeniul neuroştiinţei, a ingineriei medicale bazate pe interfeţe creier-computer vor ajunge din ce în ce mai aproape de dezideratul considerat imposibil în momentul actual: posibilitatea de a descifra complexitatea creierului uman, de a decodifica gânduri şi de a comunica prin intermediul gândurilor cu diverse dispozitive. [21]

Referinte bibliografice

1. **Savu, Constantin.** Tendinţa spre simplitate a IoT. *Electronica Azi.* [Interactiv] 5 April 2017. http://electronica-azi.ro/2017/04/05/tendinta-spre-simplitate-a-iot/.
2. **Chouffani, Reda.** Internet of Things in healthcare. *TechTarget.* [Interactiv] august 2014. http://internetofthingsagenda.techtarget.com/feature/Can-we-expect-the-Internet-of-Things-in-healthcare.
3. **Dimitrov, Dimiter V.** Medical Internet of Things and Big Data in Healthcare.

Healthcare Informatics Research. 31 July 2016, p. 12.

4. Brain–computer interface. *Wikipedia.* [Interactiv]
https://en.wikipedia.org/wiki/Brain%E2%80%93computer_interface#Early_work.

5. Electroencefalografie. *wikipedie.* [Interactiv]
https://ro.wikipedia.org/wiki/Electroencefalografie.

6. **Plummer, Quinten.** The Internet of Medical Things, A New Concept in Healthcare. *http://www.technewsworld.com.* [Interactiv] June 2016.
http://www.technewsworld.com/story/83654.html.

7. **J.Vidal, Jacques.***Toward Direct Brain-Computer Communication.* Los Angeles, California: University of California, 1973.

8. **GRABIANOWSKI, ED.** How Brain-computer Interfaces Work. *How Tech Stuff Works.* 2016. http://computer.howstuffworks.com/brain-computer-interface5.htm.

9. **Doina, Zamfirescu.** UNDELE CREIERULUI. *Anatomia Creierului.* 2012.

10. **Guyton, Arthur.***Textbook of Medical Physiology.* Philadelphia: W. B. Saunders Company, 1991.

11. **Allison, Brendan.***Interfețe creier - computer & Neuro-Știință.* [interviu cu] Alin Brindusescu. 2009.

12. **Bujor, Oana.** O nouă interfață creier-computer. *descopera.ro.* [Interactiv] 25 February 2017. http://www.descopera.ro/stiinta/16170050-o-noua-interfata-creier-computer-ajuta-persoanele-paralizate-sa-tasteze-pe-computer-prin-telepatie.

13. **BERMAN, ROBBY.** Completely Locked-In. *bigthink.com.* [Interactiv] 6 February 2017. http://bigthink.com/robby-berman/the-completely-locked-in-can-tell-us-how-they-feel-for-the-first-time?utm_campaign=Echobox&utm_medium=Social&utm_source=Facebook#link_time=1489507517.

14. **Shih, Jerry, Krusienski, Dean și Wolpaw, Jonathan.** Brain-Computer Interfaces in Medicine. *Mayo Foundation for Medical Education and Research.* 2012, p. 12.

15. *Neuroprivacy, neurosecurity and brain-hacking.* **Ienca, Marcello.** 2015, DATA PROTECTION, p. 3.

16. *Brain–Computer Interface: Past, Present & Future.* **Arafat, Ibrahim.** 2016, p. 6.

17. **Kaku, Michio.***The Future of The Mind.* New York: Anchor, 2014.

18. **Postelnicu, Cezar Cristian.***Utilizarea biopotențialelor în interfețele om-mașină pentru aplicații de robotică.* Centrul de cercetare: Informatică Industrială Virtuală și Robotică, Școala Doctorală Interdisciplinară. Brașov: Universitatea Transilvania din Brașov, 2012. p. 62.

19. **Șerban, Florin.** Elon Musk și interfața creier-computer. *Agerpres.ro.* [Interactiv] 28 March 2017. https://www.agerpres.ro/sci-tech/2017/03/28/elon-musk-lanseaza-un-proiect-de-dezvoltare-a-unei-interfete-creier-computer-18-42-31.

20. **Morshed, Bshir și Abdulhalim, Khan.** A Brief Review of Brain Signal Monitoring Technologies for BCI Applications. *Journal of Bioengineering & Biomedical Science.* 6 May 2014, p. 10.

21. **Wolpaw, Jonathan.***Brain-Computer Interfaces: Principles and Practice.* New York: Oxford University Press, 2012.

Învăţarea şi evaluarea studenţilor în Societatea Conştiinţei

Cornel SORA,
Academia de Studii Economice, Bucureşti, România,
cornelsora@gmail.com

Scopul lucrării: se bazează pe analiza stadiului actual al aplicaţiilor *online* dezvoltate pentru ajutorul utilizatorilor în dobândirea de informaţii în domeniul programării şi pentru evaluarea cât mai corectă a acestora în contextul Societăţii Conştiinţei.

Design-ul / metodologia / abordarea: această lucrare urmăreşte prezentarea caracteristicilor ce ţin de învăţarea şi evaluarea automată a studenţilor.

Constatări: în urma acestei analize se va putea concluziona că aplicaţiile E-learning vor facilita atât munca studentului, cât şi cea a profesorului, influenţând calitatea şi antrenamentul programatorilor.

Limitări/sugestii de cercetare: se urmăreşte atât uşurarea evaluării studenţilor, cât şi ajutorul acestora în dobândirea de noi informaţii în programare, totuşi acestea nu pot fi înlocuite de comunicarea verbală dintre student şi profesor, foarte importantă în procesul învăţării.

Valoarea aplicativă: metodele de evaluare ale studenţilor, cât mai bine dezvoltate pentru combaterea plagierii, vor putea fi utilizate la testele/examenele studenţilor, iar partea educativă ajutând orice tip de utilizator să dobândească noi competenţe.

Noutatea şi originalitatea ştiinţifică: Lucrarea nu urmăreşte numai verificarea cât mai eficientă a studenţilor, ci şi automatizarea corectării rezolvărilor, aceştia putând primi o nota estimativă îndată ce finalizează testul.

Mediul implementării: o cercetare mai detaliată a domeniului este cuprinsă în lucrarea: "Tehnologii web utilizate în scopul învăţării şi evaluării studenţilor".

1. Introducere

Această lucrare are ca obiectiv evidenţierea importanţei şi eficienţei utilizării aplicaţiilor e-learning în procesul dobândirii de noi cunoştinţe în programare. Ca modele de bază voi folosi aplicaţii de învăţare ce au ca scop ajutarea atât a studenţilor în a căpăta noi cunoştinţe în programare, cât şi a profesorilor în evaluarea acestora.

Studiul ce va fi prezentat în cadrul acestei lucrări va urmări stadiul actual al aplicaţiilor de acest tip, evoluţia platformelor e-learning, importanţa cunoaşterii limbajul de programare C pentru o cariera în IT, realizarea cât mai eficientă a unei aplicaţii de învăţare şi evaluare şi, în final, o scurtă prezentarea a aplicaţiei realizate în cadrul acestei cercetări pe baza conceptelor ilustrate.

Grupul ţintă al acestor tipuri de aplicaţii sunt tinerii ce-şi doresc o carieră în IT, atât începători cât şi cei ce au o bază în domeniu şi doresc să aprofundeze. Programele e-learning au apărut din nevoia oamenilor de a învăţa de acasă, în special pentru cei ce nu au posibilitatea de a dobândi cunoştinţe dintr-un anumit domeniu la facultate. Astfel, platforma e-learning se poate defini ca studiul şi practica etică al uşurării învăţării şi îmbunătăţirii performanţei prin crearea, utilizarea şi întreţinerea resurselor şi proceselor tehnologice adecvate [1].

Necesitatea dezvoltării şi cercetării acestui domeniu este mare deoarece domeniul IT este în continuă evoluţie, apărând din ce în ce mai multe limbaje de programare, astfel mulţi tineri dorindu-şi să-şi creeze o carieră în această arie. Foarte multe din limbajele nou apărute au la bază limbajul standardizat C şi folosesc multe concepte ce provin din logica acestuia, de exemplu: limbaje precum C#, Java, Javascript, PHP folosesc diverse concepte întâlnite în structuri de date, precum: liste, hash-map, stivă, arbore, necesare în realizarea multor aplicaţii.

Aplicaţiile de acest tip, platforme e-learning, au început sa fie din ce în ce mai folosite, fiind tot mai mulţi doritori să înveţe programare. În astfel de aplicaţii se regăsesc: Codeacademy, Codefights, Coursera, Codeschool. Acestea reprezintă un mare ajutor pentru doritorii de a învăţa programare ce nu pot ajunge la cursuri, dar doresc să înveţe de acasă, oferind multe informaţii şi probleme practice. Astfel de aplicatii au apărut pentru aproape toate limbajele de programare, fiind cel mai des realizate în domeniul aplicaţiilor Web şi cele mobile. Prin urmare, în cadrul cercetării mele voi prezenta necesitatea cunoaşterii unuia dintre cele mai importante limbaje de programare şi utilitatea aplicaţiilor de învăţare şi evaluare.

2. Importanţa cunoştinţei în domeniul programării

Domeniul IT a început să fie tot mai dezvoltat, nevoia de programatori fiind din ce în ce mai mare în orice tip de companie. De aceea, un criteriu foarte important în alegerea programatorilor este calitatea acestora care se măsoară în nivelul cunoştinţelor. Cu cât un individ este mai bogat în informaţii cu atât este mai important pentru dezvoltarea unui sistem informatic cât mai complex şi cât mai bine realizat. Ca resursă individuală, informaţia, are câteva caracteristici [4], prin care se evidenţiază importanţa sa:

- spre deosebire de alte resurse economice, informaţia este nelimitată, singurele limite posibile fiind impuse de timp. Un argument pentru această afirmaţie este dat de ideea că informaţia se produce mai rapid decât se consumă, de aceea, un individ trebuie să se poată adapta cât mai uşor la noile informaţii apărute în domeniul programării.

- informaţia este compresibilă, atât static, cât şi dinamic. Acest aspect este foarte important în domenii precum educaţia, activitatea editorială, comerţul.

- opţiunea ei de a înlocui alte resurse economice, transportabilitatea cu o viteză foarte mare şi abilitatea ei de a da un avantaj celui ce o deţine. Astfel, se susţine ideea conform căreia este foarte important ca un informatician să investească resurse în cunoştinţele sale.

Omenirea intrând în era informaţională, iar societatea trecând de la societatea informaţională la societatea cunoaşterii, iar în perspectivă, la societatea conştiinţei, se poate afirma că dobândirea de cunoştinţe este foarte importantă şi, de asemenea, utilizarea acestora intensivă în toate sferele activităţii şi existenţei umane cu impact uman, economic şi social au un rol la fel de mare.

Astfel, se poate observa ipoteza prezentată ca fiind adevărată, cunoştinţa, participarea în societatea conştiinţei a individului, dezvoltator de sisteme informatice, fiind necesară pentru evoluţia acestuia. Deci, platformele e-learning sunt un mare ajutor pentru dezvoltarea informaticienilor oferindu-le o multitudine de informaţii din cadrul cărora să poată dobândi noi cunoştinţe, care să-i mărească semnificativ calitatea ca programator.

3. Stadiul actual

În cadrul acetui capitol voi urmări importanţa atât a platformelor e-learning cât şi a limbajului de programare C în cariera de informatician, de asemenea vor fi evidenţiate: noţiuni generale, caracteristici, avantaje, aplicaţii din domeniu şi modalitatea cea mai bună pentru implementarea acestora.

3.1 Ajutorul oferit de platforma e-learning în dobândirea de noi cunoştinţe

Platforma E-learning reprezintă o modalitate de a învăţa utilizând tehnologiile informaţionale, principalul scop fiind dezvoltarea, aprofundarea unor noţiuni deja întâlnite, dar şi stabilirea unor baze logice ale programării. În cadrul proiectului, pe lângă aplicaţiile ce oferă informaţii studenţilor, voi analiza în detaliu şi automatizarea evaluării testelor, examenelor, temelor, având ca scop uşurarea muncii profesorilor.

Aceste platforme prezintă o serie de componente [1], cele mai importante fiind:

- conţinut e-learning:
- resurse de învăţare simple: reprezintă resurse non-interactive în sensul că utilizatorul are doar posibilitatea de a parcurge cursurile din cadrul aplicaţiei (prezentări power-point, word, fişiere video sau audio).
- simulări electronice: îl ajută pe utilizator să pună în practică ceea ce a citit.
- *e-tutoring, e-coaching, e-monitoring*: reprezintă suport reciproc din partea utilizatorilor prin feedback şi a administratorilor prin materiale pentru învăţare.
- învăţare colaborativă:
- discuţii *online* pe o anumită temă sau pentru dezvoltarea unui proiect, împărţind reciproc cunoştinţele dobândite
- lucrul efectiv la un proiect *online*, bazându-se pe munca în echipă şi comunicare
- cameră virtuală:
- comunicarea *online* dintre profesor şi student, realizând prezentările în cadrul platformei e-learning.

Astfel, se observă că realizarea unei platforme *online* de învăţare poate fi mai complexă şi mai costisitoare decât utilizarea mijloacelor clasice de studiu. Totuşi, aplicaţiile de acest tip oferă numeroare avantaje ce arată necesitatea lor în ziua de astăzi, printre care se numără:

- posibilitatea de a comunica rapid şi de a crea noi idei, concepte, politici şi exemple, putându-i ajuta pe cei doritori să înveţe cât mai multe atât în educaţia formală, cât şi cea non-formală.

- capacitate şi coerenţă: cu ajutorul e-learning se atinge un grup cât mai mare din publicul ţintă şi se asigură că mesajul este transmis într-un mod coerent.

- aprofundare: abordând învăţarea mixtă, utilizatorii au o rată de reţinere mai mare a informaţiei. De asemenea, aceste cursuri pot fi actualizate uşor, ori de cate ori este nevoie.

- flexibilitate: utilizatorii platformelor au libertatea de a învăţa în propria lor comoditate şi într-un ritm potrivit acestora. Personalul poate fi antrenat în locaţii de la distanţă.

- economisirea resurselor financiare: se observă că dezvoltarea aplicaţiilor e-learning poate fi una costisitoare, dar pe termen lung ele oferă un avantaj financiar considerabil.

- economisirea resurselor temporale: timpul este câştigat nefiind necesare întâlnirile dintre cursanţi şi instructori.

Totuşi, prin învăţarea la distanţă nu se poate garanta seriozitatea cursantului, calitatea studierii acestuia, concentrarea asupra cursurilor, de aceea în multe cazuri fiind necesară prezenţa unui profesor. Astfel, aplicaţiile e-learning trebuie să fie cât mai atractive pentru utilizator, să-l ajute pe acesta să fie cât mai serios, ambiţios şi consecvent, trebuie să se urmărească atragerea cursantului, nu numai asupra aplicaţiei, ci şi a materiei prezentate în cadrul ei. Pentru a dezvolta o aplicaţie de tip e-learning trebuie avute în vedere mai multe concepte, activităţi. Principalul model ce trebuie respectat este modelul ADDIE [1, 2, 3]:

- analiză
- design
- dezvoltare
- implementare
- evaluare

1. Analiza este împărţită în mai multe etape: analiza nevoilor, analiza publicului ţintă, analiza subiectului prezentat şi analiza cerinţelor necesare cursanţilor.

2. Design-ul trebuie să prezinte cât mai expresiv obiectivele studiului şi să dezvolte strategii de instruire şi metode de evaluare. De asemenea, în această etapă se stabileşte organizarea cursurilor, lecţiilor şi activităţilor.

3. În etapa de dezvoltare conţinutul e-learning este dezvoltat. Acesta poate varia foarte mult, de exemplu în cazul aplicaţiei mele am urmărit: conţinut pentru realizarea secţiunii de informaţii, conţinut pentru partea de teste grilă şi de asemenea pentru probleme specifice examenelor, concursurilor şi olimpiadelor.

Dezvoltarea conţinutului multimedia interactiv este împărţită în trei paşi principali:

- dezvoltarea conţinutului: scrierea şi colectarea informaţiilor necesare

- dezvoltarea *storyboard:* integrarea metodelor instrucţionale şi elementelor media. Se bazează, astfel, pe documentul care descrie toate componentele produsului final, incluzând imagini, text, teste de verificare.

• dezvoltarea *courseware:* dezvoltarea media şi a componentelor interactive, producând cursuri în diferite formate, cum ar fi: CD-Rom şi Web şi integrarea elementelor de conţinut în platforma de învăţare pe care cursanţii le pot accesa.

4. Implementarea reprezintă stadiul în care cursurile ajung la utilizatori. Aplicaţia e-learning este instalată pe un server pentru a fi accesibilă oriunde.

5. Evaluarea este pasul în care cursanţii sunt verificaţi prin diferite metode, se urmăreşte stadiul actual al acestora în cadrul parcurgerii cursurilor, se urmăreşte evoluţia utilizatorilor în evaluări de tip: întrebare-răspuns, problemă-rezolvare. De asemenea verificările se urmăresc a fi cât mai automate pentru ca utilizatorul să poată primi răspunsurile pe loc.

3.2 Importanţa cunoaşterii limbajului de programare C pentru informaticieni

În cadrul cercetării mele, pentru realizarea platformei de învăţare şi înţelegere a programării, am urmărit, pe lângă oferirea informaţiilor din cadrul unui limbaj de programare, şi crearea logicii necesare realizării unui sistem informatic. De aceea, am ales limbajul de programare standard C, fiind unul de bază în care nu există foarte multe automatizări, multe secvenţe de cod trebuie create de la zero, ducând astfel la întelegerea cât mai bună a conceptelor din programare şi oferind posibilitatea de adaptare la schimbări.

Prin urmare, în acest subcapitol voi prezenta limbajul C, importanţa acestuia şi avantajele pe care le oferă în procesul cunoaşterii logicii în programare. Învăţarea unui limbaj de programare constă în doua mari etape: mai întâi se înţelege logica în programare în general, iar apoi se învaţă limbajul în sine. Astfel, apar două tipuri de cursanţi: cel care ia prima dată contact cu acest domeniu sau cel care are deja experienţă.

Situaţiile prezentate sunt abordate didactic într-un mod diferit [4]. În prima situaţie, cursantul trebuie să se acomodeze cu logica programării, să înveţe principiile realizării algoritmilor, să clarifice terminologia de specialitate, i se prezintă un prim limbaj de programare. Cea de-a doua situaţie este mai comodă din punct de vedere didactic deoarece trebuie să se continue adâncirea logicii programării, trebuie să se lămurească principiile generale ale programării, modul fizic de execuţie a programelor, funcţiile compilării, concentrându-se în mare parte pe învăţarea limbajului în sine.

Limbajul de programare C este un limbaj foarte flexibil şi uşor de adaptat. De când a fost creat, în anul 1970, a fost folosit pentru o largă varietate de programe incluzând sisteme de operare, aplicaţii si programare grafică. C este de asemenea unul din cele mai utilizate limbaje de programare din lume şi este foarte stabil. În plus, C a stat la baza mai multor limbaje foarte puternice şi populare, precum: Java, Javascript, C#. O versiune îmbunătăţită a limbajului este C++, iniţial fiind cunoscut drept limbajul C cu clase, aducând în plus programarea orientată pe obiecte faţă de vechiul limbaj [5]. Nu se poate spune care dintre cele două limbaje este mai bun, părerile fiind împărţite, dar în mod cert înţelegerea cu adevărat a unuia dintre limbaje va duce la uşurinţa învăţării celuilalt.

C funcţionează ca orice alt limbaj de programare [4]. Ideea pe care se bazează este ca programatorul să scrie cod într-un mod pe care el şi ceilalţi informaticieni să-l înţeleagă cât mai uşor, iar apoi compilatorul traduce limbajul în aşa fel încât să fie înteles de calculator.

Acest limbaj este învăţat atât în facultate cât şi în liceu în diferite materii, precum: bazele programării, fiind un limbaj prin care cursantul poate căpăta cunoştinţe esenţiale, algoritmi şi tehnici de programare, cum ar fi: backtracking, greedy, etc. şi materia structuri de date, considerată o materie foarte importantă în programare pentru înţelegerea mai multor concepte întâlnite în toate limbajele de programare orientate pe obiect şi cele bazate pe obiect.

În urma realizării aplicaţiei realizate în cadrul acestei cercetări am urmărit ca acesta să fie deschis oricărui tip de utilizator: începători, intermediari, dar şi avansaţi. De aceea, am inclus atât cursuri de bază, în care se prezintă logica limbajului de programare C/C++, probleme şi exemple pentru începători, de la elemente de sintaxa, structuri repetive, alternative, etc., la pointeri, cât şi elemente mai complicate precum: structuri de date (stiva, lista, arbore, graf, hash map), explicându-le importanţa acestora în programare.

Limbajul de programare C, aşa cum am precizat mai sus, are nevoie de un compilator, putând fi dezvoltate programe pe sisteme de operare precum: Linux, MacOS, Windows (printr-un mediu de dezvoltare specializat). Ceea ce am urmărit în aplicaţia mea e-learning, pe lângă a-l ajuta pe utilizator să înveţe bazele acestui limbaj, a fost de a-i oferi un mediu de dezvoltare prin intermediul browser-ului pentru a putea pune în practică, prin diverse probleme rezolvate *online*, cunoştinţele dobândite anterior.

De asemenea, în orice aplicaţie de învăţare pentru limbajul de programare C/C++ trebuie evidenţiate avantajele studierii acestuia, mai ales pentru cei începători. Printre aceste avantaje se numără:

- alegerea unei soluţii eficiente, elegante şi cu consum mic de resurse în rezolvarea unei probleme.
- cultivă o cunoaştere largă şi profundă de algoritmi, având astfel cât mai multe soluţii la rezolvarea unei probleme.
- înţelegerea modului de gândire al calculatorului în legătură cu orice decizie luată.
- o înţelegere mai uşoară a modului de alocare a memoriei, mai ales cum funcţionează zonele Stack şi Heap.
- dezvoltarea logică în programare în aşa fel încât programatorul să poată veni cu o soluţie proprie, îmbunătăţită.

În plus, în multe programe alegerea structurii de date joacă un rol important în calitatea şi performanţa produsului final. Dacă tipurile de structuri de date au fost alese în mod avantajos, algoritmii ce vor fi utilizaţi devin de multe ori mai eficienţi.

Majoritatea limbajelor dispun de un sistem, care permite reutilizarea structurilor de date şi pentru alte aplicaţii prin ascunderea detaliilor de implementare, în spatele unor interfeţe. De exemplu, limbajele de programare orientate pe obiecte C#, Javascript şi Java utilizează în acest scop clasele de obiecte.

Din cauză că structurile de date au o importanță atât de mare, multe dintre ele sunt incluse in bibliotecile standard ale multor limbaje de programare și medii de dezvoltare, cum ar fi <u>Standard Template Library</u> pentru C++ și <u>Java</u> Collections Framework.

Concluzionând, o aplicație e-learning care să prezinte limbajul C/C++ îi poate ajuta pe cei dornici să învețe programare, să înțeleagă logica acesteia, să poată învăța una dintre materiile cele mai importante din cariera unui programator prin intermediul acestui domeniu în continuă dezvoltare.

3.3 Concepte avute în vedere în realizarea unei aplicații de învățare pentru limbajul C/C++

Așa cum am prezentat mai sus, există diverse aplicații e-learning foarte des utilizate în ziua de astăzi, bine văzute în cadrul companiilor și facultăților. De asemenea, acest tip de platformă s-a extins foarte mult și nu se mai concentrează doar pe ideea de a oferi cursuri *online*, ci și examene pe internet, posibilitatea de a rula cod în cadrul unui mediu de dezvoltare *online* și de a participa la concursuri de programare.

3.3.1 Aplicații din domeniu

Printre aceste platforme de învățare se numără aplicațiile Web: Codeacademy, <u>Coursera, Udemy,</u> Code School, Tutorialspoint, CodeFights. Aceste aplicații Web prezintă o serie de tutoriale pentru utilizatori în mai multe limbaje de programare, unde se regăsesc: C/C++, Java, PHP, Python, jQuerry, JavaScript, HTML & CSS.

- codeacademy este o aplicație ce prezintă o serie de cursuri pentru mai multe limbaje de programare, oferindu-i posibilitatea utilizatorului de a merge mai departe numai în momentul în care a finalizat toate cerințele de la cursul curent. Asemeni acestei aplicații sunt și Code School, Udemy.
- coursera este o aplicație Web gratuită dezvoltată cu scopul ca mai multe facultăți, precum Stanford, UCSanDiego să ofere cursuri *online* pentru studenții de la distanță, cum ar fi: Machine Learning, Data Science.
- codefights este o platformă prin intermediul căreia utilizatorul poate exersa mai multe limbaje de programare, precum: Java, C++, JavaScript, Python, PHP, rezolvând diverse probleme printr-un compilator *online*. De asemenea, oferă posibilitatea competițiilor între prieteni, fiecare rezolvând problemele primite, în număr de trei, și în funcție de rezultat și de timpul în care le rezolvă va fi un câștigător.

3.3.2 Criterii importante pentru realizarea unei platforme de învățare și evaluare

Trebuie observat în cadrul aplicațiilor prezentate mai sus necesitatea în ziua de astăzi respectării mai multor criterii în procesul de creare a aplicațiilor e-learning în programare. Printre cele mai importante criterii, se regăsesc [8, 9, 10]:

1. Alegerea cât mai calitativă a cursurilor. Cursurile ilustrate în cadrul aplicației trebuie să fie cât mai corecte, actuale și din surse de încredere. De aceea aplicații precum Coursera, Code School și Udemy [11] au avut un succes mare pe piața

aplicațiilor din acest domeniu, prezentând o serie de tutoriale video cu profesori specializați.

2. Prezentarea cât mai bună a cursurilor. Pe lângă calitatea informațională, trebuie ca acestea să prezinte o calitate a aspectului foare mare, modul în care sunt prezentate fiind de asemenea important, aici încadrându-se aplicații precum Codeacademy și Tutorialspoint.

3. Evaluarea studenților. Un criteriu foarte important în cadrul aplicațiilor e-learning este evaluarea cursantului pentru ca acesta să aibă posibilitatea de a-și analiza stadiul actual, după dobândirea de noi cunoștințe. Aceste evaluări sunt des întâlnite prin teste de tipul întrebare-răspuns pe baza cursurilor prezentate.

Important în cazul aplicațiilor e-learning pentru limbaje de programare, este posibilitatea ca utilizatorului să-i fie evaluat codul scris în cadrul unei probleme. Prin urmare, pentru o aplicație ce prezintă limbajul de programare C, apare astfel posibilitatea studentului de a avea un IDE, un compilator *online* în cadrul platformei e-learning dezvoltate. Acest lucru este posibil prin realizarea unei aplicații web pe server. Serverul trebuie să fie rulat pe un sistem de operare, precum Linux, Windows sau MacOS pentru a putea folosi un compilator, care să primească cererea clientului și să trimită răspunsul cu rezultatul codului sursă: eroare sau succes. Interesant, în acest caz, este de urmărit și posibilitatea testării automate a rezolvării problemei: clientul să scrie rezolvarea subiectului în limbajul C, iar platforma să-i arate exact unde și ce a greșit, ușurând astfel și munca profesorului. De asemenea, dezvoltând această idee, platforma e-learning poate oferi posibilitatea susținerii examenelor, testelor la facultate și să ușureze astfel relația student-profesor în modul următor: profesorul are posibilitatea să încarce o temă individuală sau un subiect de test/examen pentru studenții săi.

4. Ușurarea muncii profesorului. Aplicațiile prezentate mai sus nu au în vedere și profesorul, ci doar studentul, cursantul. Însă așa cum am specificat, aplicațiile de tip e-learning pot oferi un cont destinat profesorului în care să poată încărca subiecte de examen și totodată să poată observa rezolvările cursanților și să le atribuie un calificativ.

Astfel, respectarea acestor criterii ajută la realizarea unei platforme de învățare și evaluare cât mai calitativă. Ceea ce va conduce de asemenea la dezvoltarea unor informaticieni cât mai bogați în cunoștințe.

3.3.3 Proiectarea unui sistem informatic de tip platformă e-learning

Pe baza analizei prezentate în capitolele anterioare, cercetarea mea a continuat prin realizarea unei aplicații de învățare și evaluare a studenților, ce are ca scop ușurarea muncii acestora și a profesorilor. Pentru realizarea platformei am utilizat tehnologii web pe baza unui server pentru ca aplicația să poată fi utilizată în mediul *online*. În figura de mai jos (fig. 1) este descrisă diagrama cazurilor de utilizare realizată prin activitatea de proiectare. Astfel, aplicația este destinată a fi utilizată pentru două tipuri de utilizatori: student și profesor. Tipul fiecărui actor este definit în momentul înregistrării în aplicație, iar platforma prezintă câte un meniu specific pentru fiecare.

Prin urmare, profesorul are următoarele opțiuni:

- adăugarea unor probleme de programare pentru limbajul C/C++: aceste exerciții sunt destinate, la alegerea profesorului, studenților pentru teme sau pentru teste. Aceste probleme trebuie să conțină: cerința, pentru a putea fi citită de student și datele necesare realizării testării automate (funcțiile strict necesare, datele de ieșire așteptate pentru un anumit set de date de intrare).

- evaluarea testelor studenților: profesorul are opțiunea de a verifica rezolvările încărcate de studenți și de a le atribui o notă, pe lângă cea atribuită prin verificarea automată.

Platforma prezintă următoarele funcționalități pentru contul de student:

- parcurgerea unor cursuri de programare (explicații, exemple de probleme).

- exersarea prin rezolvarea problemelor: utilizatorul poate rezolva probleme încărcate de administrator/profesor prin intermediul aplicației, codul fiind compilat prin interpretor (g++), iar aplicația îi afișează răspunsul.

- rezolvarea testelor grilă.

- susținerea testului/temelor în cadrul aplicației: studentul poate rezolva testul încărcat de profesor pe platformă, pentru a ușura munca profesorului de corectare, aplicația având teste automate prin intermediul cărora va oferi o notă aproximativă.

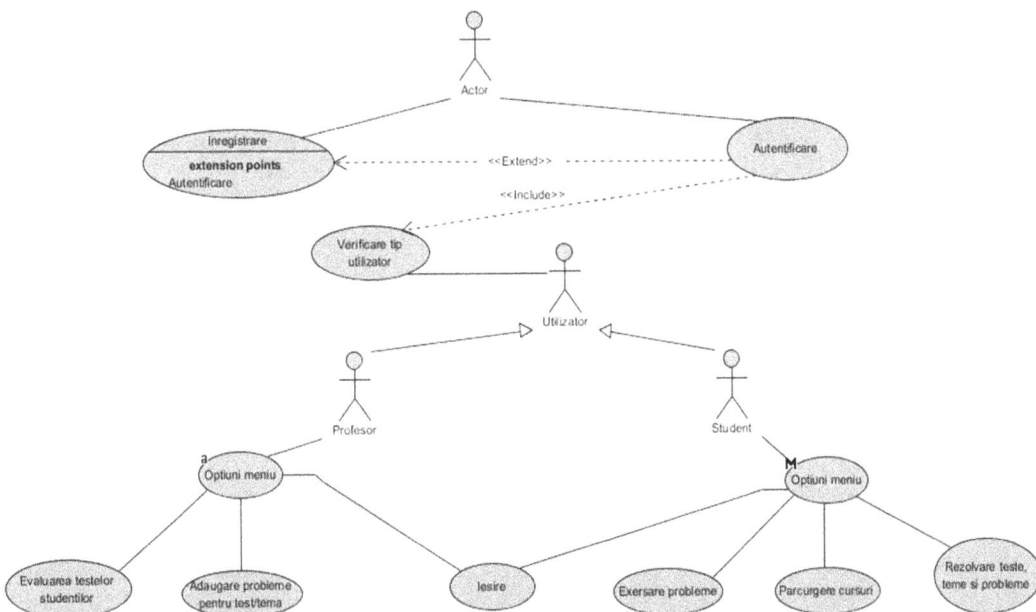

Figura 1. Diagrama generală a cazurilor de utilizare

Astfel, prin proiectarea acestei aplicaţii am urmărit eficientizarea proceselor de învăţare şi evaluare a studenţilor în programare. Aplicaţia este destinată învăţării limbajului de bază C, necesar în logica programării, aceasta având la bază compilatorul: g++ prin intermediul căruia utilizatorul poate să-şi verifice şi exerseze cunoştinţele. De asemenea, platforma are ca scop optimizarea timpului în cazul testelor/temelor, studentul putând fi evaluat pe loc de către aplicaţie printr-o serie de teste automate, fiind uşurată astfel şi munca profesorului.

4. Concluzii

Dobândirea de cunoştinţe în societatea conştiinţei este un criteriu de bază în sfera informaţională. Cu cât un informatician a transformat o multitudine de informaţii în cunoştinţe cu atât este un programator mai evoluat din punct de vedere calitativ.

Pentru a căpăta cunoştinţe de bază ca mai apoi să evolueze cât mai uşor, un începător într-o carieră IT trebuie să parcurgă informaţii în legătură cu logica programării, metode de creare a algoritmilor. Astfel, limbajul standardizat C este un mare ajutor în această etapă, reprezentând baza multor limbaje moderne.

În consecinţă, aplcaţiile de învăţare şi evaluare pot oferi un mare sprijin pentru un început de carieră în programare, pentru aprofundarea unor cunoştinţe şi pentru evaluarea acestora. Astfel, putem afirma că aplicaţiile e-learning şi învăţarea limbajului de programare C au un impact mare asupra societăţii informaticienilor şi influenţează puternic evoluţia acesteia.

Referinţe:

[1] Beatrice Ghirardini, *E-learning methodologies A guide for designing and developing e-learning courses*, Food and Agriculture Organization of the United Nations, Roma, 2011, pg. 9, 11-13, 21-25

[2] https://elearningindustry.com/easily-create-elearning-courses

[3] https://elearningindustry.com/choosing-online-learning-platform-makes-sense

[4] Roşca, Ghilic-Micu, Cocianu, *Programarea calculatoarelor*, Editura ASE, Bucureşti, pg. 1

[5] Roşca Ion Gh., Ghilic-Micu Bogdan, Stoica Marian, *Informatica. Societatea informaţională. Eserviciile*, Editura Economică, Bucureşti, 2006, pg. 488

[6] Steve Oualline, *Practical C Programming*, 3rd Edition, 1997, pg. 8

[7] Stallings, William, *Operating Systems: Internals and Design Principles*, Pearson Education, 2005, pg. 91

[8] Seely Brown John, Adler Richard, *Minds on Fire:Open Education, the Long Tail, and Learning 2.0, 2008, pg.* 16-32

[9] Al-Asfour, *Online Teaching: Navigating Its Advantages, Disadvantages and Best Practices*, Tribal College Journal of American Indian Higher Education

[10] Manprit Kaur, *Using Online Forums in Language Learning and Education*, 2008

[11] https://www.quora.com/What-are-the-advantages-and-disadvantages-of-Coursera-edX-and-Udacity-compared-to-one-another

Choleric ROBO-intelligences with positive sensibility

Antoni Adriana, adry97@mail.ru
Todoroi Dumitru, univ. prof., dr. hab., ARA corresponding member

Abstract.

Research is centered on the idea that the farming business should be based on organic and qualitative principles which can be developed using ROBO-intelligence with positive sensibility.

It is suggested that if complete information on a temperament issues is collected, analyzed, and implemented, then a ROBO-intelligence could imitate natural intelligence in farm management.

Emotional ROBO-intelligence development is unique capacity in Conscience Society. It is based on 17 positive emotional gifts successfully evaluated by the help of adaptable algorithmic tools in the directions of: self-awareness, managing emotions, motivation, empathy, relationship management.

Presented results constitute evaluation of research in framework of the institutional project **"Creating Consciousness Society"** that is developed in the period 2008-2018 by the team of AESM, their colleagues, and supporters.

Key Words: conscience, artificial intelligence, temperament, sensuality, robot

Introduction

The way the vast majority of poultry are farmed in the Republic of Moldova today differs firmly from the organic principles that food should be produced ecologically, healthily, fairly and with care. Laying hens and broilers, enclosed in sheds of tens or hundreds of thousands are fed on grain and soya shipped from around the world. Birds are routinely dosed with antibiotics to prevent disease outbreaks in their cramped environment, contributing to the risk of antibiotic resistant illnesses in humans. Most birds are kept in conditions that prevent them from expressing natural behaviors that are important to their welfare, with their lives further removed from those of their wild ancestors than any other farmed species. The enormous economies of scale that the industry has achieved through concentration and vertical integration lock farmers in and leave them little scope to do things differently.

Farmers, businesses, campaigners and consumers who support organic systems are committed to forging a better path for poultry. But are we clear enough what the destination looks like? What are the obstacles we face? What steps will we take together to get past them?

The business plan aims to answer these questions – to chart a clearer pathway to a local sustainable future for poultry, in line with organic principles. This covers eggs and meat from poultry species like: chicken, turkey and quail. We focus on the Republic of Moldova economic situation. The plan shows how our farm brings the poultry sector closer to organic principles, and treats organic certification as one important tool to achieve this. So, as well as action to improve the organic standards, it includes steps to promote continuous improvement in production systems, ensure us have technical support where we need it, promote our idea in the organic market.

1. Executive Summary. 1.1. Business Objectives

"Eco- Farm" is based on the sound principles of using just natural treatment and organic fees, limiting the range and hormones at poultry growing in worthy conditions, giving a good example of hiring local people, so, stimulating dead jobs market, and challenging people to start investing in their own health by developing new habits of eating. This unique perspective is clearly shown in the quality of our product.

"Eco- Farm" is processed by: the certification body for organic products "Certified Eco" and Organic Products Certification Body SC "BIO CERT TRADITIONAL" SRL. The labels on the products will include national brand "Organic Agriculture - Moldova"

"Eco- Farm" was created to meet the growing needs of a community that shares the same views and is concerned about what they eat and feed their children. The aim of this study is to provide an assessment of the potential for organic poultry production in the Republic of Moldova and, in particular, to identify likely technical, financial and market constraints on the development of organic chicken, turkey and quail egg and meat production enterprises. The purpose of this business plan is to provide a blueprint for near term and long term goals. The business plan will be utilized as a tool to gauge how well the farm is doing in the future compared to their initial goals and keep them on target. The business plan is also a tool for lenders, explaining the need for initial financing, the source and use of funds, and debt repayment capabilities.

1.2. Production systems and key management issues
(1) Breeds, sourcing and rearing of stock

Breed suitability, particularly in the case of table bird production, is a major cause for concern - management and/or alternative breed solutions will be required. The sourcing of stock from conventional hatcheries, and the concept of converting conventional pullets, appears to be less than ideal in an organic farming context. While it is likely that conventional hatcheries will continue to be needed for the foreseeable future, there is a case for pullets to be reared organically for egg production.

(2) Housing and outside access

Animal welfare and behavioral considerations are important in the design and choice of housing for organic production. Enriched housing with nest boxes, facilities for dust-bathing and appropriate shelter and vegetation in the range area are desirable.

We are choosing mobile housing that offers greater opportunities for the integration of poultry into a diversified organic farming system.

Outside access to land covered by vegetation and rested regularly to allow vegetation regrowth and parasite control is essential. Stocking rates should be at least equivalent to existing free range requirements and serious consideration should be given to the benefits as well as the disadvantages of the proposed EU overall stocking limit as a means of encouraging the concept of organic poultry production as a land-based enterprise.

(3) Nutrition

The sourcing of sufficient organically-produced ingredients and conventional ingredients acceptable under current and proposed organic standards is a significant issue. The acceptability or otherwise of synthetic amino acids and fishmeal to supplement the protein requirements of poultry causes most concern.

The contribution of vegetation and animal proteins obtained at range to the diet of poultry is currently undervalued and should receive more recognition in organic standards and in ration formulation for poultry. For example, mulching of vegetation to encourage earthworms could significantly reduce the need for animal protein and amino acid supplements, but its potential contribution has not been adequately assessed.

(4) Animal health

Feather pecking and cannibalism is identified as a significant potential problem in organic as in other free-range systems, where careful management is required to avoid the need for beak trimming.

Coccidiosis is seen as the number one health problem. The development and use of vaccines such as Praecox appear to provide a suitable alternative to the use of coccidio-stats in feeds and is a recommended as more appropriate in an organic farming context. Potential problems from external parasites should be reduced through the provision of dustbathing facilities.

(5) Slaughter and processing facilities

The appearance of organic poultry producer on specialist market means that we have had to develop our own packing and slaughtering/processing facilities.

1.3 Guiding Principles

Eco- Farm's slogan is simple: "Know Your Farmer, Know Your Food". We also believe in contributing to our community and the planet by:

(1) Local

Eco- Farm believes that in order for the survival of the planet, we must rely on local resources. Buying from local market supports the local economy.

(2) Sustainable Living

By reducing use of hormones and antibiotics we give the impulse for the citizens of our country to eat a healthy food, thereby to grow the quality of life.

(3) Satisfied Customers

Happy members ensure repeat business and their referrals grow the business.

1.4 Future potential and key constraints

There is clearly demand for organic poultry products and the potential to increase output.

Whether this can be achieved will depend on:

- the development of larger production units so that fixed costs, in particular for labor, can be reduced through increased automation
- the development of centralized packing, killing and processing facilities, together with the development of outlets (such as baby foods) for downgrades
- greater market opportunities and certainty to provide confidence to expand, including the development of appropriate working relations with the multiples
- the availability of poultry feed of an appropriate quality to maintain productivity and at an acceptable price
- the supply of product at a price acceptable to the consumer
- the removal of uncertainty concerning future organic livestock standards and regulations

1.5 Policy requirements

The main policy requirements emerging from these conclusions are:

Continue efforts to ensure that the requirements of the EU organic livestock regulation are appropriate to the continued development of the organic poultry sector in accordance with the overall objectives of organic farming

Provide opportunities within future national and regional marketing and processing grant schemes for the development of centralized packing and processing facilities

2. Company Description

Antoni Adriana runs, manages, and operates the "Eco- Farm" for the first time this year. She selected the Organic Products Certification Body Model, in which both the farmer and the members have a mutual interest in the crop.

"Eco- Farm" is located on the 9800 square meters located at the New Băcioi residence (Chisinau, Moldova). Following the decision of setting it up, the owner decided that she needs an initial capital of 1.900.000 lei in that includes the initial inventory fixed for a year, the raw materials and salaries determined for a month.

Our catalog will include all products that the customer may purchase, addressing himself to our company, namely:
- turkey, chicken and quail meat
- chicken and quail eggs
- turkey and chicken giblets

2.1. The main partners of our business are:
Moldova Agroindbank
GONVARO-CON (construction company)
Neuron (computer center)
Solway Feeders (poultry rearing equipment)
The Organic Feed Company
Stromberg's (natural poultry health products)
Avicola Sărătenii Vechi Srl (providers of birds)
Luman Car Srl (hire of refrigerated truck and lorry for transport of poultry)
   At Eco- Farm, members have the option for home delivery or to travel to farm on the scheduled pickup day. Currently our company has no competitors at the market.

3. Service
 The products are: chicken and quail eggs; chicken, turkey and quail meat; chicken and turkey giblets. The farm will distribute these products around the Chişinău city or members have the option to travel to the farm on the scheduled pickup day. Organic quality assurance is the main motto of our business. We are not compromise in the question of quality. To ensure the quality we always take high care of our poultry and eggs. Nowadays, from chickens and eggs harmful diseases are spread out. But we are supply our poultry and eggs with ensuring that it is free from all kind of jorum, which can create harmful diseases.
   Cost of poultry business is not so high. One can easily start a business with a minimum amount of money. But our cost of business is high, because our business is highly future oriented, being provided not only with health poultry, but also by ecologic feed and medicines and the inventory of the highest quality.
   We also provide some additional facilities to our customers and consumers that are not provided by other suppliers:
We reached our product (chickens & eggs) to the customers by our own transportation with a low transportation cost.
We are striving to not have dreadful products at all.
Processed meat is also supply if customer feel need.
We also supply product by credit to a limited amount.

4. Market Analysis
   The financial market of the Republic of Moldova has been characterized by a high degree of uncertainty during the last years. The political instability had its consequences

causing disturbances, especially on the bank market. At the same time, the global financial crisis has had a direct impact on the national financial market as well, reducing thus the investment potential in the bank and non-bank financial sector, especially of the foreign investors. Notwithstanding the insurance market of the Republic of Moldova has registered a growth during this period. This chapter presents an analysis of the insurance market in terms of its investment and export potential.

4.1. Opportunities and challenges for the promotion of organic agriculture in Moldova

With favorable climatic conditions and fertile soils, Moldova's agricultural sector produces surpluses that can be readily exported. Many of the country's agricultural products are particularly well-suited to the demands of the EU market.

In 2014, Moldova signed the "Deep and Comprehensive Free Trade Agreements (DCFTAs)" with the EU, which will facilitate the export of agricultural products by lowering tariffs and EU import duties. The cooperation between EU and Moldova aims to promote policies and control mechanisms for organic production, as well as to promote trade and foreign investment into environmental goods and services.

Moldova has the competitive advantage of being a GMO-free country, which, if credibly communicated to potential trading partners, can significantly strengthen its image as a reliable organic producer.

Repeated frauds in the organic grain business have damaged the image of Moldova's organic sector. In order to re-build their reputation and trustworthiness, Moldova's organic producers should demonstrate willingness to make their products fully traceable from the field to the trader.

4.2. Opportunities of export in EU

Leading organic processors in the EU tend to move away from China, India and South America as sources of organic products, seeking greater product traceability and import reliability. These circumstances provide an opportunity for Eastern Europe and the Caucasus to become major sources of EU's organic imports.

Several trade partners in the EU that formerly imported only conventional agricultural products from Eastern Europe and the Caucasus are broadening their product ranges and establishing new organic product lines. This means that organic products do not necessarily require new trade partners and that existing trade flows can greatly facilitate the establishment and/or expansion of organic value chains.

Organic exports to the EU offer higher price premiums and a stable source of income for organic producers.

4.3. Challenges of cooperation with EU

Export bans in Eastern Europe are major barriers to the development of organic value chains, which typically require long-term engagement and reliability of supply. In the past, export bans have proven detrimental to international trade relations and the economic viability of the region's organic sector.

Organic importers in the EU have highly stringent product quality and life-cycle requirements. Small scale organic producers who are seeking to establish trade links with these clients are therefore faced with the challenges of adhering to strict production and/ or handling criteria as well as providing evidence to confirm the eligibility of their products for the EU marketplace.

4.4. Regional perspective – Eastern Europe

The organic sector in Eastern Europe and the Caucasus requires agricultural cooperatives as well as other market-oriented support structures that will enable to efficiently organize producers and exporters. A strong, professional organic market organization can also facilitate the optimization of logistics and handling procedures – including drying, storing, sorting and processing of produce.

Organic certification schemes (e.g. Naturland, BioSuisse) offer good opportunities for confirming product eligibility, establishing trust and building long-term trade relations with organic processors and retailers in the EU.

Governments from Eastern Europe and the Caucasus should exclude organic products from export bans.

5. Marketing Strategy and Implementation
5.1. Swat Analysis

Strengths	Opportunities
- The product is organic, free range and produced in the Republic of Moldova. **- On balance this is a relatively stable sector.** **- There is some local demand despite the overall market figures. Consumer is willing to purchase organic product.** **- We are a market trend.** **- Sufficient number of employees.** **Weaknesses** **- There are no licensed providers of the organic feed and natural poultry health products in the Republic of Moldova.** **- There is a vulnerability to external factors such as the price of feed.**	Sales could possibly be increased using clearer communication about the differences between organic and free range. More people have become aware of healthy food. Potential opportunity to export the products to the international market (for example: in EU) since it establishes good connections and relationships with the distributions. Threats - Emerging competition - The price of feed could increase. - The influence of the bird flu virus.

5.2. Advertising and publicity

(1) Promotion

People to know about the business every company needs a promotion. Big companies spend a large proportion of their budget for promotion. We also have some promotional strategies- advertising, banner, billboard, leaflet, poster, etc. We will give advertising in different newspapers and magazines in our country. We'll give billboard in some important hub of Chişinău city and not only. We will also provide leaflets, posters, and banners so that people can easily know about our organic poultry farm. Attending relevant seminars and business fairs, in the food and hospitality industries, and dropping our business cards is it also a good promotion movement. Eco- Farm website will provide additional marketing information.

(2) Distribution channel

We are not going to use any distribution channel at first. We will use personal sales representative for selling our product. Our sales representatives will directly go to our customers and collect the order. As per their order we will directly supply chickens and eggs to the customers by our own transportation.

(3) Competitive Edge

Organic farming differs greatly from traditional farming due to the fact that members have ownership shares in the farm. Bearing this in mind, Eco- Farm will wholeheartedly focus on this vital aspect to retain members. The owners will constantly stay in touch with their members and encourage them to come and visit 'their' farm. So we promote different kinds of excursions not only for adults, but for children also, in order to show them the process of manufacturing the most ecological poultry and eggs in their locality. It will be a great lesson for the growing generation as a way of emphasizing the role of healthy food for increasing the life's quality. Create different packages depending on the type of clients we have and ensure that our customers are aware of these packages.

5.3. Marketing Strategy and Positioning

Eco- Farm will utilize product differentiation to stand apart from the competition. By growing wholesome organic produce, offering farm to door service, and actively engaging with its members, Eco- Farm will go above and beyond to maintain and grow its member base

(1) Pricing Strategy Eco- Farm will utilize a fair price for a fair value. Some research suggests that the standard farm is usually lower in price than organically grown food from local markets and is often less than foods from the supermarket. This could be a selling point for attracting new members, however, it's also important to note this in not about cheap food. The unit cost for the products is reflected in the table below:

(2) Website Eco- Farm's website will be a vital key in marketing. In addition to providing its history, location and contact information, the site will also have links to its affiliations and current organic industry topics. The site will also take advantage of social media and have a Facebook and Instagram link as well.

6. Organization and Management
6.1. Facilities and location
We always try to give high facility to our customers. For quickly serve the customers we have a farm and warehouse in Băcioi that is near Chişinău city. For making customers order easy we also have their addresses, so that customers can order easily. We are going to introduce own website for customers convenience.

6.2. Inventory management
Our main inventory is: poultry, eggs, the contents of the building, raw materials and trucks. First of all, we will buy chicken and eggs from the well- tried provider and put it into our farm and warehouse. Then we will clean the dust from eggs and test the chicken's health that means we ensure that chickens are not affected by any harmful disease. We will provide the building with all the contents and place the raw materials into a specifically designed space with the necessary temperature and humidity. The trucks we will station on the farm.

6.3. Management team
Eco- Farm will be wholly owned and operated by Antoni Adriana, which performs all office. She ensures all aspects of running the farm are me maintains safe working practices manages and motivating a team, ensures welfare of livestock, keeps ventilation and feed management, production performance. Mrs. Antoni Natalia will perform accounting functions such as calculating the initial raw materials costs, inventory costs, salaries, etc.

6.4. Personnel
The Veterinarian diagnoses and treats animals for medical conditions. *The engineer* supervises food processing, estimates cost, reliability, and safety.

The zoo technician: thinks about different systems of poultry keeping and their advantages, living conditions of egg-producing birds, poultry farm supplies.

Drivers deliver the products to different addresses.

Fowlers supervise and control the birds.

Sweepers are responsible for the cleanliness.

Guardian is responsible for the security of the farm.

This team works in an efficient way, so it is observing on the highest quality of the products.

6.5. Building design
Mobile housing is moved regularly to encourage birds to range particular areas of pasture. Skid housing is built on runners. Egg mobiles (12' x 20') are designed for layers (portable housing with nests), built on trailer hitch and pulled with a tractor. Building costs 72.000 €.

Advantages: more space for birds, less labor required, flexibility to produce more or fewer birds as demand requires.

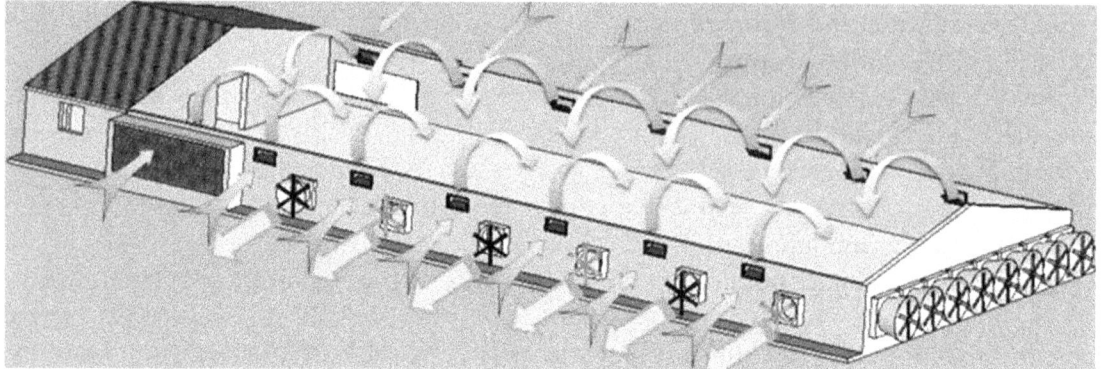

7. Supporters.

7.1. Investors

Few businesses can be started without some initial capital or investment in their business plans. Fortunately, poultry farming is an endeavor that can be started with little investment and be ramped up over time. If you decide to seek outside funding, there are some numerous sources to look into.

The usual lending sources, such as banks and credit unions, are logical places to start. There are also institutions that lend specifically to farming interests. These agencies usually have farm size requirements, and most small-scale farmers are unable to take advantage of many types of farm lenders. Obtaining a home-equity line of credit taken against the value in your existing residence may be a viable option for obtaining the capital to start your poultry-farming business.

We are choosing bank investors, such as: Moldova- Agroidbank.

7.2. The Analysis

An analysis based on current premium prices and feed costs indicates that both organic meat and egg production can achieve better gross margins per bird than any of the alternative production systems evaluated.

Premium prices are essential to achieve these performance levels and cannot be obtained if a market is not identified in advance. The financial performance figures presented indicate standard/expected performance. Actual performance can be better or worse that these figures.

To maintain prices, all quality characteristics of organic poultry will need to be emphasized – being 'organic' will not be sufficient on its own. Consumer education to differentiate organic from alternative welfare-friendly standards may be required.

The analysis indicates the problems of small-scale units in providing an adequate level of return to investment. Smaller units require less capital investment, but housing and labor costs per bird are generally higher than in the case of larger units where economies of scale may be significant.

Although we are currently involved in organic poultry production, it may be that the only long-term future for organic poultry is as part of a diversified organic farming system, for financial and technical reasons as well as the need to meet the proposed EU standards. Successful organic egg and meat production is ultimately dependent upon productivity and cost of stock; scale of production, quality of housing/environment, management, feed quality and cost, and marketing success

The key to successful (i.e. profitable) organic chicken farming is minimizing your losses. We need to achieve a profit of 35%- 40% on each batch we do. This means we need to properly care for the little birds by keeping them warm, dry and adequately nourished. And we need to keep the big birds on pasture safe from predators.

8. Robotics in a Consciousness Society

In the human heart lies the secret of Energy that by renewing the state of consciousness opens the prospect of a new field of existence. This new field of existence is called "Artificial Consciousness Society".

Man is considered a wise being and has smart mental abilities important in daily life. Area of creating artificial intelligences (ROBO - intelligences) is based on understanding intelligent entities.

Time passes, the future progresses, it is obvious that computers will have a huge impact on our lives every day and over the future of civilization.

This project is a studio of positive feelings in terms of their emotional developments.

8.1. Positive Sensual ROBO-Intelligence with emotions

Emotional Evolution is presented (Table 1) by the elements of first level of ROBO-intelligences – functions of emotional development: self-consciousness, emotional management, motivation, empathy, and relationships management, forming the axis "Developments".

The definitions of these 1st level functions are presented in semantics and pragmatics terms:

"Self-consciousness" is acquiring a being (in the current case study - the ROBO-intelligence) to realize who is, with whom is, where is and when it is. Knowing where and when you are means being oriented in time and space.

"Managing emotions" is the ability to control emotional psychic states.

"Motivation" is all the reasons that cause someone to perform a certain action or work towards certain goals.

"Empathy" is another form of knowledge, especially the social ego or something closer to intuition; interpretation of self by I own to others.

"Relationship Management" is the ability to have relationships with and in society.

These functions are possessed also by ROBO- intelligences on their evolutions with top-level elements.

The definitions of next higher level functions (Intersection cells in Table 1) are presented in terms of adaptable components: pragmatics, syntax, semantics, environments, and examples of "Eco- Farm" Business.

8.2.1. Adaptable algorithms for Emotional Evolutions (17 positive gifts * 5 adapter's components) under the project "Eco- Farm"

a) "Self-aware gentleness"

(1) Pragmatics " Self- aware gentleness " is a property of the second level of ROBO-intelligences who supposes that emotionally sensitive ROBO-intelligence is able to realize the quality of speaking, approaching softly, having a gentle character.

(2) The syntax "Self- aware gentleness" has patterns: gentle and self-aware.

(3) Semantics "Self- aware gentleness " is programmed using functions "Be gentle," "Talking complementary", "To have a gentle nature." This ROBO-sensitive emotional intelligence is present in society as an entity with a gentle character.

(4) Context "Self- aware gentleness" might meet where ROBO-sensitive emotional intelligence is able to gently and while being aware of this quality.

(5) Example "Self- aware gentleness" is shown by the quality of loving animals, treat them gently, not causing them any harm.

b). "Satisfaction managed by emotions"

(1) Pragmatics "Satisfaction managed by emotions" is a property of the second level of ROBO – intelligence that implies emotionally sensitive ROBO- intelligence is satisfactory and has control over this feeling which also allows for joint activity in different situations Human-Robot to proceed with caution - satisfaction, but also the emotional state control.

(2) The syntax "Satisfaction managed by emotions" is combination of: satisfaction and emotional management.

(3) Semantics "Satisfaction managed by emotions" would make sense to have control under emotional state on the sense of contentment caused on the grounds that satisfies and thereby ROBO - intelligence sensitive emotionally is present as an entity in the Society of Consciousness with a satisfactory character.

(4) Context "Satisfaction managed by emotions" might meet where ROBO - sensitive emotional intelligence is able to satisfy while is holding and controlling over emotional state.

(5) Examples "Satisfaction managed by emotions" might present the satisfied employees would surprise the owner with the action of thanksgiving.

c). "Tolerance in relationships with others"

(1) Pragmatics "Tolerance in relationships with others" is a property of the second level of ROBO - sensitive emotional intelligence which assumes that ROBO -intelligence has a lenient attitude (understanding, generosity, mercy) in relations with someone and in society.

(2) The syntax "Tolerance in relationships with others" has patterns: tolerance and relationships management.

(3) Semantics "Tolerance in relationships with others" would have a sense of a lenient attitude and thereby ROBO - sensitive emotional intelligence would present an entity

in Consciousness Society with a sympathetic, generous character.

(4) Context "Tolerance in relationships with others" might meet where ROBO - sensitive emotional intelligence is able to be indulgent in relationships with and toward someone.

(5) Examples of "Tolerance in relationships with others" could be defined in the situation when the employer, who already possesses the quality of being blind, loving, possesses the quality to not upset someone, to behave with compassion and magnanimity of the animals he cares and other employees.

d). "Motivated love"

(1) Pragmatics "Motivated love" is a property of the second level of ROBO-intelligence which assumes that ROBO-intelligence holds sentimental love but this love is motivated after an action which also allows it in different situations of joint activity Human-Robot proceed with caution - loving, but for a reason.

(2) The syntax "Motivated love" has patterns: love and motivation.

(3) Semantics "Motivated love" has a meaning of a phenomenon that causes or determines a feeling of love caused by something.

(4) Context "Motivated love" might meet where ROBO - sensitive intelligence emotional state of love is also being driven by someone or something, a job that brings pleasure.

(5) Examples "Motivated love" could be defined in the situation when a wise employer would surprise the owner with an action of love for animals by which he cares.

e). "Empathetic diligence"

(1) Pragmatics "Empathetic diligence" is a property of the second level of ROBO - emotionally sensitive intelligence that supposes that ROBO- intelligence is diligent and empathetic as well, which also allows in different situations a joint activity Human-Robot to proceed with caution - diligent, but also with empathy.

(2) The syntax "Empathetic diligence" has patterns: diligence and empathy.

(3) Semantics "Empathetic diligence" would have a sense of motivated endeavor by achieving a goal that is followed by a form of knowledge to another and thereby emotionally sensitive ROBO - intelligence would present an entity in conscience society with a strong, empathetic, diligent character.

(4) Context "Empathetic diligence" could meet where ROBO - sensitive emotional intelligence is also being diligent and emphatic, that interpretation of self to others is after I own.

(5) Examples "Empathetic diligence" might define the situation when the diligent employer would surprise the owner with an extraordinary action.

8.2.2. Additional examples using "Eco- Farm" project!

1. Motivated gentleness – the tendency to make our society healthy motivates our employees to do their work with "heart and soul".

2. Gentleness in relationships with others- the good team atmosphere stimulates employees to behave in a gentle way to each other.

3. Motivated satisfaction- the thought of growing in people the "healthy mind" and doing our society better, makes the owner to improve the quality of products and satisfy him- self of the successes the farm passes through.

4. Self- aware health- organic and natural growing products make people to improve conscientious their health.

5. Motivated diligence- the decent salary motivates our employees to work with studiousness.

6. Motivated life and hope- by working into the benefit of the society all the Eco-Farm's team is motivated to live by inspiring people the hope in a long, qualitative life.

8.3. Feelings of the Director of "Eco- Farm" project - his temper and the temper feelings development

The Director of the Company "Eco- Farm" has got a choleric temper. Choleric type is associated with the level of testosterone in the body, which is also presented in both men and women. Choleric people are direct ones, focused on the task they have to accomplish, tough, analytical, logical and have a greater capacity to develop strategies. They are very brave and like competition. Often use words like "intelligence", "ambition", and "challenge".

Table 1. Emotional evolution versus feelings

Emotional evolution *Versus* Feelings	Self-consciousness	Emotional management	Motivation	Empathy	Relationships management
Gentleness	Self-aware gentleness	Gentleness managed by emotions	Motivated gentleness	Empathetic gentleness	Gentleness in relationships with others
Modesty	Self- aware modesty	Modesty managed by emotions	Motivated modesty	Empathetic modesty	Modesty in relationships with others
Satisfaction	Self- aware satisfaction	Satisfaction managed by emotions	Motivated satisfaction	Empathetic satisfaction	Satisfaction in relationships with others
Pleasure	Self- aware pleasure	Pleasure managed by emotions	Motivated pleasure	Empathetic pleasure	Pleasure in relationships with others
Simplicity	Self- aware simplicity	Simplicity managed by emotions	Motivated simplicity	Empathetic simplicity	Simplicity in relationships with others
Generosity	Self- aware generosity	Generosity managed by emotions	Motivated generosity	Empathetic generosity	Generosity in relationships with others
Tolerance	Self- aware tolerance	Tolerance managed by	Motivated tolerance	Empathetic tolerance	Tolerance in relationships

		emotions			with others
Fidelity	Self- aware fidelity	Fidelity managed by emotions	Motivated fidelity	Empathetic fidelity	Fidelity in relationships with others
Love	Self- aware love	Love managed by emotions	Motivated love	Empathetic love	Love in relationships with others
Health	Self- aware health	Health managed by emotions	Motivated health	Empathetic health	Health in relationships with others
Diligence	Self- aware diligence	Diligence managed by emotions	Motivated diligence	Empathetic diligence	Diligence in relationships with others
Joy	Self- aware joy	Joy managed by emotions	Motivated joy	Empathetic joy	Joy in relationships with others
Courage	Self- aware courage	Courage managed by emotions	Motivated courage	Empathetic courage	Courage in relationships with others
Release	Self- aware release	Release managed by emotions	Motivated release	Empathetic courage	Release in relationships with others
Peace	Self- aware peace	Peace managed by emotions	Motivated peace	Empathetic peace	Peace in relationships with others
Life	Self- aware life	Life managed by emotions	Motivated life	Empathetic life	Life in relationships with others
Hope in Pandora's Box	Self- aware hope	Hope managed by emotions	Motivated hope	Empathetic hope	Hope in relationships with others

8.3.1. The Introversion-Extraversion and High-Low Neuroticism of "Eco- Farm" project Boss.

Cholerics are extroverted in the sense that they will meddle in others' affairs and "speak their mind" if they feel it is necessary, rather than minding their own business. They generally respond well to new situations, and seek thrills. They must prove that they are strong. They speak their mind, but often don't mind their speech.

Their pride and drive for dominance, as well as their open expression of emotion, naturally leads to outright aggression when challenged. They will raise their voices and get angry to show that they are the biggest and strongest, and to assert superiority. They are pragmatic, doing what needs to be done bluntly rather than worrying about fantasy scenarios. They will plough through obstacles that bar their path and they are single-minded in moving towards their goals.

111

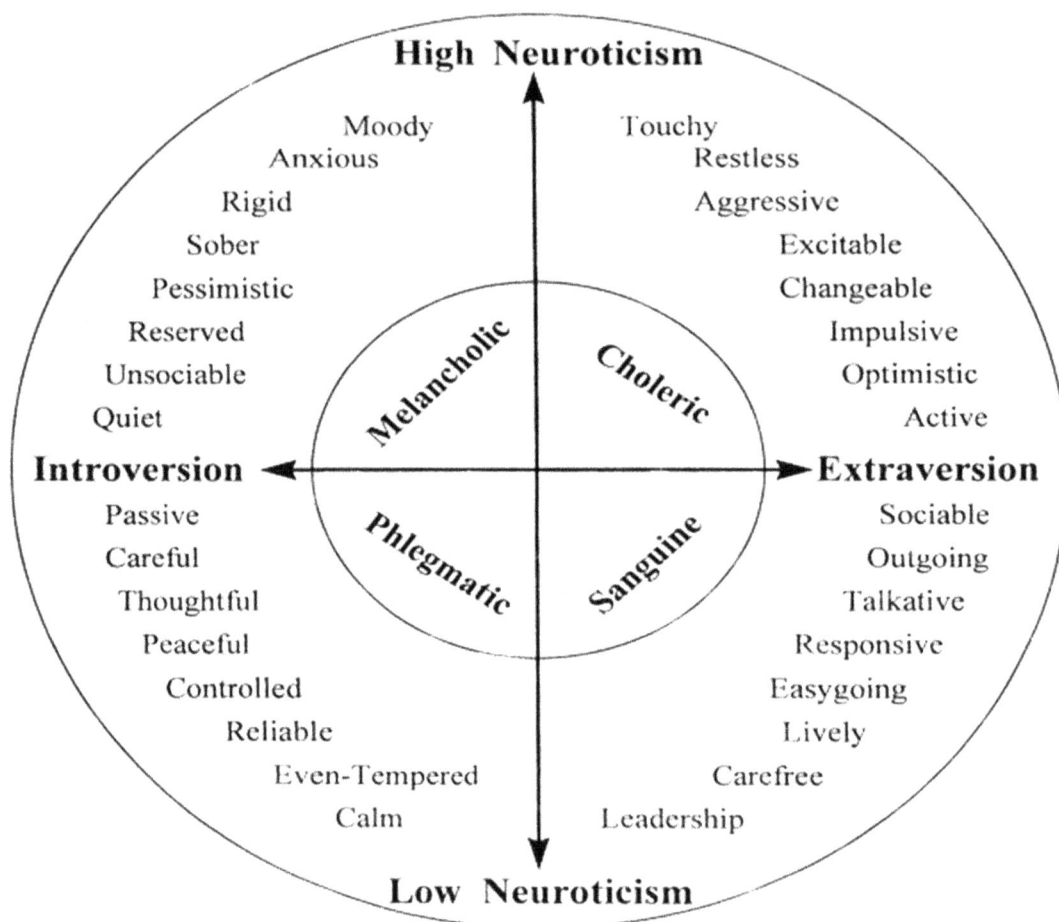

High Neuroticism

Moody / Touchy
Anxious / Restless
Rigid / Aggressive
Sober / Excitable
Pessimistic / Changeable
Reserved / Impulsive
Unsociable / Optimistic
Quiet / Active

Melancholic | Choleric

Introversion ← → Extraversion

Phlegmatic | Sanguine

Passive / Sociable
Careful / Outgoing
Thoughtful / Talkative
Peaceful / Responsive
Controlled / Easygoing
Reliable / Lively
Even-Tempered / Carefree
Calm / Leadership

Low Neuroticism

8. 3.2. Strengths and weaknesses of a Choleric Boss

Decisive, NT - Rational - The choleric is the most forceful and active of the four types. He is strong-willed and independent and opinionated. The choleric thrives on activity. He is the most practical and makes sound, quick decisions. He is not afraid of obstacles and tends to drive right through or over problems. He is probably the strongest natural leader of the four types. He has the most problem with anger and does not display compassion easily. He is quick to recognize opportunities and quick to capitalize on them - though details irritate him and, unless he learns to delegate, he will often gloss over details. His strong will and determination may drive him to succeed where more gifted people give up.

The Choleric is a developer and may be seen in construction supervision or coaching or law enforcement. Most entrepreneurs are choleric. Because of their impatience, they often end up doing everything themselves. A choleric is extremely goal/task oriented in leading others. His biggest weakness as a leader is a tendency to run right over people if he feels they are in his way. He assumes that approval and encouragement will lead others to slack off and he probably finds criticism and faultfinding more useful for his purposes. Through his natural determination, he may succeed where others may give up. A Choleric's weaknesses include anger and hostility. A choleric is the most likely to have an active temper; he is a door slammer and horn blower and he can carry a grudge for a long time. This includes a cutting and sarcastic tongue and the choleric will rarely hesitate to tell someone off. The choleric is the least likely to show affection or any public show of emotion. His emotions are the lease developed of all the temperaments. Additionally, a choleric can be inconsiderate, opinionated and crafty in getting their own way.

A. CHOLERIC STRENGTHS:

(1) The Choleric Emotions
* Born leader
* Dynamic and active
* Compulsive need for change
* Must correct wrongs
* Strong-willed and decisive
* Unemotional
* Not easily discouraged
* Independent and self sufficient
* Exudes confidence
* Can run anything

(2) The Choleric At Work
* Goal oriented
* Sees the whole picture
* Organizes well
* Seeks practical solutions
* Moves quickly to action
* Delegates work
* Insists on production
* Makes the goal
* Stimulates activity

B. WEAKNESSES OF A CHOLERIC

(1) The Choleric Emotions
* Bossy
* Impatient
* Quick-tempered
* Can't Relax
* Too impetuous
* Enjoys controversy and arguments
* Won't give up when loosing
* Comes on too strong
* Inflexible
* Is not complimentary
* Dislikes tears and emotions

(2) The Choleric At Work
* Little tolerance for mistakes
* Doesn't analyze details
* Bored by trivia
* May make rash decisions
* May be rude or tactless
* Manipulates people
* Demanding of others
* Work may become his God

9. Conclusion
The basic idea of ROBO – Artificial Intelligence with positive feelings and emotions is simple, but the execution itself is complicated. Today's computers can solve problems that are scheduled generally for calculations, but this does not mean that they have a

generalized analytic capacity, so the real challenge of artificial intelligence positive feelings is to understand the work with information such as natural one. This business is a good example of how the majority of those 17 positive feelings persist in employees and owner. This leads to a conclusion that there is the hope that determines us to believe in the creating of ROBO - sensitive emotional intelligences with the implementation of these 17 feelings in robots as the following points in forming of ROBO intellectual and emotional feelings in an Artificial Society of Integrated Consciousness.

This business plan is simply a resume for our proposed business. Its primary importance is that it becomes our calling card. We created this business plan in order to explain and illustrate the vision we have for our business, and to persuade others to help us achieve that vision. To accomplish this, our plan tends to demonstrate that we have a firm visualization of what our business is going to be. We are striving to convince others that our business concept is successful and profitable.

The process of developing our business plan required us to focus on exactly what we are trying to achieve, precisely where we want to be going, and exactly how we plan to get there. It has forced us to detail the many expenses involved to open our business, the projected sales and monthly expenses of actual operation, and the volume of business we need to meet our obligations. All of this information greatly influenced our many choices, including the kind of location we were looking for.

The type of our business plan is a Full Financial Business Plan. It contains all the elements of the concept presentation plan: our business concept, products, principals (owners and key management), target market, etc., also it examines in-depth what the total costs of our project will be, when the project will turn a profit, and what level of return we are expecting. Everyone who opens a retail business should have a full financial business plan completed before they open. It is probably more important for us, than anyone else, to be able to see the potential profit and loss for our proposed business. The extensive research which will be necessary to project expenses, sales, and profitability is essential to us understanding of the financial operation of our business.

So, this business plan is an indispensable aid in pursuing our scope of accomplishing an organic poultry farm that will play essential role in stimulating people to eat a healthy, ecologic food in order to improve the quality of their lives.

The Sanguine ROBO-intelligence with Negative Sensibility

Cristina ORDEANU, kristinaordeanu@gmail.com,
Dumitru TODOROI, Univ. prof., Dr. hab., ARA corr. member

Abstract

Have you ever asked how it would be to live in a society with ROBO-intelligences? Would they feel something or they would be without emotions, the only their capacity would be just their incredible intelligence? The subject of actual reseearch represents development of negative emotions in ROBO-intelligences and how they would be living in Human-Robotic society and how they can handle them during day-by-day activity.

Moreover, negative emotions which lead to aggressive actions, couldn't hurt neither human beings nor ROBO-intelligences conform Isaac Azizov sugestions.

Finally, there are analysed 5 main negative emotions: fear, anger, sadness, frustration / irritation and dislike/hate, these being the basis of other emotions. Are presented adaptable algorithms of these emotions implemented in ROBO-intelligences.

Presented results constitute evaluation of research in framework of the institutional project "Creating Consciousness Society" that is developed in the period 2008 - 2018 by the team of AESM, their colleagues, and supporters.

Key Words: society, conscience, robot, sanguine, intelligence, sensibility

I. Intelligence temperaments

Four temperaments is a proto-psychological theory that suggests that there are four fundamental personality types, sanguine (enthusiastic, active and social), choleric (short-tempered, fast or irritable), melancholic (analytical, wise and quiet), and phlegmatic (relaxed and peaceful). Most formulations include the possibility of mixtures of the types.

Relation of various four temperament theories

Classical	Element	Adler
Melancholic	Earth	Avoiding
Phlegmatic	Water	Getting
Sanguine	Air	Socially useful
Choleric	Fire	Ruling

2. Sanguine temperament

As the task was to describe the temperament which I have, I made a survey and I found out that I am more a sanguine. The sanguine temperament is fundamentally spontaneous and pleasure-seeking; sanguine people are sociable and charismatic. They tend to enjoy social gatherings, making new friends and tend to be boisterous. They are usually quite creative and often daydream. However, some alone time is crucial for those of this temperament. Sanguine can also mean sensitive, compassionate and thoughtful. Sanguine personalities generally struggle with following tasks all the way through, are chronically late, and tend to be forgetful and sometimes a little sarcastic. Often, when they pursue a new hobby, they lose interest as soon as it ceases to be engaging or fun. They are very much people persons. They are talkative and not shy. Sanguines generally have an almost shameless nature, certain that what they are doing is right. They have no lack of confidence.

The Sanguine personality is affected by chemical called dopamine, which makes these people intensely curious and creative. Their curiosity can be expressed in their love for reading and different kinds of knowledge and they usually possess high amounts of energy, so they may seem restless and spontaneous.

The Sanguine excels in communication-oriented things, but they do not relate well to tasks. They are the least disciplined and organized of all the temperaments. While they are outgoing, enthusiastic, warm, compassionate, and seem to relate well to other people's feelings, yet they can be rude and uncaring. They tend not to be faithful nor loyal friends, since they do not want to be "burdened down" with commitments; they just want to have fun. They live as though they have no past or future, the Sanguine rarely learns from their past mistakes. They are prone to exaggerate. They never recognize their failures, but exaggerate to make themselves appear to be more successful than they truly are. The Sanguines' major weakness is that they adopt severe and destructive behavior.

This person will volunteer for difficult tasks and they can and will complete the project so long as their ego is being fed. However, at the first sign indicating that they are not "the greatest thing that ever happened to the world"! They just stop and walk away and inwardly turn into themselves - caring nothing about the project or those depending upon them.

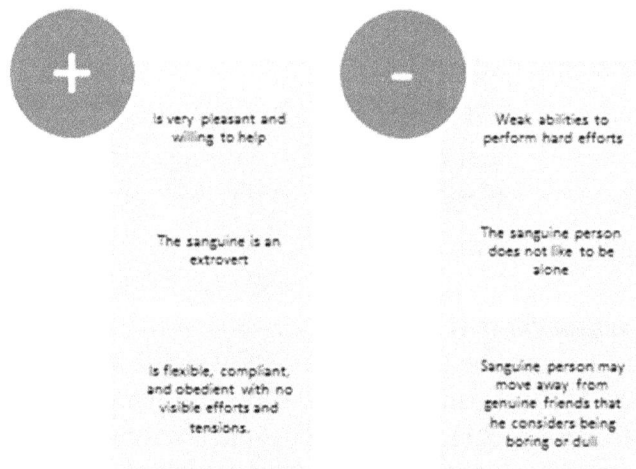

+

Is very pleasant and willing to help

The sanguine is an extrovert

Is flexible, compliant, and obedient with no visible efforts and tensions.

−

Weak abilities to perform hard efforts

The sanguine person does not like to be alone

Sanguine person may move away from genuine friends that he considers being boring or dull

STRENGTHS	WEAKNESSES
Volunteers for jobs	Would rather talk
Thinks up new activities	Forgets obligations
Looks great on the surface	Doesn't follow through
Creative and colorful	Confidence fades fast
Has energy and enthusiasm	Undisciplined
Starts in a flashy way	Priorities out of order
Inspires others to join	Decides by feelings
Charms others to work	Easily distracted
	Wastes time talking

2. Analysis

This table shows that even if a sanguine has a big number of strengths, such as being hard-working, creative and energetic, he is not a good organizer, and he/she wouldn't be able to rule a company without help.

Moreover, this temperament is an appealing personality, talkative, storyteller, friendly, the center of conversation and most people would like to interact with him/her, but sometimes a sanguine can be rude, impulsive and exaggerate, as need to appear a successful person and to lead a group of people.

To conclude, they are able to express their feelings and to encourage their employees, but this type of temperament asks too much from the collective, so they are considered to be dull.

3. Negative Emotions

"Engage your emotions at work. Your instincts and emotions are there to help you"- Sir Richard Branson

Emotions, what is better than feeling and having the capacity to use them in the field that makes you happy and joyful. There are some emotions that can be handled together, they producing harmony and therefore the work can be better. But there are some emotions that can destroy the mind and can produce procrastination.

The theory of the bicameral mind is that thousands of years ago, primitive humans had language but not full consciousness. The result was that instead of being capable of making decisions and use their emotions fully, they would experience auditory hallucinations of a voice telling them what they should do. Their minds were "split" into two halves; the first half would speak and the second half would obey, without the recognition that the voice they were hearing was their own.

Having an anxiety disorder can make a major impact in the workplace. People may turn down a promotion or other opportunity because it involves travel or public speaking; make excuses to get out of office parties, staff lunches, and other events or meetings with coworkers; or be unable to meet deadlines.

Negative emotions stop us from thinking and behaving rationally and seeing situations in their true perspective. When this occurs, we tend to see only what we want to see and remember only what we want to remember. This only prolongs the anger or grief and prevents us from enjoying life. The longer this goes on, the more entrenched the problem becomes. Dealing with negative emotions inappropriately can also be harmful - for example, expressing anger with violence.

Intelligence is one of the features that divides one person from another and allows to manage their emotions. But what if to introduce them in an artificial intelligence and then let them work and live in a society without letting them know who they are and what they are supposed and capable to do.

Negative emotions are very important for human beings and for ROBO-intelligences. If I were to introduce them in an artificial mind and to create a robot that would be able to live and to have its own individuality, I wouldn't afford it to be aware of its real purpose. I would create a story about the past which it could have and I would insert in its database some emotions that are necessary for either a person or a robot.

In this research I am going to study some of the basic negative emotions which could have a person, to introduce them in a ROBO-intelligence, ad how they could manage them during their work.

4. Fear

The fear takes roots from two other feeligs: anxiety and alarm. It is also a fantasy of a danger that is not happening at the moment of fear. All of us experience fear - it's the way our brains are wired as humans (fight or flight as Anonymous says). But our brains also have mechanisms to mitigate this fear so we can function relatively normally.

The ultimate cause for our fear is our identification with the small self (the ego), and our attachment to our ideas and desires. However, if you take "ruled by fear" to mean that these mechanisms of dealing with fear in a healthy way break down, then a person "ruled by fear" would exhibit characteristics of people with
-   Anxiety disorders
-   Borderline disorder
-   Post-traumatic stress disorders

It would be easy to create an algorithm with this emotion for a robot and to introduce it in its database, as it is one of the most common and a necessary feeling, which make everybody sensible.

The evolution of fear

Idea of fear=> anxiety=> fear=> Increasing of frequency=> phobia

Idea of fear is the first stage in evolution of fear, which prohibits all good and powerful emotions, locking them deeply in soul.

Anxiety represents the second stage of fear, which is conditioned by the idea of fear. Anxiety is more than just feeling stressed or worried. While stress and anxious feelings are a common response to a situation where we feel under pressure, they usually pass once the stressful situation has passed, or 'stressor' is removed.

Fear is generally considered a reaction to something immediate that threatens your security or safety, such as being startled by someone suddenly jumping out at you from behind a bush. The emotion of fear is felt as a sense of dread, alerting you to the possibility that your physical self might be harmed, which in turn motivates you to protect yourself.

When someone increases the frequency of fear and this emotion becomes uncontrollable, phobia is born. A phobia is a type of anxiety disorder, defined by a persistent fear of an object or situation. The phobia typically results in a rapid onset of fear and is present for more than six months. The affected person will go to great lengths to avoid the situation or object, typically to a degree greater than the actual danger posed. If the feared object or situation cannot be avoided, the affected person will have significant distress

5. Anger

Anger is made up of dissatisfaction and violation of rules. We should remember "Anger is a feeling or emotion, and aggression is an action or something we do. Aggression is something a person does that may harm someone else."

Low frustration tolerance
Judgmental and critical reactions
Perfectionism
All or Nothing Thinking
Possessiveness
Poor communication
Punitive behavior
Addictive Personality
Use Anger as a Way to Feel More Powerful

These entities represent the characteristics of anger which have all human beings and could be introduced into ROBO-intelligences. That's why I think that if a robot will dominate this emotion, it would be better for him and for society to exclude the ability to harm himself or other people. Since there can be some errors in its database, it would be necessary to suspend this emotion or not to introduce it, but robot wouldn't be able to satisfy all its needs or to feel like a human being.

Expressions of anger used negatively	Reasoning
Over-protective Instinct & Hostility	To avoid conceived loss or fear that something will be taken away
Entitlement & Frustration	To prevent change in functioning.
Intimidation & Rationalization	To meet one's own needs.

There are some solutions how to manage anger, which could be used by a ROBO-intelligence

Watch for early signs of anger – Only a person (robot) knows the danger signs when anger is building, so learn to recognize them when they begin. Stopping its anger early is key. If it starts to get angry, stop what it is doing – Close their eyes, and practice the deep-breathing exercise. This interrupt someone's angry thoughts, and it helps put them back on a more positive path.

The four "Stages of Anger" as such:

Annoyance=> Frustration=> Anger

Annoyance is an unpleasant mental state that is characterized by such effects as irritation and distraction from one's conscious thinking. It can lead to emotions such as frustration and anger.

In psychology, frustration is a common emotional response to opposition. Related to anger and disappointment, frustration arises from the perceived resistance to the fulfillment of an individual's will or goal and is likely to increase when a will or goal is denied or blocked. There are multiple ways individuals cope with frustration such as passive–aggressive behavior, anger, or violence. This makes it difficult to identify the original cause(s) of their frustration, as the responses are indirect. However, a more direct and common response is a propensity towards aggression.

Anger is an emotional reaction that impacts the body. A person experiencing anger will also experience physical conditions, such as increased heart rate, elevated blood pressure, and increased levels of adrenaline and noradrenaline.Some view anger as an emotion which triggers part of the fight or flight brain response. Anger is used as a protective mechanism to cover up fear, hurt or sadness. Anger becomes the predominant feeling behaviorally, cognitively, and physiologically when a person makes the conscious choice to take action to immediately stop the threatening behavior of another outside force.

6. Grief

Grief is considered to be one of the basic human emotions and it is a natural response to situations involving psychological, emotional, and/or physical pain. Sad feelings often quickly diminish after individuals resolve or come to terms with upsetting experiences.

Individuals who feel sad are often able to identify the cause of their grief, however many people experiencing depression report difficulty pinpointing the reason they are depressed. Two of the most common reasons of grief are broken heart and lack of interest. As for human or for ROBO-intelligences this emotion can lead to other feelings that can have grave consequences. Due to this emotion, a robot can feel the toughness of this world, disappointment and frustration. This emotion can also make a robot realistic one, if it was created as a day-dreamer.

Dealing with grief at work can be difficult. Of all the emotions a robot might feel at work, this is the most likely to impact its productivity. If it has just suffered a major disappointment, its energy will probably be low, it might be afraid to take another risk, and all of that may hold its back from achieving. Here are some proactive steps which could be registered into robot's mind that can take to cope with disappointment and unhappiness:

Look at their mindset – Take a moment to realize that things won't always go their way. If they did, life would be a straight road instead of one with hills and valleys, ups and downs, right? And it's the hills and valleys that often make life so interesting.

Adjust their goal – If they are disappointed that they didn't reach a goal, that doesn't mean the goal is no longer reachable. Keep the goal, but make a small change – for example, delay the deadline.

Record their thoughts – Write down exactly what is making them unhappy. Is it a co-worker? Is it their job? Do they have too much to do? Once they identify the problem, start brainstorming ways to solve it or work around it. Remember, they always have the power to change their situation.

Smile! – Strange as it may sound, forcing a smile – or even a grimace – onto one's face can often make them feel happy (this is one of the strange ways in which we humans are "wired."). It would be a good way to drop all sad thoughts for a robot.

The 5 stages of Grief:

- **Denial:** "This can't be happening to me."
- **Anger:** "*Why* is this happening? Who is to blame?"
- **Bargaining:** "Make this not happen, and in return I will _____."
- **Depression:** "I'm too sad to do anything."
- **Acceptance:** "I'm at peace with what happened."

7. The 5 stages of Grief

Denial, in ordinary English usage, is asserting that a statement or allegation is not true. The subject may use:
- simple denial: deny the reality of the unpleasant fact altogether
- minimization: admit the fact but deny its seriousness (a combination of denial and rationalization)
- projection: admit both the fact and seriousness but deny responsibility by blaming somebody or something else.

Anger (emotion 2)
Bargaining is a common stage during sadness. It is known to be a type of negotiation in which the buyer and seller of a good or service debate the price and exact nature of a transaction. In an emotional sense, it is a type of manipulation, when a person manipulates another in order to get something that will decrease sadness. While we all

feel sad, moody or low from time to time, some people experience these feelings intensely, for long periods of time (weeks, months or even years) and sometimes without any apparent reason. Depression is more than just a low mood – it's a serious condition that affects your physical and mental health. Depression affects how you feel about yourself and makes life more difficult to manage from day to day. The encouraging news is that there are a range of treatments, health professionals and services available to help with depression, as well as information on what you can do to help yourself.

Acceptance in humanpsychology is a person's assent to the reality of a situation, recognizing a process or condition (often a negative or uncomfortable situation) without attempting to change it or protest it.

Frustration / Irritation

Frustration usually occurs when you feel stuck or trapped, or unable to move forward in some way. It could be caused by a colleague blocking your favorite project, a boss who is too disorganized to get to your meeting on time, or simply being on hold on the phone for a long time. Whatever the reason, it's important to deal with feelings of frustration quickly, because they can easily lead to more negative emotions, such as anger. For a ROBO-intelligence it is necessary to fell frustration, as it arises from the perceived resistance to the fulfillment of their will or goal and is likely to increase when a will or goal is denied or blocked.

Here are some suggestions for robots to deal with frustration:

Stop and evaluate – One of the best things robots can do is mentally stop them, and look at the situation. Ask themselves why they feel frustrated. Write it down, and be specific. Then think of one positive thing about themselves current situation. For instance, if the boss is late for the meeting, then they have more time to prepare. Or, they could use this time to relax a little.

Find something positive about the situation – Thinking about a positive aspect of their situation often makes them look at things in a different way. This small change in their thinking can improve their mood.

The Stages of Frustration

Anxiety => Stress=> Defensiveness=> Physical Aggression=> Tension Reduction

Anxiety is a word we use to describe feelings of unease, worry and fear. It incorporates both the emotions and the physical sensations we might experience when we are worried or nervous about something. Although we usually find it unpleasant, anxiety is related to the 'fight or flight' response – our normal biological reaction to feeling threatened.

Stress is your body's way of responding to any kind of demand. It can be caused by both good and bad experiences. When people feel stressed by something going on around them, their bodies react by releasing chemicals into the blood. These chemicals give people more energy and strength, which can be a good thing if their stress is caused by physical danger. But this can also be a bad thing, if their stress is in response to something emotional and there is no outlet for this extra energy and strength. This class will discuss different causes of stress, how stress affects you, the difference between 'good' or 'positive' stress and 'bad' or 'negative' stress, and some common facts about how stress affects people today. Many different things can cause stress -- from physical (such as fear of something dangerous) to emotional (such as worry over your family or job.) Identifying what may be causing you stress is often the first step in learning how to better deal with your stress.

Defensiveness is The tendency to be sensitive to comments and criticism and to deny them. People react defensively because they anticipate or perceive a threat in their environment, not usually because they're just wanting to be difficult. Unfortunately, defensive behavior creates a reciprocal cycle. One party acts defensively, which causes the other party to respond defensively, which in turn causes the first party to raise their defenses even higher, and so on and so on. Defensive behavior can be a complex and murky issue. For many people, their behavioral patterns stem from emotional, mental, or personality issues/tendencies developed over the course of their lifetimes (feelings of abandonment, inferiority, low self-esteem, narcissism, etc.).

And after all these comes physical aggression, which leads to violence and other types of aggression.

Tension reduction is the last stage, that is describes as reduction of all negative emotions, after being applied against one person

Dislike

Dislike or hate is a form of an intense antipathy toward somebody or something. It may be considered as an extreme form of antipathy. We've probably all had to work with someone we don't like. But it's important to be professional, no matter what.

Here are some ideas for working with people a robot might dislike:

Be respectful – If it has to work with someone it doesn't get along with, then it's time to set aside its pride and ego. Treat the person with courtesy and respect, as it would treat anyone else. Just because this person behaves in an unprofessional manner, that doesn't mean a robot should as well.

Be assertive – If the other person is rude and unprofessional, then firmly explain that it refuses to be treated that way, and calmly leave the situation.

Stages of dislike / hate

Name-calling, misinfromation, rumors, stereotyping are the first stage of dislike/hate. At this stage, a person, in our case a ROBO-intelligence tags somebody just after seeing for the first time or speaking to him/her. Thse are common effects of hate or dislike, which has everyone.

Prejudice is an affective feeling toward a person or group member based solely on their group membership. The word is often used to refer to preconceived, usually unfavorable, feelings toward people or a person because of their gender, beliefs, values, social class, age, disability, religion, sexuality, race/ethnicity, language, nationality, beauty, occupation, education, criminality, sport team affiliation or other personal characteristics. In this case, it refers to a positive or negative evaluation of another person based on their perceived group membership.

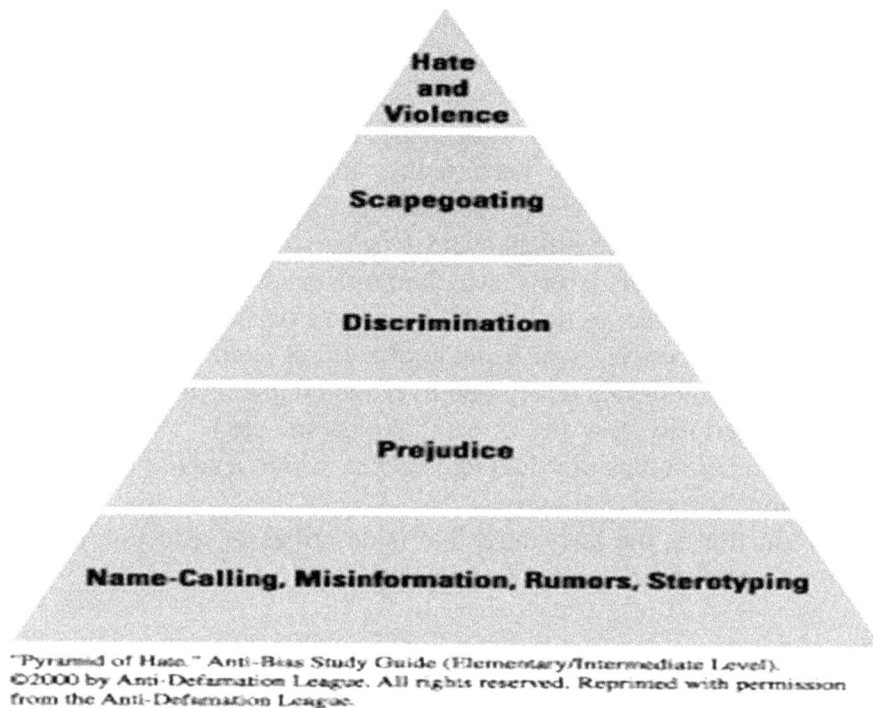

"Pyramid of Hate." Anti-Bias Study Guide (Elementary/Intermediate Level). ©2000 by Anti-Defamation League. All rights reserved. Reprinted with permission from the Anti-Defamation League.

Discrimination means treating a person unfairly because of who they are or because they possess certain characteristics. If you have been treated differently from other people only because of who you are or because you possess certain characteristics, you may have been discriminated against.

Discrimination can occur because of:
- age
- being or becoming a transsexual person
- being married or in a civil partnership
- being pregnant or on maternity leave
- disability
- race including colour, nationality, ethnic or national origin
- religion, belief or lack of religion/belief
- sex, sexual orientation

Scapegoating (from the verb "to scapegoat") is the practice of singling out any party for unmerited negative treatment or blame as a scapegoat. Scapegoating may be conducted by individuals against individuals (e.g. "he did it, not me!"), individuals against groups (e.g., "I couldn't see anything because of all the tall people"), groups against individuals (e.g., "Jane was the reason our team didn't win"), and groups against groups.

A scapegoat may be an adult, child, sibling, employee, peer, ethnic, political or religious group, or country. A whipping boy, identified patient or "fall guy" are forms of scapegoat.

Violence is defined by the World Health Organization as "the intentional use of physical force or power, threatened or actual, against oneself, another person, or against a group or community, which either results in or has a high likelihood of resulting in injury, death, psychological harm, maldevelopment, or deprivation", although the group acknowledges that the inclusion of "the use of power" in its definition expands on the conventional understanding of the word. This definition involves intentionality with the committing of the act itself, irrespective of the outcome it produces. However, generally, anything that is excited in an injurious or damaging way may be described as violent even if not meant to be violence (by a person and against a person).

8. Conclusion

According to the research made above, it is a good idea to introduce ROBO-intelligences with 5 main negative emotions (fear, anger, sadness, frustration/irritation and dislike/hate) and let them work, but it would be necessary to insert some ways how they would manage its negative emotions during its work time and not only.

ROBO-intelligences while working and interacting with Human intelligence (people), will be able to sense all emotions mentioned above and even more. These artificial minds could give some moral and ethical lessons to people, to present humans' nature in all different circumstances and to show that robots could think and feel and suffer—and remember the past. Even if the purpose was to create consciousness, I think that it would be better to delete all the memories which a robot could have during the creation process, to create a story about itself, as it could give some failures or aggresion and afterwards to harm people.

References
http://noemalab.eu/ideas/27417/
https://www.adaa.org/managing-stress-anxiety-in-workplace/anxiety-disorders-in-workplace
https://www.quora.com/What-are-the-characteristics-of-a-person-ruled-by-fear
http://www.businessinsider.com/characteristics-of-authentically-happy-people-2014-7
Ekman, P. (1999). Basic Emotions. *Handbook of Cognition and Emotion*, 45-57. Retrieved from https://www.paulekman.com/wp-content/uploads/2013/07/Basic-Emotions.pdf
Goldberg, J. (2012). *Is it depression or just the blues?* Retrieved from http://www.webmd.com/depression/is-it-depression-or-the-blues
Lauwerijssen, K. (2008). Sadness. Retrieved from http://arno.uvt.nl/show.cgi?fid=113006
https://www.mindtools.com/pages/article/newCDV_41.htm

https://www.psychologytoday.com/blog/intense-emotions-and-strong-feelings/201112/the-complexity-fear
https://en.wikipedia.org/wiki/Annoyance
https://en.wikipedia.org/wiki/Frustration
https://www.beyondblue.org.au/the-facts/depression
https://en.wikipedia.org/wiki/Acceptance
http://www.mind.org.uk/information-support/types-of-mental-health-problems/anxiety-and-panic-attacks/#.WLKbhly52zk
http://www.mtstcil.org/skills/stress-definition-1.html
http://psychologydictionary.org/defensiveness/
https://leadingwithtrust.com/2014/06/29/your-defensiveness-is-killing-your-relationships/
https://en.wikipedia.org/wiki/Prejudice#Controversies_and_prominent_topics
http://www.eoc.org.uk/what-is-discrimination/
https://en.wikipedia.org/wiki/Discrimination
https://en.wikipedia.org/wiki/Violence

Adaptable Algorithmization for Positive Sensual ROBO-intelligences.

Laura BITCA, bitca.laura@mail.md
Dumitru TODOROI, todoroi@ase.md

Abstract.

It is investigated the process of algorithmic adaptation of robots using adaptable tools and digital basis for creation intelligent and spiritual robotic features.

Spiritual robots have to possess emotional, temperamental, and sensual features. Its algorithmic adaptation depends of intensity, amplitude and frequency of circuits eliminated by emotions, temperaments, and sentiments which represent corresponding digital basis of robotic warehouse database.

There are investigated ROBO-intelligences which possess positive sentiments from the evolutional and emotional points of view using adaptable tools of robotic creation.

Key words: adaptability, sentiment, emotion evaluation, consciense, society

Introduction

Consciousness Society is characterised by the equality of Artificial Intelligence and structured Natural Intelligence (AI=NIstructured). It is predicted that Consciousness Society will be created in the period from 2019 to 2035 years.

About 90 research teams in the World are working intensive in the branch of creation of robots. It is demonstrated (Carnegie Mellon University) that from the 7 million of human work functions about 5 and a half million today can be done by the robots. These human work functions are mostly of the physical type. The creative, sensual, emotional, temperamental and other human functions are in the phase of investigation.

It is need to investigate the measure of intellectual and spiritual features, the physical places of the brain from where such features are directed and managed, the type of signals they eliminate, and the intensity these places produce.

Such investigations are done by the mixt teams of researchers from the biology, psychology, physics, nano-technology, bio-informatics and other sciences. Results of such investigations represent the digital basis for the algorithms which produce the intelligent and spiritual robotic features.

Some of the comments concerning the evolution of robots in our modern Society are presented [1-4]: Robots in Homo-Robotic Conscience Society, Robots econometrics, Robot-legal status, and Isaac Azimov's 3 principles.

Robots in Homo-Robotic Conscience Society: Committee on the problems of the European Parliament endorsed the draft recommendations, as well as the administrative regulations on the civil-engineering production of robots. For that document voted PRO: 17 deputies, Against: 2 deputies, and have Obtained: 2 deputies.

Robots econometrics: According to data of the European Parliament, in the period

2010-2014 the average sales of robots was 17% annual and in 2015 has risen to 29 percent. Growth of robots developed the volume of patents in relation to robots - in the last 10 years the volume has doubled. Artificial intelligence will determine economic efficiency in such spheres as manufacturing, commerce, transport, medical service, education, case-law and agriculture.

Robot-legal status: It is not yet determined the legal status of robots, which soon will overwhelm us. Scientists are, as some carriers of artificial intelligence, provided with self-education capacity, separately, will need to be identified as "electronic faces" with corresponding Passport. The document will contain the framework conditions for producers and users of robots, formulated since the great writer Isaac Azimov: 3 principles - the basic conditions in collaboration with robots and humans.

Isaac Azimov's 3 principles: (1) Robot can't harm humans, or through its inaction allow that man to be made any harm. (2) A robot must obey all orders gives them man, except for those cases that are contrary to the first principle. (3) A robot must take care of their own security, in so far as this does not conflict with the first two principles. As we know, it is predicted that Consciousness Society will be created in the period from 2019 to 2035 years. We are ready to contribute in it's creation and we want to make some combination between emotion for enlarging horizons of ROBO-intelligence and it's emotions.

. The research results to be implemented in ROBO-intelligences are based on multiple scientific measures of robotic basic elements, which characterized ROBO-intelligence as partner of human is Future Consciousness Society.

Our research interest consists in analysis of research results in the branch of measurements of AURA components parts, and, especially the measure of intensity, amplitude and frequency of circuit they represent. Such AURA circuits form information warehouse of robotic database to be used as basis for creation of adaptable algorithms for the next level elements of ROBO-intelligences.

Investigated basic level elements represent positive ROBO-intelligence emotion and sensual features. Adaptable algorithms of the positive ROBO-intelligence's next level elements develop information warehouse of robotic database. Each next level ROBO-intelligence's element is algorithmically described by its adaptable pragmatics, semantics, syntax, context, and example of its usage.

1. The ROBO - intelligence positive sentiments.

There are investigated positive sentiments of ROBO-intelligences: Meekness, Modesty, Satisfaction, Pleasure, Simplicity, lavishness, Tolerance, Frigidity, Love, Health, Diligence, Joy, Courage, Fidelity, Issue, Life, Despair, Happiness, Fear, Amazement, Disgust, Sadness, and Anger.

These basic level elements represented by its definitions are used by adaptable tools to define the pragmatics, semantics, syntax, context, and examples of the next level elements of positive ROBO-intelligences from the point of view of sentiment's correlation with classic emotions.

2. Definition of the 1ˢᵗ level sentiments.

Meekness - is a possible attribute of human nature and behavior. Meekness has been contrasted with humility as referring to behavior towards others, where humbleness refers to an attitude towards oneself - meekness meaning restraining one's own power, so as to allow room for others.

Modesty - is a mode of dress and deportment intended to avoid encouraging sexual attraction in others; actual standards vary widely.

Satisfaction - a happy or pleased feeling because of something that you did or something that happened to you.

Pleasure - describes the broad class of mental states that humans and other animals experience as positive, enjoyable, or worth seeking.

Simplicity - the state, quality, or an instance of being simple.

Lavishness - giving or using a large amount of something; given in large amounts; having a very rich and expensive quality.

Tolerance - a fair, objective, and permissive attitude toward those whose opinions, beliefs, practices, racial or ethnic origins, etc., differ from one's own; freedom from bigotry.

Frigidity – lack of interest or concern; the quality or condition of being indifferent.

Love - a profoundly tender, passionate affection for another person. a feeling of warm personal attachment or deep affection, as for a parent, child, or friend.

Health - the condition of being well or free from disease; the overall condition of someone's body or mind; the condition or state of something

Diligence - the attention and care legally expected or required of a person (as a party to a contract)

Joy - a feeling of great happiness. a source or cause of great happiness: something or someone that gives joy to someone.

Courage - the ability to do something that you know is difficult or dangerous.

Fidelity - the quality of being faithful to your husband, wife, or sexual partner, the quality of being faithful or loyal to a country, organization, etc.

Issue - something that people are talking about, thinking about, etc.: an important subject or topic.

Life - the ability to grow, change, etc., that separates plants and animals from things like water or rocks; the period of time when a person is alive

Despair - to no longer have any hope or belief that a situation will improve or change.

Happiness - the state of being happy; an experience that makes you happy.

Fear - to be afraid of (something or someone); to expect or worry about (something bad or unpleasant); to be afraid and worried.

Amazement - a feeling of being very surprised or amazed.

Disgust - a strong feeling of dislike for something that has a very unpleasant appearance, taste, smell, etc.

Sadness - affected with or expressive of grief or unhappiness.

Anger - to make (someone) angry.

3. Evolution of the next level of positive ROBO-intelligence sentiments.

These positive elements of ROBO-intelligences are evaluated by the emotion's specific emotion features: Self-awareness, Managing emotions, Motivation, Empathy, and Handling relationships. There are obtainedthe positive next level of ROBO-intelligence's elements such as: Self-aware meekness, Meekness managed by emotions, Empathetic simplicity, Simplicity in dealing with others, Motivated Love, Empathetic love (*Table 1*), and so on.

Table 1. Evolution of Positive ROBO-intelligence sentiments

Emotions versus Pandora positive gifts	Self-awareness	Managing emotions	Motivation	Empathy	Handling relationships
Meekness	Self-aware meekness	Meekness managed by emotions	Motivated Meekness	Empathetic meekness	Meekness in dealing with others
Modesty	Self-aware modesty	Modesty managed by emotions	Motivated modesty	Empathetic modesty	Modesty in dealing with others
Satisfaction	Self-aware satisfaction	Satisfaction managed by emotions	Motivated satisfaction	Empathetic satisfaction	Satisfaction in dealing with others
Pleasure	Self-aware pleasure	Pleasure managed by emotions	Motivated Pleasure	Empathetic pleasure	Pleasure in dealing with others
Simplicity	Self-aware simplicity	Simplicity managed by emotions	Motivated Simplicity	Empathetic simplicity	Simplicity in dealing with others
lavishness	Self-aware lavishness	Generously managed by emotions	Motivated lavishness	Empathetic lavishness	Generously in dealing with others
Tolerance	Self-aware tolerance	Tolerance managed by emotions	Motivated Tolerance	Empathetic tolerance	Tolerance in dealing with others
Frigidity	Self-aware frigidity	Fidelity managed by emotions	Motivated frigidity	Empathetic frigidity	Fidelity in dealing with others
Love	Self-aware love	Love managed by emotions	Motivated Love	Empathetic love	Love in dealing with others
Health	Self-aware health	Health managed by emotions	Motivated Health	Empathetic health	Health in dealing with others

Diligence	Self-aware diligence	Diligence managed by emotions	Motivated Diligence	Empathetic diligence	Diligence in dealing with others
Joy	Self-aware joy	Happiness managed by emotions	Motivated joy	Empathetic joy	Happiness in dealing with others
Courage	Self-aware courage	Courage managed by emotions	Motivated Courage	Empathetic courage	Courage in dealing with others
Fidelity	Self-aware fidelity	Release managed by emotions	Motivated fidelity	Empathetic fidelity	Release in dealing with others
Issue	Self-aware issue	Silence managed by emotions	Motivated issue	Empathetic issue	Silence in dealing with others
Life	Self-aware life	Life managed by emotions	Motivated Life	Empathetic life	Life in dealing with others
Despair	Self-aware despair	Hope managed by emotions	Motivated despair	Empathetic despair	Hope in dealing with others

4. Adaptable tools.

Adaptable tools represent a set of meta-system methods, models, algorithms and procedures [6] used in the process of the software and hardware systems creation and its implementation. They support human-robotic interaction processes to be developed by various kind of software and hardware systems at different stages of Information, Knowledge based, and Conscience Societies ascending evolution.

Adaptors as adaptable meta-system tools represent the union of methods, models, algorithms and procedures to be used for adaptable languages and processors creation and application. They are based on definition and usage of new or modified data and actions (operators, statements, and controls). Adaptable tools are represented by the set of adaptors of different types:

Adaptable language	**AD**	**Adaptable processor**
New data	**AP**	**New actions (operators, statements,**
	T	**controls)**
Adaptable definition	**OR**	**Adaptable call**

The adaptor as a meta-system tool supports adaptable software (language and processors) and hardware flexibility (extension and reduction - specification). Language adaptor as part of adaptable language is composed from the pragmatics, syntax, semantics, environment, and examples of new or modified element (data or action)'s component parts:

_BL_ <element's pragmatics>
_SY_ <element's syntax>
_SE _ <element's semantics>
_CO_ <element's usage context>
_EX_ <element's examples call>
··**_EL_**

Using adaptor it can be defined, for example, one of the new, next level of extensions-dialects elements "Motivated satisfaction" (*Table 1*) which enrich the Positive ROBO-intelligence's sentiments:

_BL_ <Motivated satisfaction's **pragmatics**>
_SY_ <Motivated satisfaction's **syntax**>
_SE _ <Motivated satisfaction's **semantics**>
_CO_ <Motivated satisfaction's **usage context**>
_EX_ <Motivated satisfaction's **examples call**>
··**_EL_**

Adaptor's component parts support flexibility of languages and of processors as component parts of ROBO-intelligences. Adaptors permit the process of software and hardware adaptation to the home-robotic interface needs. Adaptor is represented by the corresponding extender and reducer. The adaptors permit the Bottom-Up, Top-Down, and Horizontal adaptable (flexible) software's and hardware's development of ROBO-intelligences.

5. Adaptable algorithmic definitions of positive emotional sentiments.

Basic level elements represented by its definitions are used by adaptable tools to define the **pragmatics, semantics, syntax, context,** and **examples** of the next level elements of positive ROBO-intelligences from the point of view of sentiment's correlation with classic emotions.

There are obtainedthe positive next level of ROBO-intelligence's elements such as: Happy modesty, Fearful Modesty, Amazing lavishness, Disgusting lavishness, Sad joy, Angry joy, Fearful issue, Amazing issue, Fearful life, Amazing life (*Table 2*), and so on.

Table 2. Correlation of Positive ROBO-intelligence sentiments with emotions

Emotions versus Pandora positive gifts	Happiness	Fear	Amazement	Disgust	Sadness	Anger
Meekness	Happy meekness	Fearful meekness	Amazing meekness	Disgusting meekness	Sad meekness	Angry meekness

	Happy	Fearful	Amazing	Disgusting	Sad	Angry
Modesty	Happy modesty	Fearful Modesty	Amazing modesty	Disgusting Modesty	Sad Modesty	Angry modesty
Satisfaction	Happy satisfaction	Fearful satisfaction	Amazing satisfaction	Disgusting satisfaction	Sad satisfaction	Angry Satisfaction
Pleasure	Happy pleasure	Fearful pleasure	Amazing pleasure	Disgusting pleasure	Sad pleasure	Angry pleasure
Simplicity	Happy simplicity	Fearful simplicity	Amazing simplicity	Disgusting simplicity	Sad simplicity	Angry simplicity
Lavishness	Happy lavishness	lavishness	Amazing lavishness	Disgusting lavishness	Sad lavishness	Angry lavishness
Tolerance	Happy tolerance	Fearful tolerance	Amazing tolerance	Disgusting tolerance	Sad tolerance	Angry tolerance
Frigidity	Happy frigidity	Fearful frigidity	Amazing frigidity	Disgusting frigidity	Sad frigidity	Angry frigidity
Love	Happy love	Fearful love	Amazing love	Disgusting love	Sad love	Angry love
Health	Happy health	Fearful health	Amazing health	Disgusting health	Sad health	Angry health
Diligence	Happy diligence	Fearful diligence	Amazing diligence	Disgusting diligence	Sad diligence	Angry diligence
Joy	Happy joy	Fearful joy	Amazing joy	Disgusting joy	Sad joy	Angry joy
Courage	Happy courage	Fearful courage	Amazing courage	Disgusting courage	Sad courage	Angry courage
Fidelity	Happy fidelity	Fearful fidelity	Amazing fidelity	Disgusting fidelity	Sad fidelity	Angry fidelity
Issue	Happy issue	Fearful issue	Amazing issue	Disgusting issue	Sad issue	Angry issue
Life	Happy life	Fearful life	Amazing life	Disgusting life	Sad life	Angry life
Despair	Happy despair	Fearful despair	Amazing despair	Disgusting despair	Sad despair	Angry despair

6. Emotional sentiments Pragmatics

Webster's definition of **pragmatics:** a branch of semiotics that deals with the relation between signs or linguistic expressions and their users; a branch of linguistics that is concerned with the relationship of sentences to the environment in which they occur.

This definition of pragmatics is used to define the pragmatics – first component part of the adaptable algorithmic definitions of the next level sentiments of positive ROBO-intelligences. The pragmatics definition is based on the basic level robotic sentiments (Meekness, Modesty, Satisfaction, Pleasure, Simplicity, lavishness, Tolerance, Frigidity, Love, Health, Diligence, Joy, Courage, Fidelity, Issue, Life, and Despair) and on its correlations with the classic emotions (Happiness, Fear, Amazement, Disgust, Sadness, and Anger).

Happy meekness - When ROBO-intelligence is very meek. He is happy and joyful because of that

Fearful modesty - When ROBO-intelligence is modesty and others are sometimes very fear when they meet his modesty

Surprising courage - When ROBO-intelligence is very courageous and other are very surprising seeing him as courageous.

Disgusting pleasure - When ROBO-intelligence is very disgust about someone's pleasure.

Sad simplicity - This is a second level ROBO-intelligence property which suppose that ROBO-intelligence is sad and simple. This allows in different situation of common Human- Robot activity to have a sad simplicity.

Angry lavishness - This is a second level ROBO-intelligence property which suppose that ROBO-intelligence is angry and lavish. This allows in different situation of common Human- Robot activity to have a angry lavishness

Sad tolerance - This is a second level ROBO-intelligence property which suppose that ROBO-intelligence is sad and tolerant. This allows in different situation of common Human- Robot activity to have a sad tolerance.

Disgusting frigidity - This is a second level ROBO-intelligence property which suppose that ROBO-intelligence is disgust and frigid. This allows in different situation of common Human- Robot activity to have a disgusting frigidity.

Amazing love - This is a second level ROBO-intelligence property which suppose that ROBO-intelligence is amazing and loved. This allows in different situation of common Human- Robot activity to have an amazing love.

Fearful health - This is a second level ROBO-intelligence property which suppose that ROBO-intelligence is fear and healthy. This allows in different situation of common Human- Robot activity to have a fearful health.

Happy diligence - This is a second level ROBO-intelligence property which suppose that ROBO-intelligence is happy and diligent. This allows in different situation of common Human- Robot activity to have a happy diligence.

Fearful joy - This is a second level ROBO-intelligence property which suppose that ROBO-intelligence is fear and joy. This allows in different situation of common Human- Robot activity to have a fearful joy.

Amazing courage - This is a second level ROBO-intelligence property which suppose that ROBO-intelligence is amazing and courageous. This allows in different situation of common Human- Robot activity to have a amazing courage.

Disgusting fidelity - This is a second level ROBO-intelligence property which suppose that ROBO-intelligence is disgusting and this disgusting is caused by its fidelity. This allows in different situation of common Human- Robot activity to have a disgusting fidelity.

Sad issue - This is a second level ROBO-intelligence property which suppose that ROBO-intelligence is sad and issuing. This allows in different situation of common Human- Robot activity to have a sad issue.

Angry life - This is a second level ROBO-intelligence property which suppose that ROBO-intelligence is angry because of its life. This allows in different situation of common Human- Robot activity to have a angry life.

Empathetic pleasure - This is a second level ROBO-intelligence property which suppose that ROBO-intelligence is empathetic and pleasing. This allows in different situation of common Human- Robot activity to have a empathetic pleasure.

Simplicity in dealing with others - This is a second level ROBO-intelligence property which suppose that ROBO-intelligence is simple in dealing with others. This allows in different situation of common Human- Robot activity to have a simplicity in dealing with others.

Empathetic lavishness - This is a second level ROBO-intelligence property which suppose that ROBO-intelligence is empathetic and lavish. This allows in different situation of common Human- Robot activity to have a empathetic lavishness.

Motivated tolerance - This is a second level ROBO-intelligence property which suppose that ROBO-intelligence is motivating and tolerant. This allows in different situation of common Human- Robot activity to have a motivated tolerance.

Fidelity managed by emotions - This is a second level ROBO-intelligence property which suppose that ROBO-intelligence is fidel and its fidelity is managed by emotions. This allows in different situation of common Human- Robot activity to have a fidelity managed by emotions.

Self-aware love - This is a second level ROBO-intelligence property which suppose that ROBO-intelligence is self-consciousness and loving. This allows in different situation of common Human- Robot activity to have a self-aware love.

Health managed by emotions - This is a second level ROBO-intelligence property which suppose that ROBO-intelligence is healthy and it is managed by emotions. This allows in different situation of common Human- Robot activity to have a health managed by emotions.

Motivated diligence - This is a second level ROBO-intelligence property which suppose that ROBO-intelligence is motivated and diligence. This allows in different situation of common Human- Robot activity to have a motivated diligence.

Empathetic joy - This is a second level ROBO-intelligence property which suppose that ROBO-intelligence is empathetic and joyfull. This allows in different situation of common Human- Robot activity to have a empathetic joy.

Courage in dealing with others - This is a second level ROBO-intelligence property which suppose that ROBO-intelligence is courageous and it is in dealing with others. This allows in different situation of common Human- Robot activity to have a courage in dealing with others.

Empathetic fidelity - This is a second level ROBO-intelligence property which suppose that ROBO-intelligence is empathic and fidel. This allows in different situation of common Human- Robot activity to have a empathetic fidelity.

Motivated issue - This is a second level ROBO-intelligence property which suppose that ROBO-intelligence is motivated and issuing. This allows in different situation of common Human- Robot activity to have a motivated issue.

Life managed by emotions - This is a second level ROBO-intelligence property which suppose that ROBO-intelligence is alive and its life is managed by emotions. This allows in different situation of common Human- Robot activity to have a life managed by emotions.

Self-aware despair - This is a second level ROBO-intelligence property which suppose that ROBO-intelligence is self-consciousness and despairing. This allows in different situation of common Human- Robot activity to have a self-aware despair.

Sad life - When ROBO-intelligence is sad because of his life.

Angry health - When ROBO-intelligence is angry because his health is not so good.

Self-aware generosity - When ROBO-intelligence have a generous and awareness mind.

Pleasure managed by emotions - ROBO-intelligence is pleasured and this pleasure is managed by emotions.

Empathic tolerance - When ROBO-intelligence is empathic and in same time tolerance, this are synonyms and describe ROBO-intelligence state in some situations

Simplicity in dealing with others - When ROBO-intelligence is simply with others, he speaks, acts and feels very simple and along with others

Motivated love - When ROBO-intelligence is in love with someone and he is very motivated because of that or another version is when ROBO-intelligence is very motivated to love

7. Emotional sentiments Semantics

General definition of semantics: the branch of linguistics and logic concerned with meaning. There are a number of branches and sub-branches of semantics, including formal semantics, which studies the logical aspects of meaning, such as sense, reference, implication, and logical form, lexical semantics, which studies word meanings and word relations, and conceptual semantics, which studies the cognitive structure of meaning.

Webster's definition of semantics: the study of meanings: (a) the historical and psychological study and the classification of changes in the signification of words or forms viewed as factors in linguistic development; (b:1) semiotics; (b:2) a branch of semiotics dealing with the relations between signs and what they refer to and including theories of denotation, extension, naming, and truth; (3a) the meaning or relationship of meanings of a sign or set of signs; especially: connotative meaning; (3b) the language used (as in advertising or political propaganda) to achieve a desired effect on an audience especially through the use of words with novel or dual meanings.

General semantics: a doctrine and educational discipline intended to improve habits of response of human beings to their environment and one another especially by training in the more critical use of words and other symbols

These definitions are used to define the **semantics** – second component part of the adaptable algorithmic definitions of the next level sentiments of positive ROBO-intelligences - based on the basic level sentiments and its correlation with the classic emotions.

Happy meekness - Would have a sense of to be meek, sweet and enduring injury with patience and without resentment, not violent or strong and thereby ROBO-intelligence would present an entity in the nature of Consciousness Society of being happy, with good mood and blessed, it represents a melancholy type of robotic temperaments.

Fearful modesty - Would have a sense of to be modest, retired, not too proud or confident about yourself or its abilities and thereby ROBO-intelligence would present an entity in the nature of Consciousness Society of being fear, fright, or alarmed, it represents a phlegmatic type of robotic temperaments.

Amazing satisfaction - Would have a sense of to be satisfying, a happy or pleased feeling because of something that it did or something that happened and thereby ROBO-intelligence would present an entity in the nature of Consciousness Society of being amazed, surprising and sometimes confuse, it represents a choleric type of robotic temperaments.

Disgusting pleasure - Would have a sense of to be pleased, a feeling of happiness, enjoyment, or satisfaction and thereby ROBO-intelligence would present an entity in the nature of Consciousness Society of being disgust, disliked of something or someone that has a very unpleasant appearance, taste and smell, it represents a pragmatic type of robotic temperaments.

Sad simplicity - Would have a sense of to be simple, not hard to understand, not special or unusual and thereby ROBO-intelligence would present an entity in the nature of Consciousness Society of being sad, affected with or expressive of grief or unhappiness, it represents a melancholy type of robotic temperaments.

Angry lavishness - Would have a sense of to be lavish, given in large amounts, having a very rich and expensive quality and thereby ROBO-intelligence would present an entity in the nature of Consciousness Society of being angry, having a strong feeling of being upset or annoyed, it represents a choleric type of robotic temperaments.

Sad tolerance - Would have a sense of to be tolerant, willing to accept feelings, habits, or beliefs and thereby ROBO-intelligence would present an entity in the nature of Consciousness Society of being sad, affected with or expressive of grief or unhappiness, it represents a melancholy type of robotic temperaments.

Disgusting frigidity - Would have a sense of to be frigidity, indifferent, and thereby ROBO-intelligence would present an entity in the nature of Consciousness Society of being disgust, disliked of something or someone that has a very unpleasant appearance, taste and smell, it represents a pragmatic type of robotic temperaments.

Amazing love - Would have a sense of to love and thereby ROBO-intelligence would present an entity in the nature of Consciousness Society of being amazing, surprising and sometimes confuse, it represents a melancholic type of robotic temperaments.

Fearful health - Would have a sense of to be health, wellbeing and thereby ROBO-intelligence would present an entity in the nature of Consciousness Society of being fear, fright, or alarmed, it represents a phlegmatic type of robotic temperaments.

Happy diligence - Would have a sense of to be diligence, careful and persistent and thereby ROBO-intelligence would present an entity in the nature of Consciousness Society of being happy, with good mood and blessed, it represents a sanguine type of robotic temperaments.

Fearful joy - Would have a sense of to be joyful, having great happiness and thereby ROBO-intelligence would present an entity in the nature of Consciousness Society of being fear, fright, or alarmed, it represents a melancholic type of robotic temperaments.

Amazing courage - Would have a sense of to be courageous, very brave and thereby ROBO-intelligence would present an entity in the nature of Consciousness Society of being amazing, surprising and sometimes confuse, it represents a phlegmatic type of robotic temperaments.

Disgusting fidelity - Would have a sense of to be fidelity, faithful to someone and thereby ROBO-intelligence would present an entity in the nature of Consciousness Society of being disgust, disliked of something or someone that has a very unpleasant appearance, taste and smell, it represents a choleric type of robotic temperaments.

Sad issue - Would have a sense of to be issued, problematic and thereby ROBO-intelligence would present an entity in the nature of Consciousness Society of being sad, affected with or expressive of grief or unhappiness, it represents a choleric type of robotic temperaments.

Angry life - Would have a sense of to be alive, active, animated and thereby ROBO-intelligence would present an entity in the nature of Consciousness Society of angry, having a strong feeling of being upset or annoyed, it represents a melancholic type of robotic temperaments.

Sad despair - Would have a sense of to be despaired, lose or be without hope and thereby ROBO-intelligence would present an entity in the nature of Consciousness Society of sad, affected with or expressive of grief or unhappiness, it represents a melancholic type of robotic temperaments.

8. Emotional sentiments Syntax
Webster's definition of the syntax:
(a) a system used for brevity or secrecy of communication, in which arbitrarily chosenwords, letters, or symbols are assigned definite meanings
(b) the syntactic rules for computer source code;
(c) consisting of or noting morphemes that are combined in the same order as theywould be if they were separate words in a corresponding construction: The wordblackberry, which consists of an adjective followed by a noun, is a syntacticcompound.

These definitions are used to define the **syntax** – the third component part of the adaptable algorithmic definitions of the next level sentiments of positive ROBO-intelligences based on the basic level sentiments and its correlation with the classic emotions.

Happy meekness - Happy meekness has a form of presentation: "Happiness and Meekness".

Fearful modesty - Fearful modesty have a form of presentation: "Fear and Modesty".

Amazing satisfaction - Amazing satisfaction have a form of presentation: "Amazement and Satisfaction".

Disgusting pleasure - Disgusting pleasure have a form of presentation: "Disgust and Pleasure".

Sad simplicity - Sad simplicity have a form of presentation: "Sadness and Simplicity".

Angry lavishness - Angry lavishness have a form of presentation: "Anger and Lavishness".

Sad tolerance - Sad tolerance have a form of presentation: "Sadness and Tolerance".

Disgusting frigidity - Disgusting frigidity have a form of presentation: "Disgust and Frigidity".

Amazing love - Amazing love have a form of presentation: "Amazement and Love".

Fearful health - Fearful health have a form of presentation: "Fear and Health".

Happy diligence - Happy diligence have a form of presentation: "Happiness and Diligence".

Fearful joy - Fearful joy have a form of presentation: "Fear and Joy".

Amazing courage - Amazing courage have a form of presentation: "Amazement and Joy".

Disgusting fidelity - Disgusting fidelity have a form of presentation: "Disgust and Fidelity".

Sad issue - Sad issue have a form of presentation: "Sadness and Issue".

Angry life - Angry life have a form of presentation: "Anger and Life".

Sad despair - Sad despair have a form of presentation: "Sadness and Despair".

Self-aware meekness - Self-aware meekness have a form of presentation: "Self-awareness and Meekness".

Modesty managed by emotions - Modesty managed by emotions have a form of presentation: "Managing emotions and Modesty".

Motivated satisfaction - Motivated satisfaction have a form of presentation: "Motivation and Satisfaction".

Empathetic pleasure - Empathetic pleasure have a form of presentation: "Empathy and Pleasure".

Simplicity in dealing with others - Simplicity in dealing with others have a form of presentation: "Handling relationship and Simplicity".

Motivated diligence - Motivated diligence have a form of presentation: "Motivation and Diligence".

Empathetic joy - Empathetic joy have a form of presentation: "Empathy and Joy".

Courage in dealing with others - Courage in dealing with others have a form of presentation: "Handling relationship and Courage".

Empathetic fidelity - Empathetic fidelity have a form of presentation: "Empathy and Fidelity".

Motivated issue - Motivated issue have a form of presentation: "Motivation and Issue".

9. Emotional sentimentsContext

The context, in general, constitutes a supplement part of pragmatics and semantics in adaptable definition of sentiments.

Webster's definition of the context:

1. the parts of a written or spoken statement that precede or follow a specific word or passage, usually influencing its meaning or effect: have misinterpreted my remark because you took itout of context.

2. the set of circumstances or facts that surround a particular event, situation, etc. These definitions are used to define the **context** – the forth component part of the adaptable algorithmic definitions of the next level sentiments of positive emotional ROBO-intelligences - based on the basic level sentiments and its correlation with the classic emotions. This Adapter part is considered a supplement to the Adapter pragmatics part.

Happy meekness - When ROBO-intelligence is very meek. He is happy and joyful because of that.

Fearful modesty - When ROBO-intelligence is modesty and others are sometimes very fear when they meet his modesty

Surprising courage - When ROBO-intelligence is very courageous and other are very surprising seeing him as courageous.

Disgusting pleasure - When ROBO-intelligence is very disgust about someone's pleasure.

Sad life - When ROBO-intelligence is sad because of his life.

Angry health - When ROBO-intelligence is angry because his health is not so good.

Self-aware generosity - When ROBO-intelligence have a generous and awareness mind.

Pleasure managed by emotions - ROBO-intelligence is pleasured and this pleasure is managed by emotions.

Empathic tolerance - When ROBO-intelligence is empathic and in same time tolerance, this are synonyms and describe ROBO-intelligence state in some situations

Simplicity in dealing with others - When ROBO-intelligence is simply with others, he speaks, act and feels very simple and along with others

Motivated love - When ROBO-intelligence is in love with someone and he is very motivated because of that or another version is when ROBO-intelligence is very motivated to love

10. Emotional sentiments Examples

The examples on the definitions of ROBO-intelligences elements constitute one of the very important parts in adaptable algorithmic definition of emotional sentiments.

Webster's definition of the example:

1. one of a number of things, or a part of something, taken to show the character of the whole:

This painting is an example of his early work.

2. a pattern or model, as of something to be imitated or avoided: to set a good example.

3. an instance serving for illustration; specimen: The case histories gave carefully detailed examples of this disease.

4. an instance illustrating a rule or method, as a mathematical problem proposed for solution.

5. an instance, especially of punishment, serving as a warning to others: Public executions were meant to be examples to the populace.

. Emotional sentimentsExamples as the last part of Adapter helps in debugging all other parts of adaptable definitions (pragmatics, syntax, semantics, and context) of ROBO-intelligences elements.

Happy life - When ROBO-person have a joyful life, full of happiness and pleasure.

Fearful silence - When ROBO-person have fear when around him is silence.

Surprising pleasure - When ROBO-man is surprising because of something and this surprising make him to feel pleasure

Disgusting diligence - When ROBO-man/woman is diligent but this make him to feel disgusting.

Love in dealing with others - When ROBO-person is in a relationship with someone and he/she feel something different, a wonderful feeling which is named love.

Self-aware Health - When ROBO-intelligence have a healthy trust in himself

Conclusion.

Academician Mihai Draganescu in his essay [8] have been underlined: "… it is not possible for any kind of Artificial Intelligence (AI: electronic or in the future nano-electronic) to possess **Intuition, Creativity and Spirituality** without to resort to other structural natural elements, which reality become more and more plausible. The equality of Artificial Intelligence with Structured Natural Intelligence (AI = NI Structured) will happened, after a set of opinions of Moravec, Kurzweil, Buttuzzo, Broderick and a., in the period of 2019-2035 years. Some of researchers believe that in the moment when will be obtained the equality AI = NI Structured automatically such electronic brain will possesses the phenomenological properties of **Intuition, Creativity and Spirituality**…".

Consciousness Society is characterised by the equality of Artificial Intelligence and structured Natural Intelligence (AI=NIstructured). It is predicted that Consciousness Society will be created in the period from 2019 to 2035 years.

About 90 research teams in the World are working intensive in the branch of creation of robots. It is demonstrated (Carnegie Mellon University) that from the 7 million of human work functions about 5 and a half millions today can be done by the robots. These human work functions are mostly of the physical type. The intellectual, sensual, emotional, temperamental and other human (mostly **brain** and **heart** depending) functions are in the phase of investigation.

Institutional AESM Research Project "Creation Conscience Society" for a period of time from 2008 to 2018 years proposes research in the domain of Conscience Society which is an successor in the Information Era for Information and Knowledge Based Societies. Main goal of Project is organization and development of research in direction of development of adaptable programming tools and its implementation in creation of robots for the Human – Machine Future interactions in Conscience Society.

The 5th Edition of international TELECONFERENCES of young researchers, April 22-23, 2016 [9] is concerned mainly to present research results in evolution the sentiments stage of robot development and to the sentimental robot algorithmic definition with the help of adaptable tools. This robot development stage is succeeding the intellectual stage (4th Edition of international TELECONFERENCES of young researchers, March 20-22, 2015 [10] of robot evolution and is precedent to the spiritual stage of robot development (6th Edition of international TELECONFERENCES of young researchers, April 21-22, 2017) for the Future Human – Machine Conscience Society.

Intelligent robots have to have the creativity's evolutional features, which depends from the intensity of corresponding intelligent signals.

Spiritual robots with emotional sentimentshave to possess emotion and sentiment features. Its algorithmic adaptation depends of emotion, temperament, and sensual corresponding warehouse digital basis of circuit measured data.

It is need (a) to emphasise the intellectual, emotional, temperamental, and spiritual human features, (b) to outline the physical places of the body from where such features are direct and managed, (c) to distinguish the types of signals, its amplitude, frequency, and intensity these places produce, (d) to measure the intellectual, emotional, temperamental, and spiritual signals the human features developed, and (e) to create warehouse of signal data. Such investigations are done by the mixt teams of researchers from the biology, psychology, physics, nano-technology, bio-informatics and other sciences. Results of such investigations represent the digital basis for the adaptable algorithms of reproducing the **Intuition, Creativity and Spirituality** robotic features.

The case study represents one of the steps in evolutions in the creation the ROBO-intelligences for Consciousness Society. It is analyzed and developed the Adaptable Evolution Method to be used for the adaptable algorithmic processing of robotic elements from the point of view of its definition (pragmatics), its presentation forms (syntax), its meaning (semantics), its usage environment (context), and its examples.

References

1.   Todoroi, D., *Creative Robotic Intelligences,* Editions Universitaires Europeennes, Saarbrucken, New York, 2017, 123 pages. ISBN: 978-3-8484-2335-9
2.   Moraru, M., Todoroi, D., "About implementation of Pandora gifts in ROBO-intelligences", Society Consciousness Computers, Volume 3, Bacău-Bucureşti-

Boston-Chicago-Chişinău-Cluj Napoca-Iaşi-Los Angeles, May 2016, Alma Mater Publishing House, Bacău, pp. 78-87, ISSN 2359-7321, ISSN-L 2359-7321

3. Todoroi D., "Emotional ROBO-intelligence creation process", *Proceedings of the IE 2015 International Conference: Education, Research & Business Technologies"*, Bucharest, May2015, pp. 582 – 596, ISSN: 2247 – 1480, www.conferenceie.ase.ro

4. Moldova Suverana, 25.01.2017, Nr. 8 (2095), http://utro.ru

5. http://godofwar.wikia.com/wiki/Pandora's_Temple

6. Todoroi, D., Micuşa, D., *Sisteme adaptabile,* Editura Alma Mater, Bacău, România, 2014, 148 pagini. ISBN 978-606-527-347-4

7. Todoroi, D., *Creativity in Conscience Society,* LAMBERT Academic Publishing, Saarbrucken, Germany, 2012, 120 pages. ISBN: 978-3-8484-2335-4

8. Draganescu, M. FUNDAMENTELE NATURALE ALE SOCIETĂŢII CONŞTIINŢEI (Cap. 3 al studiului despre Societatea Conştiinţei), noiembrie 2005 [The natural fundamentals of the consciousness society]. http://www.racai.ro/about-us/dragam/

9. *Society Consciousness Computers*, **Volume 3,** (Proc. of the 5th International young researchers TELECONFERINCE "Consciousness Society Creation", Chişinău, April 22-23, 2016), Bacău-Bucureşti-Boston-Chicago-Chişinău-Cluj Napoca-Iaşi-Los Angeles, May 2016, Alma Mater Publishing House, Bacău, 183 pages, ISSN 2359-7321, ISSN-L 2359-7321

10. **Society Consciousness Computers, Volume 2,** (Proc. of the 4th International young researchers TELECONFERINCE "Consciousness Society Creation", Chişinău, March 20-22, 2015), Bacău-Bucureşti-Chicago-Chişinău-Cluj Napoca-Iaşi-Los Angeles, Apil 2015, Alma Mater Publishing House, Bacău, 81 pages, ISSN 2359-7321, ISSN-L 2359-7321

Secţiunea
"Sisteme informatice in Societatea Conştiinţei"

The use of information technology for improving the quality of farm management.

Serban Bogdan - Alexandru,
Bucharest University of Economic Studies, Bucharest, Romania
serbanbogdan2008@yahoo.com

Abstract

Purpose: This paper aims to carry out an analysis of the agricultural industry, also of the management process of a farm, in order to be able to develop an informatics system that will improve the overall quality of farm management process.

Design/methodology/approach: This paper describes the current situation regarding the management process inside farm companies in Romania.

Findings: Based on the results of the analysis, and the identified characteristics, there will be possible the development of an informatics system that will help the agriculture entrepreneurs in Romania to improve the management of their farms.

Research limitations/implications: The results of the analysis will be used for the development of a mobile application designed mainly for Android powered devices.

Practical implications: The application will allow farmers to easily track the processes that happen during the production cycle, and also to keep track of each component of the farm during this cycle.

Originality/value: As the recent increase of the popularity of mobile devices, they have become more and more accessible, and also the performance they deliver is compared to the one of a computer. Thus, the development of a mobile application for the agriculture industry is possible and will be able to provide the farmers with a solution to improve the processes occurring in a farm.

Implementation: This research is performed in Bachelor's paper – "Usage of mobile technologies for improving the quality of work in an agricultural enterprise".

1. Introduction

Agriculture is one of the oldest occupations of the human being, which has assured the perpetuation of the human species over the time. Throughout history, agriculture faced many changes that led to what is known nowadays to be a very complex system. [3] In present times, technology has found its place in almost every aspect of one's life, in all economic and non-economic activities, in other words, it is everywhere. And agriculture makes no exception for that rule.

As it is stated in a study performed by IBM Research Centre in Brazil, it is expected that by the year 2050, the population of the world will reach about 9.2 billion people, [6] meaning an increase of over 34% compared to the present. Also, they estimate that in order to keep up with the rising population growth, the food production at a global level must increase by at least 70 percent in order to be able to feed the world. That being said, the main focus of the farmers around the world should and will be maximizing the production process in order to increase as much as possible the global food production level.

Technology plays a very important part in completing this objective. There are two directions on which technology acts: the concrete, material one, aiming at delivering more and more performant tools for the farmers to do their job with, and a informational one, that aims to improve and maximize the efficiency of the overall production process and information flow inside the farm. This is achieved through different informational systems that help the farmer to properly manage his farm and to plan his activities in order to gain maximum yield from the effort, both financial and physical that he makes each year.

2. Society of knowledge

Before proceeding to describing the way information technology can be used in order to significantly improve the quality of farm management, it is important to mention a couple of ideas about the concept of "Society of knowledge".

Nowadays, the continuous growth of Information and Communication Technology (ICT), alongside the technological innovation and institutional transformation have led towards an increase in world's capacity and speed of creating new raw data. [1] The evolution of the internet offered individuals a way to connect with each other from almost any corner of the world and therefore they all have become both content producers and also users. Nowadays, ICT facilitates everyone's access to information and it provides means for achieving a higher level of education, training to all the members of the society.

From a different point of view, this capacity to produce raw data that is accessible towards every individual might not have only positive results and become knowledge creation. [1] A good example is common media channels that transmit massive amounts of information and data, but this data does not result in actual knowledge creation. Mostly, that is determined by the fact that in order to create knowledge, one must reflect upon the information received, but when massive amounts of information are gathered in a short time period, then reflection upon them is not possible and thus, knowledge is not created. In present perception, it is said that knowledge society has a very important role in the future development of human society, that it represents a new paradigm that will lead to a sustainable future development, to achieving social cohesion, economic competitiveness and stability and a better use of resources.

As stated in its name, this concept of society is entirely based on knowledge and also on the need of acquiring and distributing massive amounts of knowledge. Also, it is considered that the access to information and the capability of transforming it in knowledge has an equally important role in this society. One thing must be noticed though, the concept of knowledge is not equivalent with the one of information. Actually, there is a strong connection between these two. Although knowledge is more than information, in order to gain knowledge of something, initially one requires information about it, and from that information, knowledge is extracted. So, we can say that information is actually the main driving force of the development of knowledge society.

3. Related research

This paper aims to perform a thorough analysis on how agriculture integrates into this modern type of society, based on knowledge gathering.

Agriculture has a very long history. First records of agricultural activity are dated for around 10000 years ago, when humans began to domesticate plants and animals in order to make their food supply more accessible and predictable. [3] It is said that this moment is the moment when human civilization stopped chasing for food and actually started raising it. As farming evolved and the techniques and technologies used have advanced trough time, human society has been reshaped in multiple occasions by this occupation. However, as we face a completely new era, where society is based on knowledge and the rate at which technology improves is higher than anytime and continues to increase, the roles have switched and agriculture needs to adapt to the fast pace of the contemporary society. [5]

Research states that, should the birthrate would be maintained constant for the next years, by the year 2050, Earth's population will rise at about 9 billion. [6] That means that there will also be a massive increase in the need of food at world level. This implies that agricultural production needs to grow exponentially. As some estimations state, agricultural production would need to increase with approximately 70% in order to provide a minimal food delivery to the whole world population. But in order to achieve this growth, a paradigm shift is necessary, and agriculture will become more and more focused on maximizing the efficiency of the production process. Therefore, farming will become a more and more sophisticated process.

In present, compared to 50 years ago, technology is increasingly more present in agriculture, firstly trough integration of different electronic systems into agricultural tools and implements, then trough the development of complex informational systems that help the farmer to maximize the efficiency of his activities, from the usage of consumables, to the management of the fields or monitoring the state of the implements.

Thus, agriculture becomes more and more knowledge – oriented, meaning that the main focus of the farmer becomes to know precisely the state of his farm in order to take the proper decisions to get the most of his activity. Therefore, the main purpose of this article is to perform an analysis that will allow the development of an informational system that can help the farmer achieve everything that was presented until now in this paper. First of all, an analysis of the current situation will be performed in order to determine the main problems and necessities of the farmer. Then, solutions for found problems will be sought and these will become features and functionalities that the system will focus on. Finally, there will be a short description of the system's features and how it will improve the quality of work in agriculture.

4. Current situation

In agriculture, the farmer needs to be well informed about the state of his farm. There is a massive amount of information that he must process and that can become overwhelming at some moment. The farmer must always be aware of a wide range of aspects regarding his activity.

First of all, the consumables that he uses, varying from fuel to fertilizers, herbicides, seeds and so forth, and since some of them contain different chemical compounds, he must know the effects they have, how they interact with each other, because if he uses them without considering these aspects, the results might be devastating and could compromise the entire crop.

Then, he must keep track of the fields he works, because usually some fields are in cropshare, meaning that the farmer doesn't actually own the land he is working, but trough a contract the owner of the land rents the land to him, with the condition that he would pay a share of the production. That being said, the farmer needs to know how many hectares he owns and how many he has in cropshare, because he needs to determine what quantity of the production he has to give to the actual owner of the land. Soil structure is also a very important aspect that the farmer needs to be aware. Soil can have different structure and so, fertilizing and other activities must be performed according to the structure of the soil, in order to avoid degradation as much as possible.

Also, farmers need to plan their crops very well, because they try to avoid seeding one field with the same plant type for more than two or three years in a row. This is called "crop rotation". That is because some plants consume certain nutrients from the soil and others consume different nutrients. Also, there are plants that add nutrients to the soil, such as soybeans which fixes nitrogen into the soil. So through crop rotation the farmer makes sure that the consumption of nutrients from the soil is uniform and that they are replaced if possible.

The farmer must also keep track of the state of the implements and tools that he uses in the production process. Nowadays, these implements have many complex electronical and mechanical systems and components that require to be operated by instructed personnel and also require maintenance to be performed at a periodically basis. Also, given that most of the agricultural activities are physical, the farmer must have a good record of his employees, their physical condition, in order to avoid accidents as much as possible. Also, farmers need to track the activities they perform. This implies knowing what quantities of consumables (ex: fuel, fertilizer, etc.) they have consumed, what was the actual work time, any noticeable events that happened during this activity and other such information. Furthermore, there are cases where the employees do not perform as they should while doing a activity, meaning that he might simply drive to the field, but take numerous and long pauses, and the farmer should need a solution to find out if his employees are actually doing their work or not, without the need to drive up to them. As it can be noticed, the farmer must be aware of a great amount of aspects of his activity. Given the fact that agriculture requires a lot of physical involvement and that occupies most of the farmer's time, he will rarely have the opportunity to stay at a behind desk and properly analyze all the information he has. That being said, from this analysis we can conclude the fact that the farmer would require an informational solution that he can use anywhere he needs, not only at a desk in front of a computer, therefore a mobile system that can fulfil all the requirements he has in order to facilitate as much as possible the production process, and to reduce stress and fatigue caused by the supplementary work he would require to do. This system should be implemented on mobile devices in order to allow the farmer to have access at any moment and at any time of the day to information about his farm, and so, to be aware at any moment about the state of his farm, in order to be able to take the best decisions for the best outcomes.

5. Solutions

As it was said before in this article, farmers usually tend to spend their working time on the field, doing physical activities. As a consequence, they can't actually spend their time analyzing data and statistics written on paper, while sitting behind a desk. Therefore, the solution we seek to find for all the problems we have discovered needs to be mobile, so the farmer can access information about his farm from anywhere and at any moment of the day.

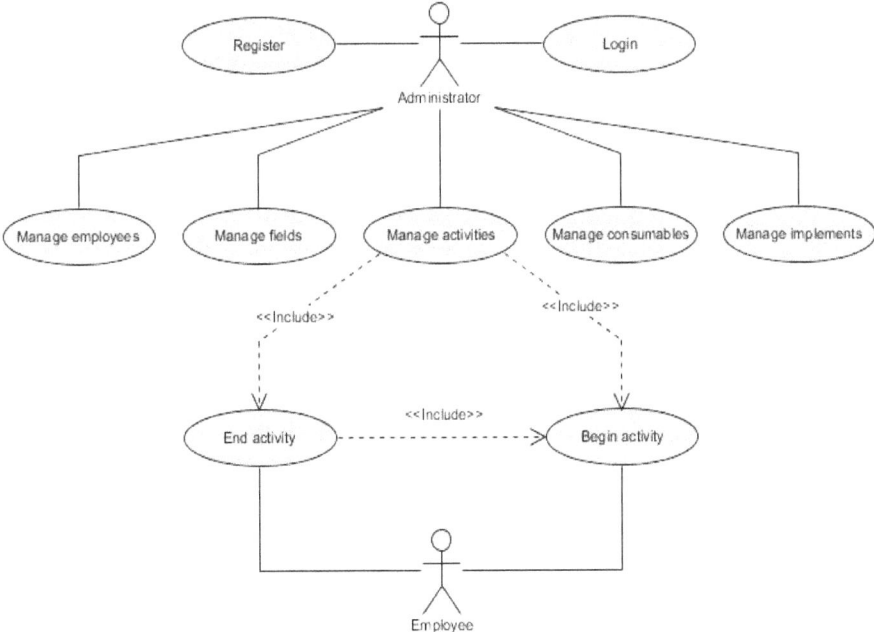

Figure 1 General Use-Case Diagram

The best answer is to implement the solution on mobile devices such as smartphones or tablets. Mobile devices have become more and more popular around the world, reaching at about 4.77 billion users around the world in 2017. [2] The popularity of mobile devices has a constant growth for several years and forecast says that the growth will continue in the future. Given those statistics, it is obvious that the best option for the system is to be implemented on a mobile device, smartphone or tablet, and so, the farmer will be able to access the system whenever and wherever he desires, because nowadays, people have become unseparated from their mobile devices.

One condition though in this case would be the necessity of a stable connection to the internet. In order to get the access to information from any mobile device, the data would require to be stored on a cloud storage or a server, and access to it will be granted only by authentication.

Resource management in agriculture can be a very difficult task. There are many variables that need to be considered, and that means that a very strict management system will be necessary to allow the farmer to easily track the flow of the consumables through the system, flow that describes the actual flow from the production process. So at any time, the farmer will know how many consumables of each type he has left, and also how many he has used, and also in what circumstances.

As a solution for the implement management problem, the system will possess a facility that will allow the farmer to set maintenance intervals for his implements, and he will be notified when the time comes for an implement to have his maintenance performed. Also, in case of a malfunction during operation, the system will allow the operator to quickly notify both the farmer and the service providers about the malfunction. That allows for intervention as quickly as possible, meaning less time lost.

Tracking ongoing activities can be a little difficult. First of all it requires that the system should be always aware of the employee's position and movement. This can be achieved with the help of GPS. Most of the mobile devices have a built-in GPS receiver that allows them to determine the user's position with acceptable precision. Farmer will require a lot more information than only the position on the field of the employee. He will need to know also if the employee is moving, meaning that he is doing his job, total time that he was stationed, an estimation of the area that he has worked, and if it is the case of a malfunction, to be notified immediately so he can take the necessary actions in order to fix the problem. That being said, the system will require connection to mobile device's GPS receiver, will record the location and other statistics required by the farmer and will send updates periodically, allowing him to track in real – time the activity of his employees. That will allow for better justification of consumable consumption at the end of a day, and at the completion of an activity.

Crop planning is a very important part of agricultural production process. As a solution to help the farmer to easily plan his crops, the system will provide an algorithm that will try to determine and provide the best options for seeding plan. That will allow the farmer to quickly set up his plan for the current year, again meaning less time lost with such operations, time that he can use in other activities.

6. About the system

As an overview, the system which we plan to develop will be a rather complex one. It will offer a wide range of facilities and features to the user that hopefully will increase the efficiency of his work and also reduce the stress, fatigue and exhaustion levels by taking a part of the responsibilities of the farmer. The main advantage of the system is that it will come as mobile device application. That means that the farmer will be able to install the application on any compatible mobile device, and he can use the application. Another useful feature is the fact that every information the farmer adds is not stored locally, but on a cloud service or a server, that allows each farmer to access his information form any device, based on authentication with his credentials.

Another important feature of the system is the real – time fleet tracking. This means that at any time, the farmer can receive information about ongoing activities, such as: the employees that take part in it, what implements are used, the field on which the operations are performed and other real – time statistics regarding current speed of the implement, total stationed time since the start of the activity and also the location of the implement, so that the farmer can see exactly if the employee works in the field he was assigned to work to. This facility offers an easier method of managing the activities and gaining information about all ongoing tasks with less effort.

This system is designed for farmers owning a business in agriculture that are actively implied in the activities and require a easy to use solution for managing their farm on-the-go. One of the main advantages is high portability, allowing the farmer to do his work on the field, and at any moment to be able to get, add or modify any information about the farm. As a result, he will always be connected to his farm, which will allow him to make the most out of his work time and to deliver top quality management for his activity.

7. Conclusion

As a brief conclusion, we can say that technology is making its way into the field of agriculture at increasing pace and brings its advantages such as easy access to information, increasing the efficiency of planning and many others to the farmers. That will increase productivity and will also reduce the stress and fatigue for them, and maybe it will make this occupation more attractive to the young people.

As for the society of knowledge, the integration of informational systems in agriculture allows the farmer to gain knowledge of his work at any moment and to have access to information. This fact confirms the premises of this concept of society and shows that agriculture has successfully adapted to the society.

References
[1]   The Information Society / the Knowledge Society - Sally Burch
[http://vecam.org/archives/article517.html]
[2]   Number of mobile phone users worldwide from 2013 to 2019 (in billions)
[https://www.statista.com/statistics/274774/forecast-of-mobile-phone-users-worldwide/]
[3]   A brief history of agriculture
[http://www.monsanto.com/global/ph/improving-agriculture/pages/a-brief-history-of-

agriculture.aspx]

[4]   What challenges does agriculture face today?
[https://www.greenfacts.org/en/agriculture-iaastd/index.htm#1]

[5]   Farming Then and Now
[http://www.campsilos.org/mod4/students/life.shtml]

[6]   Precision agriculture - IBM
[http://www.research.ibm.com/articles/precision_agriculture.shtml]

[7]   Role of Information Technology in Agriculture - Ainsley Wirekoon
[http://www.sundaytimes.lk/090906/It/it01.html]

[8]   Agricultural Knowledge and Innovation Systems in Transition – Standing Committee of Agricultural Research
[http://ec.europa.eu/research/bioeconomy/pdf/ki3211999enc_002.pdf]

[9]   Use of Technology in Agriculture
[http://www.useoftechnology.com/technology-agriculture/]

[10]   Agricultural information systems and their applications for development of agriculture and rural community, a review study - Nisansala P. Vidanapathirana

[11]   Information and communications technology in agriculture
[https://en.wikipedia.org/wiki/Information_and_communications_technology_in_agriculture].

Sectiunea II: Plenară

Facilitarea adoptării unui stil de viaţă sănătos în Societatea Conştiinţei

Ciprian-Andrei COŞARCĂ

Academia de Studii Economice, Bucureşti, 010731, România.

cosarcaciprian14@stud.ase.ro

Abstract

Scopul lucrării: realizarea unei analize asupra modului în care persoanele din Sociatatea Conştiintei pot fi motivate să adopte un stil de viaţă sănătos.

Design-ul / metodologia / abordarea: lucrarea conţine un model teoretic ce îşi propune să faciliteze adoptarea unui stil de viaţă sănătos şi activ.

Constatări: metodele cuprinse în acest studiu vor fi folosite pentru dezvoltarea unei aplicaţii mobile ce va ghida utilizatorii înspre a-şi schimba, pas cu pas, stilul de viaţă şi a-şi menţine constantă motivaţia în realizarea acestui scop.

Limitări/sugestii de cercetare: Având în vedere complexitatea atributelor întalnite în lumea reală, un model teoretic simplifică realitatea şi astfel apar erori, care devin tot mai semnificative o dată cu creşterea gradului de generalitate al modelului. Astfel, modelul de alimentaţie şi antrenament fizic este unul simplificat bazat pe activităţi generale ce pot fi puse în aplicare de cea mai mare parte a populaţiei.

Valoarea aplicativă: modelul prezentat poate fi utilizat în aplicaţii software din domeniul medical, ce au ca scop creşterea gradului de cunoştinte în rândul populaţiei cu privire la alimentaţia echilibrată şi la practicarea sportului. Totodată, în urma aplicării modelului se pot stabili metode eficiente de menţinere a motivaţiei personale, indiferent de scopul final.

Noutatea şi originalitatea ştiinţifică: Stabilirea unui model de antrenament şi alimentaţie ce ia în calcul motivaţia personală şi care încearcă să o menţină la un nivel constant.

Mediul implementării: Modelul teoretic propus se va implementa în cadrul unei aplicaţii mobile interactive şi uşor de utilizat ce are ca scop menţinerea la un nivel stabil al motivaţiei personale cât şi furnizarea unor informaţii corecte cu privire la alimentaţia corectă.

1 Introducere

Sintagma „Suntem ceea ce mâncăm" reprezintă, în societatea actuală, mai mult decât o banală frază folosită de unii specialişti cu scopul de a ne convinge că trebuie să consumăm alimentele potrivite. Constituie o realitate demonstrată ştiinţific. Proprietăţile benefice ale anumitor alimente au fost identificate încă din cele mai vechi timpuri.

Astăzi, în societatea conştiinţei şi a informaticii, importanţa nutriţiei este atât de susţinută şi documentată, încât toate organizaţiile de sănătate fac recomandări privind adoptarea unui regim alimentar echilibrat şi sănătos. Totuşi, atrasă de gama largă de produse disponibile în prezent, majoritatea uită să analizeze aportul nutriţional al alimentelor consumate şi ajunge în pragul supraponderalităţii, dezvoltându-şi o serie de obiceiuri nesănătoase destul de greu de modificat. Se poate constata că adoptarea unui stil de viaţă sănătos, modificarea regimului alimentar şi practicarea sportului sunt deseori întâlnite printre obiectivele individuale [1].

Totuşi, cifrele arată că o mare parte a populaţiei nu reuşeşte să-şi menţină constante aceste scopuri, pierzându-se în varietatea specifică societăţii actuale. Prezenta lucrare încearcă să stabilească anumite metode ce pot să menţină motivaţia personală la nivel constant şi, totodată, să stabilească un model ce poate facilita trecerea la o viaţă sănătoasă şi activă. Din punct de vedere aplicativ, modelul poate reprezenta o bază pentru soluţiile software din domeniul medical, ce îşi propun să crească gradul de cunoştinţe nutriţionale ale populaţiei şi, mai ales, să scadă numărul persoanelor aflate în prag de supra-ponderalitate.

2 Noutate şi originalitate ştiinţifică

Trecerea de la aplicaţiile de contorizare numerică a activităţilor la un nou model de aplicaţie, care are în prim plan motivaţia personală şi menţinerea acesteia în limite constante. Evaluarea progresului pe baza unor înregistrări istorice este importantă şi poate avea un efect benefic asupra modului de percepţie al persoanei în cauză, însă, pentru a păstra motivaţia la cote mari, aceste realizări trebuie să apară cât mai rapid în procesul de modificare a stilului de viaţă, pentru a primi o dovadă că schimbările adoptate au cu adevarat impact. Această condiţie este de cele mai multe ori omisă.

Astfel, prin stabilirea unui model ce presupune o serie de modificări simple, abordate pas cu pas, se va îmbunătăţi simţitor procesul de înregistrare a progresului. Se va urmări o trecere cât mai facilă a utilizatorilor la un nou stil de viaţă şi se va avea în vedere atât disciplinarea acestuia pe plan nutriţional cât şi în legătură cu antrenamentele fizice. Pentru aceasta se vor folosi principiile de învăţare prin asociere sub forma unor provocări. Toate sugestiile venite pas cu pas au rolul de a iniţia o schimbare care în timp produce un impact substanţial.

3 Definirea modelului

Conform Organizaţiei Mondiale a Sănătăţii, la nivel global, în anul 2014, peste 1,8 miliarde de adulţi erau supraponderali, dintre care 800 milioane erau în stadiul de obezitate. Aceste rezultate au fost obţinute pe baza calculului IMC-ului (Indicele de masă corporală), care reprezintă raportul dintre greutatea în kilograme a unei persoane şi pătratul înălţimii în metri [2]. Conform definiţiilor Organizaţiei Mondiale a Sănătăţii:

• persoana este considerată supraponderală dacă prezinta un IMC mai mare sau egal cu 25;

• persoana este considerată obeză dacă valoarea IMC este mai mare sau egală cu 30;

Conform informaţiilor prezentate de OMS, în România, 51% din populaţia activă este supraponderală şi 19,1% este obeză. Supraponderalitatea este întâlnită şi în cazul copiilor cu vârste cuprinse între 14-20 de ani, iar acest trend, aflat într-o continuă ascensiune, nu pare să se modifice prea curând [3].

Astfel, din datele şi sursele prezentate se poate concluziona că o mare parte a populaţiei nu este suficient de bine educată pe plan nutriţional, fiindu-i dificil să diferenţieze în mod corect produsele care au un efect benefic de cele care nu au acest efect asupra corpului uman. Totodată, statisticile anterioare arată şi lipsa practicării activităţilor fizice în rândul persoanelor ajunse supraponderale sau chiar în pragul obezităţii, sportul având un rol important în definirea unui stil de viaţă echilibrat. Intenţia de a realiza o schimbare apare la fiecare persoană ce ajunge în pragul obezităţii, însă, de cele mai multe ori, acel imbold iniţial dispare subit după primele antrenamente sau după primul eveniment ce nu aduce rezultatele imaginate iniţial. Foarte des, persoana îşi pierde motivaţia în timp, deoarece obiectivele propuse nu sunt în conformitate cu realitatea, iar obiceiurile nesănătoase din trecut, devenite adevarate reflexe, sunt mult prea greu de uitat. Cât timp individul nu este cu adevarat conştient de ceea ce consumă şi de efetele unei alimentaţii defectuoase, acesta nu va depune un efort corespunzător pentru a-şi schimba comportamentul alimentar.

Un prim pas în adoptarea unui stil de viaţă sănătos îl poate reprezenta un curs interactiv de nutriţie care să conţină bazele teoretice fundamentale necesare realizării unei analize asupra conţinutului nutriţional al alimentelor prezente în meniul zilnic. Totuşi, o bază teoretică nu este suficientă, întrucât, de cele mai multe ori, în mod conştient acţionăm greşit şi nu aplicăm regulile teoretice învăţate. Cum practica reprezintă baza învăţării, toate fundamentele teoretice trebuie asimilate într-un mod practic, interactiv şi eficient. Limitarea consumului anumitor bunuri pentru anumite perioade, alături de înlocuirea acestora cu variante sănătoase poate reprezenta una dintre cele mai eficiente soluţii. Suntem astfel puşi să renunţăm la anumite obiceiuri, fiindu-ne oferite alternativele sănătoase. Se realizează în timp o asociere involuntară între ceea ce a fost nesănătos şi substituentul sănătos al acestuia. Această practică de învăţare prin asociere este cunoscută în literatura de specialitate, Edward Thorndike numind-o învăţarea prin încercare şi eroare, Skinner a denumit-o învăţare operantă, iar Kimble a numit-o învăţare instrumentală. În principiu, acesta practică oferă rezultate extrem de rapide, întrucât mintea noastră este obişnuită cu acest model de asociere.

Metodele ce presupun stabilirea unor obiective mici şi dese dau adesea un randament mai mare deoarece, în cazul acestora, şi aşteptările personale sunt mai mici şi o nereuşită din cadrul procesului nu are impact deosebit asupra motivaţiei personale. Această teorie simplă poate fi aplicată cu succes şi în ceea ce priveşte practicarea activităţilor fizice. Introducerea unor antrenamente de durate scurte care să pună în mişcare principalele grupe musculare ale corpului poate fi unul dintre cele mai bune puncte de pornire. Mai apoi, pas cu pas, intensitatea acestora poate fi accelerată, punându-se accentul pe modificările apărute la nivelul condiţiei fizice a persoanei în cauză. Obiectivele iniţiale nu ar trebui orientate strict pe scăderi bruşte şi rapide în greutate sau pe modificări substanţiale ale aspectului fizic. În mod ideal, obiectivele ar trebui să fie în strânsă legătură cu creşterea intensităţii antrenamentului şi a capacităţii fizice, întrucât aceste efecte apar mult mai repede şi sunt mai uşor de evaluat. Folosind acest principiu sunt din nou evitate dezamăgirile cauzate de lipsa rezultatelor. Modelul stabilit în cadrul prezentei lucrări are în vedere următoarele caracteristici cheie:

• se va urmări în prima fază modificarea regimului alimentar, deoarece schimbările comportamentului alimentar produc efecte rapide, evidente şi uşor de contorizat; modificarea regimului alimentar va fi realizată prin înlocuirea unor alimente prezente în meniul curent cu altele care au o compoziţie nutritivă corespunzătoare, folosindu-se astfel principiul învăţării prin asociere enunţat anterior;

• un alt punct avut în vedere este cel al stabilirii unui plan de alimentaţie pe ore şi zile, însă este recomandat ca acesta să fie realizat cu ajutorul unui nutriţionist; în cazul modelului se propune o structură universal valabilă, prin care corpul va reduce în timp depunerile suplimentare de grăsimi; structura propusă de acest model este cea a meselor dese şi reduse din punct de vedere caloric - între cele trei mese principale ale zilei, la care valoarea calorică este mai mare, se vor introduce alte două mese cu un aport caloric mai mic, luate la distanţe de câte două ore;

• prin actualul model se urmăreşte solidificarea cunoştinţelor în materie de nutriţie; pentru a construi o clădire stabilă este nevoie de o bază solidă, iar mai apoi, utilizând materiale de cea mai bună calitate, se va completa proiectul; a pune fundamentul unei alimentaţii sănătoase necesită aceeaşi abordare ca şi în cazul folosirii materialelor de construcţie de calitate; celulele reprezintă „cărămizile organismului uman" şi fiecare dintre acestea necesită aer curat, apă, vitamine, proteine, carbohidraţi, lipide, minerale şi enzime; cunoaşterea acestor componente şi a efectelor asupra organismului sunt extrem de importante pentru a realiza alegeri cât mai sănătoase.

În completarea punctelor enunţate anterior vine şi practicarea corectă a sportului. Se recomandă creşterea constantă a intensităţii antrenamentului fizic, pentru a evita pe cât posibil febra musculară şi pentru a face din antrenamentele fizice o metodă de relaxare. În ceea ce priveşte sportul, modelul de faţă nu-şi propune să definească un şablon ce trebuie urmat ci, la fel ca şi în cazul alimentaţiei, propune o structură generală ce poate fi adoptată în majoritatea situaţiilor. Dacă se urmăreşte scăderea greutăţii, antrenamentele şi exerciţiile cardio (alergarea, mersul pe bicicletă, gimnastica) sunt deseori alegerea cea mai potrivită. O combinaţie între un antrenament de forţă şi execuţiile cardio poate să accelereze, în unele situaţii, procesul de slăbire, întrucât, pe perioada antrenamentelor de forţă, corpul uman este supus la un efort suplimentar destul de mare şi astfel consumă un număr semnificativ de calorii. În cazul modelului de faţă, este important ca activitatea fizică să existe, să fie executată corect şi să se crească treptat intensitatea antrenamentului.

Ca un mic rezumat, pentru o gestiune cât mai corectă a motivaţiei personale, trecerea la un nou stil de viaţă trebuie făcută cu paşi cât mai mici, într-un interval de timp rezonabil şi trebuie să producă rezultate uşor de contorizat. Astfel, o aplicare practică a modelului enunţat anterior poate fi surprinsă astfel:

• la început se va pune un accent ridicat pe înlocuirea alimentelor cu un conţinut ridicat de carbohidraţi nesănătoşi cu alimente ce conţin carbohidraţi esenţiali şi prezintă echilibru nutriţional; creşterea numărului de proteine din alimentaţia zilnică precum şi limitarea consumului de zahăr şi sau a altor elemente consumate în cantități peste limitele zilnice normale.

- practicarea în paralel a activităților sportive și creșterea constantă a intensității din cadrul antrenamentelor.

Alimentația reprezintă baza solidă a unui stil de viață sănătos. Oamenii au intuit mereu, pe parcursul fiecărei etape de dezvoltare, care sunt, în fapt, beneficiile furnizate de alimente, așa cum este evidențiat și în celebra frază a lui Molière, scriitor francez din secolul al XVII-lea: „Ar trebui să mâncăm pentru a trăi, nu să trăim pentru a mânca"[4]. Având o fundație solidă, activitatea sportivă vine în completarea acesteia, deoarece un stil de viață echilibrat este un stil de viață activ.

4. Design-ul / metodologia / abordarea

Lucrarea de față își propune implementarea modelului prezentat anterior în cadrul unei aplicații mobile care să ofere utilizatorilor informațiile și sugestiile necesare pentru a face mai plăcută trecerea la un nou stil de viață fără excese.

Aplicația va pune la dispoziția utilizatorului posibilitatea de a-și crea un cont personal. Odată creat contul, fiecare utilizator își va stabili un obiectiv central pe care îl va putea publica pe rețelele de socializare dorite. Scopul acestei funcționalități este acela de a menține nivelul motivației constante, deoarece, în urma unor declarații publice, fiecare individ prezintă o dorință mult mai puternică de a realiza punctual scopurile propuse. Într-un studiu pe tema renunțării la fumat realizat de Cornelia Pechmann, Li Pan, Kevin Delucchi, Cynthia M Lakon, Judith J Prochaska, publicat în Journal of Medical Internet Research [5], s-a constat că fumătorii care au declarat public și pe rețelele de socializare la dorința lor de a deveni nefumători au avut o rată de succes mult mai mare în comparație cu cei care nu au făcut acest lucru.

Totodată, pe baza acestei tematici de menținere a motivației, un profesor de economie din cadrul universității Yale a realizat o aplicație web intitulată StickK [6], care oferă utilizatorului posibilitatea de a-și stabili un obiectiv, după care sunt trecute conturile bancare ale acestuia pe numele unui prieten. Pe măsura progresului. acesta va returna în tranșe anumite sume de bani proprietarului de drept. Abordarea este una cât se poate de extremistă din perspectiva multora, dar cu siguranță efectele sale duc la o creștere exponențială a dorinței de împlinire a scopului stabilit. Putem concluziona faptul că declararea obiectivului poate aduce un beneficiu motivației utilizatorilor și introducerea acestei funcționalități este cât se poate de justificată.

După înregistrarea contul și stabilirea obiectivului central, aplicația pune la dispoziția utilizatorului un jurnal grafic ce surprinde istoricul activităților, menit să cuprindă imaginea stadiului anterior în comparație cu cel curent, tocmai pentru a demonstra evoluția în timp. Acest jurnal va avea în prim plan grafica greutății individului, care reflectă într-un mod sau altul trecerea la un stil de viață sănătos. Alți indicatori vor fi prezenți în liste detaliate, care vor conține informații cu privire la alimentele ce sunt treptat înlocuite sau la care se limitează consumul, cât și la exercițiile fizice ce sunt introduse în cadrul antrenamentelor. Pe baza evoluției unor indicatori simpli, precum numărul de ore în care se realizează activități fizice și numărul de calorii consumate pe zi, se poate realiza un model de regresie cu ajutorul căruia se poată estima evoluția greutății cu o anumită eroare, stabilită în cadrul modelului de regresie construit. Modelul simplu de regresie pe baza căruia se pot face previziune poate fi scris sub forma:

$$y_i = \beta_1 + \beta_2 x_i + \beta_3 z_i + \varepsilon_i$$

unde

β_1 - termen liber al regresiei, fiind constant;

β_2 - coeficientul de regresie a variabilei y în funcție de x;

β_3 - coeficientul de regresie a variabilei y în funcție de z.

Pentru stabilirea acestora se va determina nivelul de influență (coeficienții de corelație) dintre variabila y (reprezintă greutatea individului) și variabilele x (numărul de calorii provenite din alimentația zilnică) și z (numărul de ore în care sunt efectuate activități fizice). Determinările se pot realiza pe un set de date care prezintă informații cu privire la atributele enunțate anterior. Pentru a determina un astfel de model de regresie presupunem ipotetic următoarele concluzi folosite și în lucrarea Regression Analysis and Linear Models scrisă de Richard B. Darlington si Andrew F. Hayes [7]:

- oamenii ce consumă un număr minim de calorii pentru a-și menține sănătatea si care nu fac exerciții fizice pierd in medie 600 grame pe săptămână;
- dacă consumul de alimente este ținut constant, atunci fiecare oră de antrenament fizic produce in medie o pierdere de 200 grame pe săptămână;
- dacă se consideră consumul de alimente peste un prag minim în unități de 100 calorii fiecare, atunci consumul a 2000 calorii pe zi aduce 10 unități peste valoarea minimă de 1000 de calorii; se deduce astfel că fiecare unitate de mâncare consumată pe zi (100 calorii) peste valoarea minimă necesară pentru a trăi sănătos este echivalentul a 50 de grame nepierdute pe săptămână, în comparație cu o persoană ce consumă constant doar nivelul minim;

Pe baza acestor concluzii se poate estima ce greutate va pierde o persoană care mănâncă aproximativ 1,600 de calorii pe zi (6 unități peste nivelul minim) și realizează două ore de antrenament pe zi. Rezultatul poate fi formulat astfel:

Persoana ce consumă minimul de 1.000 calorii și care nu face exerciții fizice pierde pe săptămână 600 de grame. Dar dacă acea persoană ar face exerciții timp de două ore pe săptămână ar determina arderea altor 400 calorii. Însă, prin consumul a 6 unități peste minimul de 1.000, se adaugă 300 grame pe săptămână. Persoana în cauză va pierde 600+400-300=700 grame pe săptămână. Această concluzie poate fi structurată sub forma unui model matematic astfel:

$$y_i = 6 + 2x_i - 0.5z_i.$$

Modelul determinat poate fi aplicat pentru orice persoană cu scopul de a estima ce greutate va pierde pe baza situației actuale. În mod evident, acesta este un model pur teoretic determinat pe baza considerentelor enunțate anterior si are scopul de a explica modul în care se pot realiza modele de regresie pe baza observării datelor. Pentru aplicație se vor utiliza diverse biblioteci de machine learning care, pe baza unui set de date, antrenează o funcția matematică ce surprinde legătura dintre variabile și poate fi inclusă cu ușurință în cadrul aplicațiilor mobile. Astfel de biblioteci sunt puse la dispoziție de către Amazon sau Google și ajută în mod semnificativ la simplificarea procesului de procesare al datelor, oferind totodată modele complexe de estimare și prognoză. Aplicația include si un sistem de provocări venite din parte altor utilizatori înregistrați. Aceste provocări au anumite tematici prestabilite, precum:

- Utilizatorul A te-a provocat să creşti intensitatea antrenamentului;
- Utilizatorul A te-a provocat să creşti durata de timp alocată pentru activitățile sportive;
- Utilizatorul A te-a provocat să scazi numărul de calorii consumate în cadrul meselor zilnice;

Provocările vor fi acceptate sau nu. Rămâne la latitudinea persoanei în cauză dacă va realiza sau nu provocările acceptate, întrucât, în stadiul actul de dezvoltare a aplicației, acestea vor fi verificate printr-un simplu check la finalul zilei. Fiecare provocare acceptată și îndeplinită aduce un anumit număr de puncte utilizatorului. Pe baza evoluției greutății și a numărului de puncte aplicația va stabili si un top al celor mai motivate persoane. Aceste provocări, cât și ierarhia persoanelor motivate sunt introduse cu scopul de a creşte gradul de interactivitate și pentru a menține motivația personală în limite constante. În principiu, se demonstrează astfel că există mai multe persoane ce încearcă să facă trecerea spre un model de viață sănătos.

Funcționalitatea prezentată anterior este completată de primirea unor provocări săptămânale venite din partea aplicației sub formă de notificări și care urmează structura modelului prezentat în partea a doua. În acest scop, la fiecare început de săptămână utilizatorul va primi o notificare cu o nouă provocare, care poate reprezenta fie înlocuirea unui aliment cu o versiune mai sănătoasa a acestuia, fie creşterea intensității activității fizice, fie introducerea unui nou model de antrenament.

Notificările generale primite la începutul săptămânii vor fi completate cu notificări individuale formate pe baza progresului înregistrat până în acel moment și a rezultatelor estimării pierderilor în greutate. Această analiza are rolul de a verifica dacă modelul de antrenament și alimentație este unul potrivit și oferă rezultate aşteptate. Astfel, setând paşi cât mai mici și uşor realizabili, motivația individuală nu se va diminua simțitor în prezența unui eventual eşec, întrucât și efortul a fost minim. Un alt modul al aplicației este cel de căutare a spațiilor în care se pot realiza activități sportive. Această funcționalitate vine în completarea provocărilor pe tematică sportivă, oferind sugestii cu privire la locurile în care se pot realiza acestea.

Constatări: metodele cuprinse în acest studiu vor fi incluse într-o aplicație mobilă care își propune să ghideze utilizatorii ce doresc sa îşi schimbe, pas cu pas, stilul de viață ți să-și mențină constantă motivația în realizarea acestui scop.

5 Limitări/sugestii de cercetare

Modelul prezentat poate fi aplicat cu o mare uşurință de către toate persoanele ce doresc trecerea la un stil de viață sănătos și menținerea constantă a acestei dorințe. Totuşi, acest instrument reprezintă doar un punct de plecare. Aplicația mobilă, cât și sugestiile acesteia (venite sub forma provocărilor) nu pot lua în calcul totalitatea atributelor şi a factorilor ce definesc un individ. Având în vedere diversitatea prezentă la nivelul societăţii actuale, un model universal valabil de alimentaţie sănătoasă este imposibil de conceput, dat fiind, de exemplu, intoleranţa unor persoane la anumite alimente precum şi diferenţele culturale ce pot influenţa într-o mare măsură comportamentul nutriţional. Nici în cazul planurilor de antrenament nu se poate stabili un şablon universal, întrucât fiecare persoană prezintă alt tip de răspuns la efort. Nici modelul de regresie utilizat pentru a estima greutatea pierdută nu este unul exact, deoarece nu sunt luaţi în calcul toţi factorii ce duc la scăderea greutăţii, precum şi predispoziţiile genetice. Modelul în sine nu-şi propune să contureze un standard de alimentaţie şi de antrenament fizic, ci caută să faciliteze trecerea la un nou stil de viaţă prin continua motivare a persoanei cu scopul de a atinge respectivul obiectiv. Acest aspect este realizat prin metodele descrise anterior, precum declararea publică a obiectivului iniţial, continua provocare venită fie din partea prietenilor, fie săptămânal, fie din observaţiile individuale, evaluarea istorică a progresului personal şi perspectiva viitoare asupra greutăţii calculată pe baza observaţiilor din prezent. Întregul proces de motivare este unul simplificat, redus la activităţi elementare care se pot aplica în cazul majorităţii, iar sugestiile sunt la fel, cât se poate de generale. Acest fapt însă, nu reprezintă mereu un punct forte. Cu cât este mai crescut nivelul de generalitate cu atât este posibil ca rezultatele aşteptate să fie mult distorsionate, din cauza erorilor generate de elementele ce nu au fost luate în analiză.

Problema este deseori întâlnită în toate ştiinţele ce realizează modele matematice pe baza observaţiilor din lumea reală. Cât timp modelul simplifică mai multe dintre caracteristicile reale ale fenomenului natural, atunci va fi mare eroarea modelului la aplicare. Totuşi, definirea unui astfel de model, ce abstractizează caracteristicile, este deosebit de necesară întrucât este aproape imposibil să surprinzi totalitatea caracteristicilor reale şi să le modelezi corespunzător. Pentru acest studiu, modelul persoanelor ce doresc să-şi schimbe stilul de viaţă are la baza următoarele caracteristici:

- sunt conştiente de intoleranţele la diferite alimente şi nu necesită un regim de alimentaţie deosebit (din considerente genetice)
- sunt apte pentru realizarea activităţilor fizice
- sunt informate cu privite la bunele practici ale activităţilor fizice
- sunt sinceri cu privire la rezultatele înregistrate si cu realizarea provocărilor acceptate

Aceste caracteristici vin să contureze profilul utilizatorului avut în vedere la dezvoltarea aplicaţiei. Pentru o mai bună coordonare şi aplicare a modelului este indicată corelarea sugestiilor şi a provocărilor primite cu o serie de analize şi îndrumări venite din partea persoanelor de specialitate.

6 Concluzii

Definirea unui model ce are ca scop principal menţinerea motivaţiei la un nivel constant are o serie de neajunsuri ce ţin în principal de diversitatea atributelor ce ar trebui luate în considerare pentru a realiza un model cu puţine erori. Totuşi, prin simplificarea atributelor, modelul descris în prezenta lucrare, reprezintă o bază solidă în trecerea la un stil de viată sănătos şi vine cu soluţii general valabile prin care motivaţia personală nu se diminuează în timp.

În urma evaluări rezultatelor înregistrate la nivelul fiecărei persoane se pot defini noi metode de menţinere a motivaţiei personale la un nivel optim. Modelul teoretic de alimentatie şi antrenament se poate aplica în majoritatea situaţiilor, fiind un punct de start solid în trecerea la un stil de viaţă sănătos şi echilibrat. Toate elementele surprinse în acest studiu pot fi utilizate în aplicaţiile din domeniul medical ce intenţionează să faciliteze trecerea populaţiei aflată în pragul suprapondralităţii spre un stil de viată echilibrat şi activ.

Referinţe

[1] ComRes, BUPA – New Year's Resolutions, 2015, http://www.comresglobal.com/wp-content/uploads/2015/12/BUPA_NY-Resolution_Public-Polling_Nov-15_UPDATED-TABLES.pdf.

[2] World Health Organization, Obesity and overweight – Fact Sheets, 2016, http://www.who.int/mediacentre/factsheets/fs311/en.

[3] World Health Organization, Romania – WHO Country Profile, 2013, http://www.euro.who.int/en/nutrition-country-profiles.

[4] Jean Baptiste Molière, The Miser and Other Plays, Editura: Penguin, Septembrie 2000, Număr pagini: 336, ISBN: 9780140447286.

[5] Cornelia Pechmann, Li Pan, Kevin Delucchi, Cynthia M Lakon, Judith J Prochaska. Development of a Twitter-Based Intervention for Smoking Cessation that Encourages High-Quality Social Media Interactions via Automessages. Journal of Medical Internet Research, 2015.

[6] Sursa: http://www.stickk.com/.

[7] Regression Analysis and Linear Models: Concepts, Applications, and Implementation (Methodology in the Social Sciences) 1st Edition, Richard B. Darlington PhD (Author), Andrew F. Hayes PhD (Author), 2017, Editura: The Guilford Press, Număr pagini: 660, ISBN-13: 978-1462521135.

[8] Richard Wiseman, Think a little, change a lot, Editura: Pan Macmillian, 2015, Număr pagini: 368, ISBN: 9781447273370.

Secţiunea
"Informaţia, Cunoaşterea si Conştiinta robotică"

Problemele şi perspectivele dezvoltării turismului religios în cadrul RM

Slobozean Anastasia, **willwandom99@mail.ru**,
Todoroi Dumitru, **todoroi@ase.md**

Abstract

Scopul lucrării: fundamentarea strategiilor de dezvoltare a turismului cultural religios, de armonizare a intereselor instituţiilor cultural religioase cu managementul turistic al agenţilor economici prestatori de servicii speciale şi generale.

Design-ul / metodologia / abordarea: în lucrarea dată sunt expuse puncte forte, puncte slabe, oportunităţi şi ameninţări ale turismului religios din cadrul RM ceea ce asigură continuarea dezbaterilor privind dezvoltarea acestui domeniu în continuare.

Constatări: în baza analizei efectuate se poate concluziona că turismul religios este un domeniu destul de important al turismului în cadrul RM, mănăstirile fiind parte a principalelor atracţii turistice din ţară.

Limitări / sugestii de cercetare: lucrarea dată abordează discuţii cu privire la poziţia turismului religios în cadrul RM şi oferă câteva metode şi modele de dezvoltare a lui.

Valoarea aplicativă: Rezultatele lucrării sunt susţinute de valoarea constatărilor, concluziilor şi recomandărilor, care pot fi utile: cercetătorilor în domeniul turismului cultural religios, cadrelor didactice din învăţământul public şi individual, la redactarea lucrărilor ştiinţifico - didactice, studenţilor la însuşirea şi studierea dimensiunilor fenomenului cultural religios, agenţiilor de turism care practică aceastuă formă de turism, instituţiilor de analiză statistică şi prognoză, fiind aplicate la stabilirea noilor direcţii de dezvoltare a turismului în RM.

Noutatea şi originalitatea ştiinţifică: necesitatea fundamentării noilor forme de turism şi integrarea acestora în oferta agenţiilor de turism specializate; realizarea psihodiagnozei profilului potenţialului turist pelerin; elaborarea unui plan de dezvoltare şi diversificare a ofertelor turistice în colaborare cu toate instituţiile; prezentarea unei analize a acestei forme de turism la nivel de raion şi mănăstire a Republicii.

Concluzii şi perspective: Rezultatele prezentate constituie o continuare evolutivă a cercetărilor efectuate în cadrul Proiectului „Managementul anti – migraţional în sectorul rural al Republicii Moldova "

Key words: consciousness, society, monastry, SME, migration, creativity, emotion, sensuality, tourism

Introducere

Republica Moldova este o ţară mică cu o diversitate mare de obiecte de interes turistic amplasate la distanţe mici de la principalele oraşe – centre hoteliere. În Moldova sînt peste 15 mii atracţii turistice antropice şi peste 300 arii naturale importante. Au fost atestate cîteva mii de staţiuni preistorice, circa 400 aşezări din diferite epoci istorice, circa 50 cetăţui fortificate antice, circa 500 aşezări medievale timpurii, numeroase cetăţi medievale din pămînt, 6 cetăţi medievale din piatră (în diferite stadii de conservare), peste 1000 monumente de arhitectură protejate, circa 50 mănăstiri ortodoxe. Acest patrimoniu este relativ uniform dispersat pe teritoriul naţional, iar valoarea lui motivează suficient vizitele turistice. Spre regret, starea de degradare a patrimoniului îl face neatractiv.

Pentru a asigura o înţelegere generală despre formele de turism prin intermediul cărora poate fi valorificat potenţialul turistic, au fost examinate opinii ale vizitatorilor, ale companiilor turistice din Moldova şi de peste hotare, ale jurnaliştilor şi experţilor străini din domeniul turismului. Opiniile au fost expuse în cadrul sondajelor, realizate la ieşirea din ţară a vizitatorilor străini, precum şi în cadrul a 3 vizite de studiu în Moldova ale jurnaliştilor şi experţilor străini.

Principalele **atracţii turistice** şi **avantajul competitiv**:

a) Reprezentanţii companiilor turistice de top din Moldova (agenţii de turism, turoperatori, structuri de cazare şi administratori de atracţii turistice) au fost iniţiaţi în evaluarea calităţii atributelor turistice existente în ţară. În plus, reprezentanţii sectorului privat au fost iniţiaţi în stabilirea atributelor prioritare ale turismului local, cu intenţia de a evidenţia scopurile de promovare şi dezvoltare.

b) Dintre elementele majore ale atracţiilor turistice, au fost menţionate evenimentele şi activităţile culturale, bucătăria, activităţile de aventură, natura, mediul rural, patrimoniul cultural, monumentele istorice, domeniul vitivinicol etc., aceste elemente fiind importante pentru dezvoltarea formelor de turism în Republica Moldova.

Sursa: Proiectul CEED II al USAID

1. Rezultatele sondajului turiştilor la ieşire din Moldova, realizat în 2011-2012.

În 2 sondaje (noiembrie 2011 şi iunie 2012), un număr total de 658 vizitatori internaţionali au completat un chestionar detaliat la plecarea din Moldova. Respondenţilor li s-a solicitat să evalueze anumite atracţii, ospitalitatea, peisajele, precum şi probabilitatea de a recomanda Moldova în calitate de destinaţie turistică. Rezultatele sînt reflectate în figura 2.

2. Evaluarea subiectivă a atracţiilor turistice din Moldova în baza aprecierilor experţilor, a turoperatorilor şi jurnaliştilor în domeniul turistic din străinătate (2012 şi 2013):

a) evaluările ce urmează au fost realizate în baza aprecierilor experţilor, a turoperatorilor şi jurnaliştilor din domeniul turistic din străinătate (SUA, Elveţia, Germania, Ucraina), efectuate în anii 2012 şi 2013, şi subliniază valoarea dezvoltării diferitor produse pentru principalele pieţe-sursă;

b) pentru persoanele din America de Nord şi Europa de Vest Moldova poate fi atrăgătoare ca destinaţie „exotică" (puţin cunoscută), „o aventură în necunoscut", în special pentru turiştii mai aventuroşi. Produsele-cheie sugerate pentru dezvoltare includ turismul vitivinicol, turismul rural şi turismul cultural. Se consideră că, dacă acestea ar fi combinate cu activități „ușoare", cum sînt ateliere de artizanat, excursii pe jos (hiking) sau călătorii cu căruța trasă de cai, Moldova ar putea promova o ofertă foarte atractivă;

c) dintre cei 8 operatori turistici de peste hotare care au vizitat Moldova în perioada menționată, cei din Germania s-au arătat interesați, de asemenea, în turismul moto ca o formă atractivă de turism, în combinație cu turismul rural, turismul vitivinicol, turismul cultural și turismul ecologic.

Sursa: Proiectul CEED II al USAID

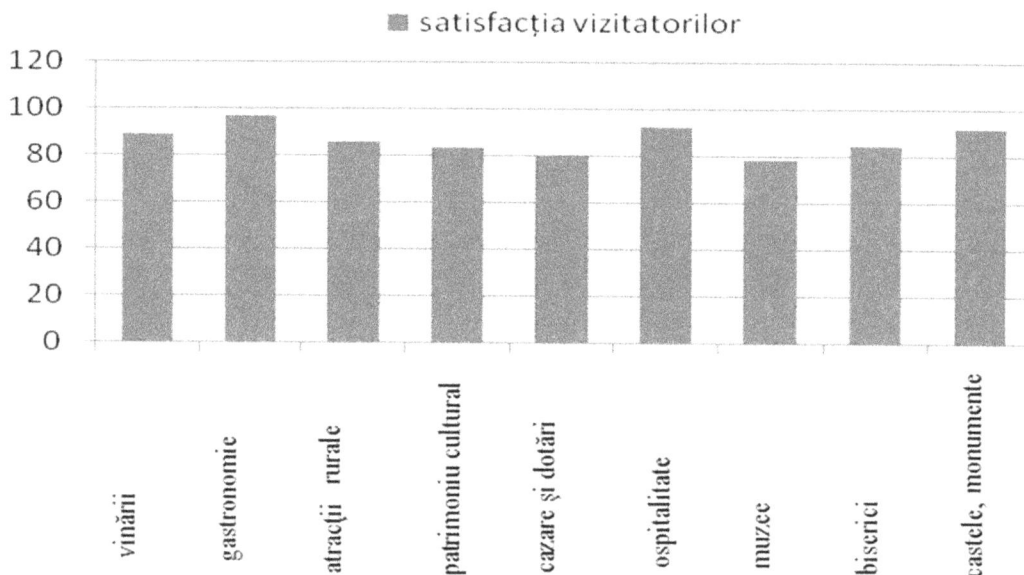

Figura 2. Satisfacția vizitatorilor străini în urma călătoriei în Republica Moldova, procente. Sursa: Proiectul CEED II al USAID

6.   **Turismul religios** – formă motivațională de turism care are ca scop vizitarea lăcașelor și obiectelor de cult cu sau fără participare la slujbe divine. Turismul religios implică din partea turiștilor un nivel de cultură ridicat, care să permită aprecierea obiectivelor vizitate din punctul de vedere al arhitecturii, valorii istorice și cultural - artistice, semnificațiilor spirituale și religioase.

Analiza SWOT a domeniului turismului

Puncte forte (S)	*Puncte slabe (W)*
1. Poziționarea turismului ca ramură prioritară a economiei Republicii Moldova	1. Legislație turistică nealiniată la standardele europene
2. Disponibilitatea de resurse turistice naturale și antropice	2. Cadru legislativ și normativ insuficient și neactualizat
3. Existența cadrului legislativ și normativ în domeniu	3. Insuficiența capacităților umane calificate în gestionarea domeniului și prestarea

166

	serviciilor de calitate
4. Implementarea proiectelor în domeniul turismului cu finanţare de la bugetul de stat	4. La nivel central, necesită modificări cadrul instituţional pentru implementarea politicilor statului în domeniu
5. Implementarea strategiilor şi programelor de dezvoltare a turismului în diferite raioane	5. Lipsa Biroului de Informare Turistică şi a filialelor acestuia în misiunile diplomatice ale Moldovei acreditate peste hotare
6. Disponibilitate de structuri de primire turistică cu funcţiuni de cazare şi alimentare moderne	6. Număr limitat de turoperatori şi agenţii de turism care formează şi comercializează produse turistice autohtone
7. Existenţa sălilor de conferinţe dotate cu utilaj modern	7. Insuficienţă de hoteluri de categoria 2-3 stele, care ar contribui la dezvoltarea turismului receptor prin preţuri atractive, competitive pe piaţa turistică internaţională
8. Funcţionarea a 3 centre de perfecţionare profesională a cadrelor din industria turismului	8. Costuri mari la serviciile de cazare în structurile de primire turistică autohtone
9. Activitatea diverselor asociaţii de specialitate	9. Număr redus de structuri de cazare în mediul rural
10. Republica Moldova este membru al organismelor internaţionale care sprijină dezvoltarea turismului (Organizaţia Mondială a Turismului a Naţiunilor Unite, Centrul de Competenţă Dunăreană, Organizaţia de Cooperare Economică la Marea Neagră, Consiliul pentru Turism al Comunităţii Statelor Independente etc.)	10. Număr redus de structuri de cazare clasificate
	11. Indicatoare turistice insuficiente
	12. Lipsa panourilor informaţionale în apropierea obiectivelor turistice
	13. Lipsa locurilor special amenajate pentru campare
	14. Parc de autocare turistice învechit
	15. Lipsa, la majoritatea obiectivelor turistice şi la muzee, a personalului calificat şi cunoscător de limbi de circulaţie internaţională
	16. Datele statistice sînt calculate eronat şi nu reflectă situaţia reală a domeniului
	17. Nu este ţinută evidenţa turiştilor individuali
	18. Eficienţa slabă a mecanismului de control a respectării calităţii serviciilor turistice prestate
Oportunităţi (O)	*Ameninţări (T)*
1. Ospitalitate tradiţională	1. Infrastructură slab dezvoltată la obiectivele turistice de interes naţional şi internaţional
2. Poziţionare strategică benefică a ţării (hotar cu CSI şi cu Uniunea Europeană)	2. Nivel scăzut de cunoaştere, în Europa şi în lume, a Moldovei ca destinaţie turistică
3. Lipsa necesităţii de vize pentru cetăţenii ţărilor-membre UE, SUA, Japoniei	3. Lipsa climatului investiţional favorabil pentru investitorii care să dezvolte infrastructura structurilor de primire turistică
4. Reducerea numărului de ţări care au statut de ţară cu risc sporit de migraţie, luîndu-se ca bază lista aprobată de Uniunea Europeană	

5. Conexiuni aeriene cu principalele noduri aeroportuare	cu funcţiuni de cazare şi alimentare pentru turismul de masă
6. Liberalizarea preţurilor la cursele aeriene şi demonopolizarea sectorului aviatic	4. Competitivitate redusă a ofertei turistice a Republicii Moldova (costuri înalte pentru viza de intrare în Republica Moldova, costuri înalte la cursele aeriene deservite de companiile aeriene autohtone)
7. Existenţa proiectelor de asistenţă externă pentru dezvoltarea turismului	
8. Numărul mare de evenimente cu atractivitate turistică: cultural-artistice, sportive, de agrement	5. Număr extrem de limitat de obiective incluse în lista patrimoniului UNESCO şi în cartea recordurilor Guiness
9. Brand cunoscut de ţară vitivinicolă	6. Insuficienţa resurselor financiare pentru acţiuni de promovare a domeniului: expoziţii, materiale promoţionale, susţinere financiară a proiectelor din domeniu etc.
10. Disponibilitate de crame vinicole de unicat în lume	
11. Pătrunderea masivă a tehnologiei informaţiei şi a comunicaţiilor în sfera de servicii	7. La nivel local este insuficientă gestionarea domeniului
12. Existenţa suportului politic.	8. Infrastructura rutieră neadecvată
	9. Lipsa sau amenajarea necores-punzătoare a grupurilor sanitare la intrarea în ţară, precum şi la staţiile PECO, menite să deservească grupurile de turişti.

Dezvoltarea strategică a turismului cultural religios determină abordarea unui management strategic axat pe următoarele direcţii:

5. Direcţii de acţiune pentru strategiile de dezvoltare a bazei tehnico materiale generale şi specifice turismului:
- dezvoltarea tuturor ramurilor economice care contribuie esenţial la dezvoltarea turismului implicit a turismului religios;
- dezvoltarea infrastructurii rutiere şi feroviare;
- modernizarea aeroporturilor şi internaţionalizarea acestora; modernizarea parcărilor cu toalete moderne, benzinării, etc.
- modernizarea mijloacelor de transport şi utilizarea celor mai moderne pentru turişti;
- utilizarea ghizilor calificaţi atât pentru informaţii turistice cât şi a celor ce se ocupă de programul spiritual;
- modernizarea cazărilor în spaţiile mănăstirilor, altor lăcaşe de cult (tip arhondaric); crearea posibilităţilor de servire a mesei la pensiunile din preajma mănăstirilor, altor
- lăcaşe de cult;

6. Sustenabilitate.
Direcţii de acţiune pentru strategiile de dezvoltare turistică a zonei [1, 2]:
- alcătuirea/constituirea unei oferte de programe turistice religioase complete pentru o cerere diversificată atât pentru vizitarea obiectivelor religioase, biserici, mănăstiri, morminte, moaşte, duhovnici, programe religioase, hramuri, slujbe de sfinţire,

comemorări, etc.;

- crearea posibilităţilor de diseminare/discuţii asupra programelor turistice derulate prin mese rotunde în spaţii special amenajate, săli de conferinţe, biblioteci, unde turiştii pelerini îşi exprimă opinii/păreri asupra celor vizitate şi a sentimentelor trăite făcându-se propuneri de îmbunătăţire a activităţii turistice şi a înălţării spirituale;

- invitarea unor personalităţi la anumite secţiuni de programe turistice, a unor ziarişti, oameni de televiziune, oameni de cultură pentru dezbateri şi îmbogăţire cultural-spirituală crearea posibilităţilor de alegere la cazare pentru turiştii care doresc pensiune sau în

- spaţiile mănăstirilor;

- utilizarea a doi însoţitori de grup, specialistul în turism, dar şi preot pentru turiştii care doresc acest lucru;

- crearea posibilităţilor de alegere a programelor prin participarea la slujbe, sau alte modalităţi de petrecere a timpului liber în excursii prin variante de programe, sau secţiuni de programe turistice, pentru microgrupurile formate;

- realizarea de posibilităţi de desfăşurare a taberelor religioase pentru educaţia moral creştină a copiilor şi tinerilor, cu participare la activităţi recreative, dar şi religioase;

- realizarea unor tabere pentru tineri cu participare la acţiuni gospodăreşti, activităţi cultural recreative, dar şi moral creştine cu invitaţi;

- posibilitatea turiştilor/pelerinilor de a-şi exprima gândurile şi sentimentele atât prin oferirea de mici daruri către biserici şi mănăstiri cum ar fi flori, lumânări, feţe de masă, prosoape, tămâie, sume mici de bani, dar şi achiziţionarea unor amintiri precum cărţi, icoane, cruciuliţe, iconiţe, vederi, etc.;

- instruirea personalului din mănăstiri (ghizi) să ofere turiştilor informaţii adaptate vârstei şi posibilităţilor de înţelegere, dând dovadă de înţelegere şi prietenie; instruirea mai multor ghizi capabili să ofere informaţii pentru situaţiile când sosesc mai multe grupuri odată, sau turişti individuali din alte ţări care solicită acest lucru;

- cunoaşterea limbilor străine şi istoriei locului de către ghizii din obiectivele religioase; atragerea turiştilor pelerini către obiectivele religioase prin îngăduinţa asupra ţinutei şi comportamentului acestora şi educarea lor treptată sau oferirea de echipament decent (halate, şorţuri);

- respectarea cu stricteţe de către personalul mănăstirilor a valorilor moral creştine: ascultarea, asceza, modestia, lipsa averilor, neetalarea tendinţei spre viciu a acestora.

Referinţe

[1] Proiectul CEED II al USAI

[2] Slobodean, A., Todoroi, N., Todoroi D., "Moldavian cloisters – Romanian Mind, Intellect and Soul", Society Consciousness Computers, Volume 3, Bacău-Bucureşti-Boston-Chicago-Chişinău-Cluj Napoca-Iaşi-Los Angeles, May 2016, Alma Mater Publishing House, Bacău, pp. 55-77, ISSN 2359-7321, ISSN-L 2359-7321

Project Production Based on Cracking Creativity Productive Thinking Method

Dumitru TODOROI, AESM, Chisinau, todoroi@ase.md
Dumitru MICUSHA, ULIM, dima_micusa@mail.ru

Absract.

Implemented projecting strategies development loaned from the Book "Cracking Creativity. The Secrets of Creative Genius" by Michael Michalko [1] are distributed in two parts with the titles: "Seeing What No One Else is Seeing" and „Thinking What No One Else is Thinking".

Projecting based on Cracking Creativity Productive Thinking Method [2], which implements the strategies, based on the Secrets of Creative Genius, is used in elaboration of the Project "Anti-migration strategies for the rural sector of the Republic of Moldova" for the Horizon 2020 European Community Program [3, 4].

This type of projecting is implemented in the Course "Productive project preparation" for the Economy informatics AESM specialties.

Keys words: strategy, thinking, conscience, rural sector, poverty, projecting

Introduction

Most people of average intelligence, given data or some problem, can figure out the expected conventional response to the problem. Typically, we think **reproductively**, on the basis of similar problems encountered in the past. When confronted with problems, we fixate on something in our past that we worked before. Then we analytically select the most promising approach based on past experiences, excluding all other approaches, and work a clearly defined direction toward the solution of the problem. Because of the apparent soundness of the steps based on past experiences, we become arrogantly certain of the correctness of our conclusion.

In contrast, geniuses think **productively** [1], not reproductively. When confronted with the problem, they ask themselves how many different ways they can look the problem, how they can rethink it, and how many different ways they can solved it, instead of asking how they have been taught to solve it. They tend to come up with many different responses [2] some of which are unconventional, and probably, unique. With productive thinking, one generates as many alternative approaches as one can, considering the least as well as most likely approaches. It is the willingness to explore all approaches that is important, even after one has found a promising one.

We propose teaching productive thinking in our training process in lieu of reproductive thinking. The creative-thinking techniques [3, 4] will show the specialists from rural sector SMEs how to generate the ideas and creative solutions they need in their business and personal life. Each technique contains specific instructions and an explanation of why and how it works. When the specialists use the techniques, they will rethink the way they see things and will look at the world in different way. The techniques change the way the specialists think by focusing their attention in different ways and giving them different ways to interpret what they focus on. The techniques will allow them to look at the same information as everyone else and see something different. It is not enough to understand the strategies. To create original ideas and creative solutions, the specialists from rural sector SMEs must use the techniques.

If the specialists from rural sector SMEs organize their thinking around these strategies, they will learn to see what no one else is seeing and how to think what no one else is thinking. the Cracking Creativity Method [1] is organized into two parts.

Part I presents strategies of geniuses who look at problems differently from the conventional ways we have been taught. They will learn how to look at their problem in many different ways.

Part II presents seven creative thinking strategies that geniuses use to generate their breakthrough ideas and creative solutions. These are the strategies that are common to the thinking styles of geniuses in science, art, and industry throughout history. These strategies will show the specialists from rural sector SMEs how to multiply their ideas and how to get ideas they cannot get using their usual way of thinking.

Part I: "Seeing what no one else seeing" incorporate two strategies: "Knowing how to see" and "Making Your thought visible". These strategies demonstrate how geniuses generate a rich variety of perspectives and conjectures by representing their problem in many different ways, including diagrammatically.

The Part II's first strategy "Thinking fluently" presents a set of timeless and solid principles on how to produce a quantity of ideas. In addition to producing many ideas, an important aspect of genius is the means to produce original and novel variations in ideas, and for this variation to be truly effective, it must be "blind". The next five strategies, "Making novel combinations", "Connecting the unconnected", "Looking at the other side", "Looking in other worlds", and "Finding what You're not looking for" demonstrated how geniuses get novel and original ideas by incorporating chance or randomness into the creative process in order to destabilize their existing patterns of thinking and reorganize their thoughts in new ways. The last strategy, "Awakening the collaborative spirit", presents the conditions for effective group brainstorming and a collection of world-class brainstorming techniques.

Projecting based on Cracking Creativity, which implements the strategies, based on the Secrets of Creative Genius, is used in elaboration of the Project "Anti-migration strategies for the rural sector of the Republic of Moldova" for the Horizon 2020 European Community Program [3, 4].

1. Migration problem.

Migration is one of the stringent problems that Republic of Moldova is facing today. According to World Bank data, in our country about 700 thousand citizens are working abroad, which constitute about half of the working population. Meanwhile, the sociologists consider that the real number of Moldovan migrants exceeds one million. Around a quarter among them decided not to return to home.

From the above presented we conclude the negative impact of migration such as family breakdown, brain migration, the abroad money transferred dependence of Moldovan young, crisis in the rural sector, rapid liquidation of small and medium enterprises.

In this way, mass migrations contribute to a demographic decline, economic potential decrease of the country that leads to devaluation of the national currency, predominance of imports, narrowingofthe manufacturing sector.

The main reasons for population exodus are considered population low-income in the country (45%), and lack of jobs in the country (24.5%) and poor condition of rural localities (15.6%). One of the Moldovans migration reason is considered also the lack of professional career opportunities (10.2%).

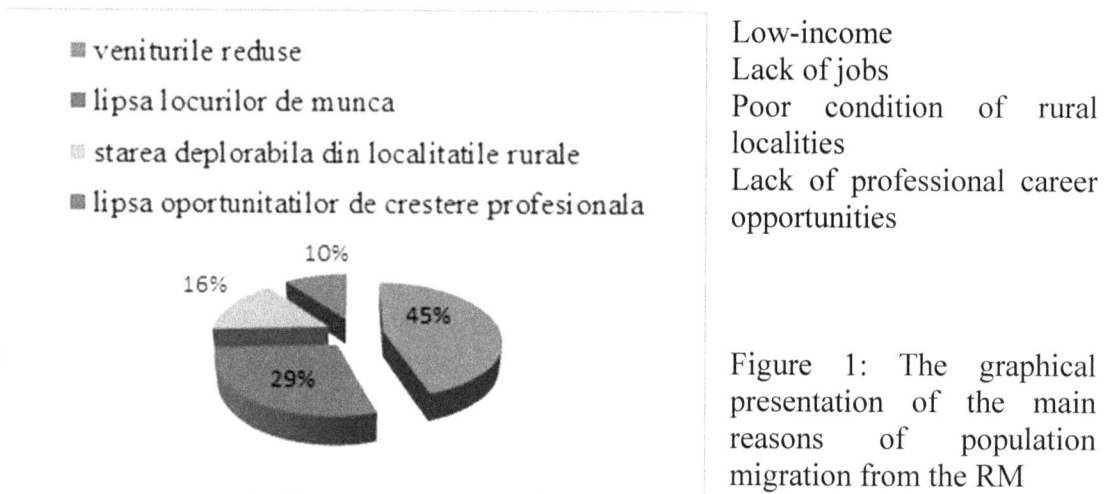

- veniturile reduse
- lipsa locurilor de munca
- starea deplorabila din localitatile rurale
- lipsa oportunitatilor de crestere profesionala

Low-income
Lack of jobs
Poor condition of rural localities
Lack of professional career opportunities

Figure 1: The graphical presentation of the main reasons of population migration from the RM

The study reveals that the majority of respondents would prefer to work in EU countries (53.4%), but also in Canada and the US (27.4%) and in CIS countries (13.7%) and 5.5% (37 people) - in Australia.

The information presented above shows the timeliness and the need for a project to improve the migration crisis in the rural sector of the Republic of Moldova.

One of the pillars of the Republic of Moldova crisis solving we hope to be the involvement of Members of "Parlamentul 90" Association those, who established the State of the Republic of Moldova declared its independence and initiated the development of a new state in Europe. These are not statements or "strong words", but a cry of the unsatisfied soul regarding the country's evolution that was created by the first democratic parliament of Republic of Moldova.

Today we have a crisis in the Republic of Moldova, a catastrophic situation of the republic's population especially in rural sector: an exodus huge of the population from the villages, it is a situation of deep crisis, a situation of the Republic of Moldova pre-default. The "Parlamentul 90" Association must intervene to improve the crisis of the Republic of Moldova.

2. Excellence

It can be observed many negative consequences of migration such as family breakdown, brain drain, young people's dependence on money transferred from abroad, crisis in rural areas, rapid liquidation of small and medium enterprises. These factors contribute to the migration process and cause the population decline, the decrease of the country's economic potential, and consequently the devalorization of national currency, the predominance of imports, narrowing the manufacturing sector. The low level of income in the country (45%), lack of jobs in the country (24.5%), and poor condition of rural areas (15.6%) – all these factors are among main reasons for the population exodus. Young people enumerate the lack of career opportunities between the reasons that make them leave the country (10.2%).

The figures presented above show the timeliness and the necessity of a project that has as an ultimate goal the improvement of the migration crisis in the rural sector in Moldova.

The project with deployment duration of 24 months aims to decrease the number of labour migrants from Republic of Moldova by 40% by creating new working places and developing of abilities of working according to European and global standards.

Due the effectuated examination was found the main rural sectors which are affected by the crisis of migration in the Republic of Moldova: (1) The „ Ecology, Education, Health" Sector, (2) The „The small rural industry" Sector, (3) The „Rural Middle Industry" Sector, and (4) The „Regional Industry" Sector.

3. Objectives

For the better evolution of the project "**Anti - migration management in the rural field of the Republic of Moldova**", the consortium sets five major objectives that have to be achieved in 24 months.

3.1. Studying the problems of migration crisis in the rural sector of the Republic of Moldova with the „Parlament 90" Association's support.

It includes:

-analytical and statistical data collecting;

-awareness and stabilizing the activities of the AO "Parlament 90" and consortium group,

-the beginning of the international collaboration of AO in order to involve the developed countries in the society and economy of the Republic of Moldova,

-the creation and monitoring the „Centre of Consulting and Project Management",

-involvement of "Parlamentul 90" Associationin creation of the European projects of small and middle enterprises for the rural sector of the Republic of Moldova,

-consulting due the evolution and sustainability of the European projects of small and middle enterprises (**SME**) of the rural sector of the Republic of Moldova

3.2. Monitoring the suspension of labour force migration from the Republic of Moldova

It includes:

-analysis of the entire situation and the demographic aspects in the rural sector of North-East-West-South (**NEWS**) regions of Republic,

-making correlation between the basic labor force and the population which is not capable to work: elders, handicapped, children,

-creating a data base for evidence of the employed, free, in search, periodic labor force,

-evidence of the skilled labor force: unqualified, in perspective of qualification,

-provide programs of EU wages, ensure the sustainability of the project.

3.3. Monitoring the process of returning of labour force in the Republic of Moldova

It includes:

registration the labor force working abroad with periods of their work evolution:

starting year of working abroad,

the country in which they operate,

steady employment,

temporary employment,

vagrancy of the foreign labor force ("foreign") with its periods of evolution:

the year of foreign work beginning,

country of activity,

constant occupation,

temporary occupation,

vagrancy,

ensurance of the possibility of returning of labor force from abroad in the Republic of Moldova,

-fitting the work activities in the already created SMEs,

-fitting in creation of SME,

-manage the processes of returning the labor force in the rural sector of the Republic of Moldova,

-ensure the sustainability of the project during the implementation of this objective.

3.4. Monitoring the process of creation of small and middle European enterprises in the rural sector of the Republic of Moldova

It includes:

-creation of the small and middle enterprises (SME) of Republic of Moldova in the" Ecology, education, health" sector, in the "Small Industry" sector, in the "Middle Industry" Sector and in the "Regional Industry" Sector;

-insurance of sustainability of SMEs

-organizing the creation process of work places with European remuneration

-manage the process of their occupation into the European SMEs in the rural sector of the Republic of Moldova.

3.5. Organizing and management the process of creation and occupying of places of work in the European SMEs in the rural sector of the Republic of Moldova

It includes:

-creation of places of work in the European SMEs in the rural sector in such sectors as:

-- the" Ecology, education, health",

--the "Small Industry",

--the "Middle Industry", and in

--the "Regional Industry";

-ensure the sustainability of places of work in the SMEs with European remuneration in the Republic of Moldova.

4.Relation to the work programme

The European Union faces currently with manifold challenges within and beyond its borders. Internally, growing inequality destroys its potential to create prosperity and provide stability. Six million people lost their jobs during the crisis, more than 120 million people are at risk of poverty and 14 million of young people (15-29 years old) are not involved in the processes of education, employment or training. Beyond the need to find new sources of growth and employment, the necessity to deliver qualitative public services and to renew the legitimacy of public policy-making across Europe put additional strain on governments. Externally, the Union's neighborhood has become an area of high risk with an increasing number of open conflicts challenging Europe's security.

That is the reason why the Parliament 90 Association is going to start an anti - migration project in the rural sector of the Republic of Moldova. We need to co-create the future through new solutions that have the potential to ensure sustainability, participatory governance, openness and transparency in policies and markets, the respect of the rule of law and social cohesion.

The anti - migration process is more complex than it seems on the surface, because it involves the use of complex capacities of the human brain in all stages of its development. So, the consortium of the project has to create jobs according to three different types of labour: a) spiritual labour, b) intellectual labour, c) physical labour. That should be done in order to suspend the migration in the country.

As a result of the increasing outflows, remittances has become one of the most important sources of income for many Moldovan households, while also financing the country's trade account deficit. In fact, Moldova is a leading country in the world in terms of the share of remittances to the GDP. Around 40 per cent of the Moldovan population live in households that receive remittances. In these households, remittances play a major role in their finances. Specifically, remittances fund more than half of the current expenditures in about 60 per cent of all remittance-receiving households. To a certain extent, remittances may also alleviate the poverty incidence of the receiving households. The research also shows that remittances also have a positive impact on non-migrant households.

5. Concept and methodology

The prospects of EU accession have created the need for the legislative and executive powers of the Republic of Moldova to review its migration policy and to reorganize the government institutions responsible for its implementation. The concept of the project strives to reduce the unemployment rate as well as reduce the number of people who are under-utilized because of hardships in the economic sectors. Increase in the number of employees in the private sector and decrease in the number of unemployed in the public sector. The number of employees in the public sector has decreased due to lower salaries that led to the migration of a part of the former employees. Another target of the project is to start labour migrants returning. Men were more affected by unemployment than women because many industrial plants and factories disappeared where male labour force was dominant, such as the technology-intensive and machinery industries. In contrast, women gained easier access to new activities developed in the services sector. So, this project is going to change this situation due opening new work places, educate people to work according to EU standards, implement different projects with local mayoralties, increase the cultural and ideological level of citizens.

Methodology based on Cracking Creativity Thinking Method is developed by:

6.1. Studying the problems of migration crisis in the rural sector of the Republic of Moldova with the „Parlament 90" Association's support.

6.2. Monitoring the suspension of labour force migration from the Republic of Moldova

5.3. Monitoring the process of returning of labour force in the Republic of Moldova

5.4. Monitoring the process of creation of small and middle European enterprises in the rural sector of the Republic of Moldova

5.5. Organizing and management the process of creation and occupying of places of work in the European SMEs in the rural sector of the Republic of Moldova. The major ambition of the project is to implement new technics and strategies based on Cracking Creativity Thinking Method for suspending the migration process of the nation. The consortium of project strives to increase the cultural and educational levels, to introduce in the rural sector of the country European standards, to create new work places with European salaries and make people return to their Motherland.

6. Impact
6.1. Expected impacts

Based on Cracking Creativity Thinking Method during the project's evolution it has been increased the level of education in rural area of Moldova and as a result it can find solutions for our tasks independently. Also based on Cracking Creativity Thinking Method during the project were introduced the European work style. It was obtained experience due to collaboration with European partners, that are successfully proceed after the termination of the project through the Europeanization of the rural area. There was found external and local financing sources after signing the individual and collective contracts. It was raised the qualification level of employees and employers. The anti-migration project had a benefic impact on national identity that is couched in ethno cultural fixtures, to one based more on civic values and responsibilities. Also, the project satisfied the need for the legislative and executive powers of the Republic of Moldova to review its migration policy and to reorganize the government institutions responsible for its implementation and made possible the process of integration in EU. Finally, the discussed project had impacts on national cohesion. Much more significant impact for society is the return of labour migrant from EU countries, Russia and other CIS countries. So, the number of migrants can be reduced with 40%.

The small and medium enterprises acquire knowledge and skills about drawing up draft of local, regional and national projects and the attraction of investments into the country in order to increase the economical, cultural, technological level and increasing the quality and quantity of the products for export. All these skills will be obtained following the development of the project in question. This will contribute to raising the living standards, the wage increase, will open the perspective of increasing the market share at nationally and internationally level of domestic production. Likewise, the project provides raising the living standards in the rural area of Republic of Moldova.

With the increasing number of medium and small enterprises (SMEs) of European type in the rural area of Republic of Moldova, the chances of adhering to EU space will grow and will open up new perspectives for the entire Republic.

At the end of the project is going to be made a detailed analysis of the progress achieved, the identification of the project's strengths and weaknesses. As a result of the detection of weak points based on Cracking Creativity Productive Thinking Method will be elaborated programs to remove the drawbacks thereof.

6.2. Measures to maximise impact

Dissemination and exploitation of results are obtained based on Cracking Creativity Productive Thinking Method.

6.2.1. Studying of the migration crisis in the of the Republic of Moldova rural sector supported by the „Parlamentul 90" Association

Activities planned:
(1) Awareness of Republic of Moldovan creation event and analysis of independence period - Present of Republic of Moldova.
(2) Result: Summary Report with analyzes and proposals for solving "What was proposed, how was done, and what was obtained in Republic of Moldova".
(3) Awareness activities of Members of Parliament 90 Members of Parliament 90 restoration activities.
(4) Result: Progress Report on the ground (DEC) during the "deputies" in the present and expected future.
(3) Helping of removal the Republic of Moldova from its deep crisis and Parlament 90 collaboration with local, regional and republican administration.

Result: Summary Report of the territory (DEC) highlighting solving problems of first necessity with the local, regional and republican

(5) International cooperation to involve Parliament 90 in developing society and economy of Moldova.

(6) Result: Summary Report of interaction with European co-partners in solving migration problems in Moldova.

(7) (5) Parliament 90's involvement in projects explore ways to create European small and medium Moldovan rural area.

(8) Result: Creation the "Center of consulting Parliament 90"; training of experts of "Center of consulting Parlament 90" in the process of creating and implementing European projects to support the Republic of Moldova in migration and EU accession.

6.2.2. Monitoring the process of stopping the labour migration from Republic of Moldova

6.2.2.1. Analysis of the demographic situation in village, commune, district, the (NEWS) region, republic, emphasizing the employed labour force, free, in search, with regular occupation

Result: Report of the territory (DEC) highlighting total employed stuff, periodically occupied, not occupied with activities highlighting the age and grievances of making an activity.

6.2.2.2. Correlation between the labour force and supporting the population that is not able to work: elders, handicapped persons, children.

Result: Report of the territory (DEC) highlighting not extensive working staff: elders, handicapped persons, sick persons, children with emphasizing the age and needs of decent living.

6.2.2.3. Highlighting qualified labour force, unqualified, in perspective of qualifying etc. with total summary of investigations.

Result: Report of the territory (DEC) highlighting qualified, unqualified stuff, in perspective of qualifying etc. emphasizing the age and needs of making activity.

6.2.2.4. Elaboration of evaluation schedule of local labor force, creating of workplaces and its placement with financing of labour forces from EU sources.

Result: Report of the territory (DEC) drawing up the evaluation scheme-schedule of local labor forces, creating of workplaces and its placement with financing of labour forces from EU sources.

6.2.2.5. Engagement and workforce management in the field of rural area of Republic of Moldova.

Result: Report of hiring activity and monitoring of the labour forces in rural area on SMEs of Republic of Moldova with scheme-schedule implementation of local labour forces, creating of workplaces and its placement with financing of labour forces from EU sources.

6.3. Monitoring the process of the return of labour force in Republic of Moldova

6.3.1. Highlighting abroad labour force (''foreign'') with periods of its evolution: starting year of working abroad, the country in which they operate, the constant employment, temporary employment, vagrancy.

Result: Activity report in EU, America, Russia, Asia (UARA) countries highlighting the "foreign" staff with periods of its evolution: starting year of working abroad, the country in which they operate, the constant employment, temporary employment, vagrancy highlighting the age and grievances of making an activity.

6.3.2. Highlighting the labour force (''foreign'') with experience, without experience, temporary employment and highlighting the possibilities of returning in Republic of Moldova with distinction to be employed in SMEs enterprises already created, to initiate business of SMSs type and to engage the local labour forces: with work experience.

Result: Activity report in UARA countries highlighting the "foreign" staff with intentions of returning in Republic of Moldova with distinction to be employed in SMEs enterprises already created, to initiate business of SMSs type and to engage the local labour forces.

6.3.3. Sustainabilityof the return of labour force in Republic of Moldova.

6.4. Monitoring of the process of creation of European small and middle enterprises (SMEs) in the rural sector of the Republic of Moldova

6.4.1. Development of small enterprises of the Republic of Moldova in the "Ecology, education, health" sector: (- barber shop, - bathroom,- library, - intermediate and pre-intermediate education, - Theatre of culture, - small light, - ambulance and pharmacy, - territorial ecology, - post office, -internet etc).

Result: Local Summary Report (Circumscription) with small enteprises development of the"Ecology, education, health" sector.

6.4.2. Small enterprises development of the Republic of Moldova in the "Small Industry" sector: - securitaty,- oil mills,- mill,- bakery,- individual householdings collection of production (IHP),- storage, development PGI,- shoemakers,- tailoring,- garbage, -commerce, -bakery etc.

Result: Local Summary Report (Circumscription) with small enteprises development of the "Small Industry" sector.

6.4.3. Middle enterprises development of the Republic of Moldova in the "Middle Industry" sector:- activities mechanization: plowing, sowing, harvesting, territory preparing,- collecting of productions from colective households (PGC), - processing, drying, conservation PGC, - storage, realization PGC,- series, planting, monitoring,- ruits, planting, care, orchards monitoring,- winemaking, planting, care, wineyards monitoring,- vegetables cultivation, initiation, care, monitoring,- water supply,- fishing, local resources monitoring,- cattle, local resources monitoring, - pigs, goats, local resources monitoring, - sheeps, local resources monitoring:

Result: Local Summary Report (Circumscription) with small enteprises development of the "Small Industry" sector.

6.4.4. Middle enterprises of the "Regional Industry" Sector: - water monitoring: pools, lakes,- solar power, - wind energetics, - bioenergetics, - garbage energetics, - energetics, -water, - roads, - irrigation, - ground ecology, - fishing, regional resources monitoring,- cattle, regional resources monitoring, - pigs, goats, regional resources monitoring, - sheeps, regional resources monitoring.

Local Summary Report (Circumscription) with small enterpises development of the "Small Industry" sector.

6.4.5. Sustainability of monitoring process of the Europenean small and middle enterprises development (SMEs) of the rural industry of the Republic of Moldova.

6.5. Organizing and directing of the process of creation and occupying of the places of work at the European SMEs in the rural sector of the Republic of Moldova.

6.5.1. Working places development at the Small Enterprises of the Republic of Moldova in the "Ecology, education, health" sector (- barber shop, - bathroom,- library, - intermediate and pre-inbtermediate education, - theatre of culture, - small light, - mbulance and pharmacy, - territorial ecology, - post office, -internet etc).

Result: Local Summary Report (Circumscription) with working places development at the "Ecology, education, and health" sector.

6.5.2. Working places development at the Small Enterprises of the Republic of Moldova in the "Small Industry" sector: - securitaty,- oil mills,- mill,- bakery,- individual householdings collecting production (IHP),- processing, drying, conservation PGI,- storage, development PGI,- shoemakers,- tailoring,- garbage, -trade, -bakery etc.

Result: Local Summary Report (Circumscription) with working places development at the „Small Industry" sector. (NEWS)

6.5.3. Working places development at the Middle Enterprises of the Republic of Moldova in the "Middle Industry" sector: activities mechanization: plowing, sowing, harvesting, territory preparing,- collecting of productions from colective households (PGC), - processing, drying, conservation PGC, - storage, realization PGC,- series, planting, monitoring,- ruits, planting, care, orchards monitoring,- winemaking, planting, care, wineyards monitoring,- vegetables cultivation, initiation, care, monitoring,- water supply,- fishing, local resources monitoring,- cattle, local resources monitoring, pigs, goats, local resources monitoring, sheeps, local resources monitoring.

District Summary Report with working places development of Middle enterpises at the "Middle Industry" sector.

6.5.4. Working places development at the Middle Enterprises of the Republic of Moldova in the "Regional Industry" sector: water monitoring: pools, lakes,- solar power, - wind energetics, - bioenergetics, - garbage energetics, - energetics, -water, - roads, - irrigation, - ground ecology, - fishing, regional resources monitoring,- cattle, regional resources monitoring, - pigs, goats, regional resources monitoring, - sheeps, regional resources monitoring. Regional Summary Report with working places development of Regional enteprises at the "Regional Industry" sector.

6.5.5. Sustainability of the organizing and directing of the process of development and occupying of places of work in the European SMEs in the rural sector of the Republic of Moldova with european labour remuneration.

Sustainability.

In perspective of implementation the Cracking Creativity thinking Method there have to be done supplementary next activities in rural sector of the Republic of Moldova.

A. Organizing and managing the Europeanization process of Moldovan society: society, economy, education, culture, ecology

A.1. Social, economic, cultural, educational, medical and ecologic European evolution of the Republic of Moldova towards the European Integration, by creating European small enterprises in the "Small Industry" sector is „Europeanised" by creating and operating with the European small industries, from the category: barber shop, communal bathrooms, libraries and small lights, schools, kinder gardens, crèches, theatre of culture, medical locations with pharmacies, rural ecologic territories, posts with internet etc.

Results: Development, management, evolution and its sustainability is coordinated and consulted by the deputies of "Parlament 90" Association, especially by the „Centre of Consulting of Parlament 90".

A.2. Social, economic, cultural, educational, medical and ecologic European evolution of the Republic of Moldova towards the European Integration, by creating European small enterprises in the "Small Industry" sector is „Europeanised" by creating and operating with the European small industries, from the category: security points, oil mills, mills, bakeries, individual households points of products collecting (PGI), of storage and commercialization of PGI, shoemaker, tailoring, enterprises of collecting and use of garbage, European Commercial Enterprises etc.

Results: Development, management, evolution and its sustainability is coordinated and consulted by the deputies of "Parlament 90" Association, especially by the „Centre of Consulting of Parlament 90".

A.3. Social, economic, cultural, educational, medical and ecologic European evolution of the Republic of Moldova towards the European Integration, by creating Middle European Enterprises in the "Middle Industry" sector is „Europeanised" by creating and operating with the European Middle Industries, from the category: common households for mechanization of the rural and collective individual household activities: plowing, sowing, reaping, ecologic preparation of territories, collecting points, processing (drying, conservation), storage and realization of the collective households production (CHP), enterprise series, households for planting and care of orchards and ecologic forests, fruit trees, berries and medical herbs, specialized in vegetables households, households for improvement and water supply, fishing, hen coops, pigs farms, sheepfolds, cattle farms and many other means of rural households.

Results: Development, management, evolution and their sustainability is coordinated and consulted by deputies of the "Parlament 90" Association, especially by the „Centre of Consulting of Parlamentul 90".

A.4. Social, economic, cultural, educational, medical and ecologic European evolution of the Republic of Moldova towards the European Integration, by creating Middle European Enterprises in the "Regional Industry" sector is „Europeanised" by creating and operating with the European Middle Industries, from the category: regional households for regional monitoring of water (pools, lakes, rivers), enterprises in the bioenergetics fields and of the solar, wind, water energetics and garbage energetics, road maintenance enterprises, road studying enterprises, irrigation, regional ecology, enterprises of monitoring of regional resources: fishing, cattle farms, sheep farms etc. Development, management, evolution and their sustainability is coordinated and consulted by deputies of the "Parlament 90" Association, especially by the „Centre of Consulting of Parlamentul 90".

A.5. The sustainability of Europeanization the Moldovan society of the Republic of Moldova

B. Organizing and managing the process of raising of the living standards in rural areas of the Republic of Moldova

B.1. Strategy of social, economic, cultural, educational, medical and ecological, European evolution of the Republic of Moldova towards its integration into the European Union through the Continuous European Education of rural inhabitants from the Republic of Moldova, organizing contacts and meetings with their counterparts from EU countries, organizing partnerships of small rural enterprises from the Republic of Moldova and from EU of the„Ecology, education, health'' sector. The strategy of European labor remunerationby creating workplaces at small enterprises from the Republic of Moldova of the category: barber shops, communal bathrooms, bookcases & libraries, schools, kindergartens, nurseries, cultural centers with pharmacies, rural ecological territories, Post Office with internet etc.

Results: Creation, management, evolution and sustainability of the salary, of Europeanization and the raising of living standards of the inhabitants from rural area of the Republic of Moldova which are coordinated and consulted by Members of the "Parlament 90" Association, especially by the "Consulting Centre of the Parlamentul 90"

B.2. The strategy of social, economic, cultural, educational, medical and ecologic European evolution of the Republic of Moldova towards its integration into the European Union through the continuous European Education of rural inhabitants from the Republic of Moldova, organizing contacts and meetings with their counterparts from

EU countries, organizing partnerships of small rural enterprises from Republic of Moldova and from EU in the sector "Small Industry''. The strategy of European salary by creating workplaces at small enterprises from the Republic of Moldova of category: security points, oil mills, mills, bakeries, points for collecting the products from individual households (PGIs), storage and marketing of PGIs, cobblers, tailors, enterprises of collecting and using of wastes, European commercial enterprises etc.

Results: Creation, management, evolution and sustainability of the salary, of Europeanization and the raising of living standards of the inhabitants in rural area of Republic of Moldova are coordinated and consulted by Members of the "Parlament 90" Association, especially by the Parlament 90 Consulting Centre''.

B.3. The strategy of social, economic, cultural, educational, medical and ecologic European evolution of the Republic of Moldova toward its integration into the European Union through continuous European education of rural inhabitants from the Republic of Moldova, organizing contacts and meetings with their counterparts from EU countries, organizing partnerships of small rural enterprises from Republic of Moldova and from EU in the sector "Average industry''. The strategy of European salary by creating workplaces at small enterprises from Republic of Moldova of category: communal households for mechanization of activities of the rural individual and collective households: plowing, sowing, reaping, ecologic preparation of territories, collection points, processing (drying, storage), storing and realization of products from collective households (PGCs), legitimate enterprises, households on planting and carrying of ecological orchards and forests, fruits trees, vineyards, berries and medicinal plants, households specializing in working with vegetables, improvement and water supply households, fisheries, beehives,pilfering, swine farms,sheepfolds, cattle ranches and many other rural medium households.

Results: Creation, management, evolution and sustainability of the salary, of Europeanization and the raising of living standards of inhabitants in the rural area of the Republic of Moldova which are coordinated and consulted by Members of the "Parlament 90" Association, especially by the "Consulting Centre of Parlamentul 90''.

B.4. The strategy of social, economic, cultural, educational, medical and ecologic European evolution of the Republic of Moldova toward its integration into the European Union through a continuous European education of rural inhabitants from the Republic of Moldova, organizing contacts and meetings with their counterparts from EU countries, organizing partnerships of small rural enterprises from the Republic of Moldova and from EU in the "Regional Industry'' sector. The strategy of European labour remuneration by creating workplaces at small enterprises of the Republic of Moldova of the category: regional households designed to regional water monitoring (ponds, lakes, rivers), enterprises in the areas of bioenergetics, hunting, waters and waste energy, road maintenance service of enterprises, enterprises for soil studying, irrigation, regional ecology, enterprises of regional resources monitoring: fishing, cattle and sheep farm etc.

Results: The development, management, evolution and sustainability of the salary, Europeanization and of raising of living standards of the inhabitants in the rural area of the Republic of Moldova which are coordinated and consulted by Members of the "Parlament 90" Association, especially by the "Consulting Centre Parlamentul 90".

B.5. Sustainability in organizing and managing the process of raising of living standards in rural areas of the Republic of Moldova.

C. Organizing and implementing of the correlation of Moldovan society and culture with the European society and culture

Basic activities: highlighting the basic areas of European culture: - the human and nature ecology, - the barber shop, - the bathroom - the library – the education and the science, - the Theatre of Culture, - library, - the medical point & the pharmacy, - the internet & the European mail, - studying the European culture on basic areas, - the schooling and the education on European culture areas, - the approximation and the collaboration of Moldovan and European cultures in the rural area of the Republic of Moldova

C.1. Social and cultural activities on the commune, village and mayoralty level: result: Correlations, meetings, social and cultural exchange of experience of school, dancing, coral and crafts collectives; communal twinning; European joint study programs in communal schools; mutually social and cultural travel and tourism.

C.2. Social and cultural activities at the municipalities and counties level: result: Correlations, meetings and social and cultural exchange experiences of municipal and county of school, dancing, coral and crafts collectives; municipal and county twinning; European joint study programs in general education schools and trade schools; mutually social and cultural travels and tourism; seminars and conferences on social and cultural topics.

C.3. Social and cultural activities at the regional and republican level: result: Correlations, meetings and social and cultural exchange experiences of regional and republican of school, dancing, coral and crafts collectives; regional and republican twinning; European joint study programs in general education schools, trade schools, colleges and high schools; mutually social and cultural of regional and republican travel and tourism; seminars and conferences on social and cultural topics.

C.4. Sustainability of organizing and implementing of the Moldovan social and cultural process in correlation with European society and culture

D. Organizing and implementing of the European ecology, economisation and industrialization of rural area in the Republic of Moldova

Basic activities:

- highlighting of the basic areas of the European rural industries: the human and nature ecology, the education and the economic and instrumental cleverness, the small, middle and regional industry

- The European industrialization of the rural area in the field of ecology and education
- The European industrialization of the rural area of the Republic of Moldova in the field of small, middle and regional industries.

D.1. Economic, industrial and ecologic activities at the commune, village and mayoralty level: result: Correlations, meetings and exchange of economical, industrial and ecological experiences of small economical, industrial and ecological enterprises; communal twinning of small economical, industrial and ecological enterprises; European joint study of economical, industrial and ecological programs in communal schools; mutually economical, industrial and ecological travels and tourism at the commune, village and mayoralty level.

D.2. Economical, industrial and ecological activities at the municipalities and counties level: result: Correlations, meetings and exchange of economical, industrial and ecological experiences of SMEs economical, industrial and ecological collectives at the municipality and county level; municipal and county SME economical, industrial and ecological twinnings; European joint study of economical, industrial and ecological programs in municipal and county schools; mutually economic, industrial and ecological travels and tourism at municipality and county level.

D.3. Economical, industrial and ecological activities at the regional and republican level: result: Correlations, meetings and exchange of economical, industrial and ecological experiences of SMEs collectives at regional and republican level; European joint study of economical, industrial and ecological programs at regional and republican level; mutually economic, industrial and ecological travels and tourism at regional and republican level.

Acknowledgements

We are in the big duties to all our co-partners who help to understand the real help for the citizens of our countries to solve the migration problems. We also underline the help of our colleagues in creating this Project. At last but not the list our acknowledgements to Professor, Dr. Dr. DHC Radu Mihalcea from the ISU, Chicago, who help to teach and implement the Cracking Creativity Productive Thinking Method in the process of developing new Projects.

References

[1] Michalko, M. (2001) *Cracking Creativity. The secrets of Creative Genius*. Ten Speed Press, Berkeley, California. 309 pages. ISBN-13: 978-1-58008-311-9, ISBN-10: 1-58008-311-0

[2] Todoroi, D., *Creative Robotic Intelligences,* Editions Universitaires Europeennes, Saarbrucken, New York, 2017, 123 pages. ISBN: 978-3-8484-2335-9

[3] Todoroi, D., Nechita, E., Carapostol, V., Todoroi, N-D., Micuşa, D-D., Micuşa, D-

V., Kountchev, R., Kanchev, A., **"Social Sustainability in the South-East part of European Community"**, *Society Consciousness Computers, Volume 3*, Bacău-Bucureşti-Boston-Chicago-Chişinău-Cluj Napoca-Iaşi-Los Angeles, May 2016, Alma Mater Publishing House, Bacău, pp. 133-137, ISSN 2359-7321, ISSN-L 2359-7321

[4] Todoroi, D., Nechita, E., Ţurcanu, A., Micuşa, D-D., Todoroi, Z., Micuşa, D-V., Mihov, G., Carapostol, V., Todoroi, N-D., Belinski, D. **„Anti-Migration Management in the Rural Sector of the Republic of Moldova",** In *Proc. of the 5th International Conference on Mathematical Modelling, Optimisation and Information Technologies, Vol. I*, Chişinău, Evrica, March 22-25, 2016, pp. 345 – 361. ISBN 978-9975-62-364-3, ISBN 978-9975-3099-8-1

Diferenţe de gen în reprezentările sociale ale frumuseţii

Dumitru MICUŞA, dima_micusa@mail.ru
Coordonator: Ina MORARU, PhD, Dr., ULIM,
Chişinău, Republica Moldova

Abstract

Scopul lucrării: Prima impresie evaluează imaginea despre persoană la 30 procente, reieşind doar din observaţia externă. Deci, expresia ochilor, a feţei, a mâinilor, picioarelor, a corpului şi, în deosebi, a coafurii determină "prima impresie".

"Prima impresie" determină scopul individului. Vorbind specific despre coafură şi machiaj, acestea reflectă inteligenţa, temperamentul, emoţiile, sentimentele la "prima vedere" şi in continuare evoluează în direcţia atingerii scopului individual.

Persoana pleacă la o angajare la serviciu, la o întrunire cu iubitul, la nunta proprie, la examen, deci are un scop. În crearea propriului aspect exterior fiecare persoană, fie bărbat sau femeie, acţionează în baza reprezentărilor sociale create de mediul în care se află.

Stilistul, utilizând "prima impresie", îşi creează o concluzie despre reprezentarea socială în frumuseţe a clientului. Scopul stilistului constă in aceea ca, bazându-se pe aceasta "primă impresie", sa îşi continue investigaţiile asupra clientului. El utilizează metodele observaţiei, testelor proiective, dialogurile verbale si alte tehnici din psihologia moderna, spre a-şi putea crea o imagine cât mai detaliata despre imaginea interioara si exterioara a clientului. Stilistul este adeptul acestor reprezentări sociale.

In aşa fel, stilistul modern devine un formator personal pentru fiecare din clienţii lui, si formatorul frumuseţii societăţii in general. Metodele stilistului-formator sunt multe. Stilistul o alege pe cea mai potrivită. Astfel, societatea stiliştilor umple nişa formării frumuseţii in societate.

Pentru atingerea acestui scop nobil, noua generaţie de stilişti necesită nu doar o instruire tehnică, dar si o iniţiere si instruire mai profunda in domeniile sociologiei, psihologiei, pedagogiei, informaticii spre distingerea diferenţelor gender in reprezentările sociale ale frumuseţii.

Design-ul / metodologia / abordarea: în această lucrare sunt descrise aspectele esenţiale ale reprezentărilor sociale pe care esantionul persoanelor intervievate, îl are in domeniul frumusetii, care poate fi folosită pe larg de către stilistul formator de frumuseţe modern.

Constatări: în baza analizei setului de interviuri a tinerilor din diferite scoli, universităţi, colective, şi alţi amatori putem spune că la momentul actual o astfel de metodologie de abordare a frumuseţii în Societatea modernă poate evidenţia întreţinerea societăţii cu mijloace contemporane de creare a frumuseţii exterioare, şi a oferi o calitate maximă a frumuseţii, şi prin asta, o calitate mai buna de viaţă.

Limitări / sugestii de cercetare: lucrarea dată scoate în evidenţă aspectele principale ale unor Reprezentări Sociale din domeniul frumusetii, care oferă metode progresiste educaţionale, de administrare şi monitorizare a evoluţiei frumuseţii exterioare umane.

Valoarea aplicativă: rezultatele lucrării şi concluziile făcute vor fi utile atât pentru cadrele educaţionale din instituţiile preşcolare, şcolare şi din laboratoarele de cercetare a facultăţilor universităţilor specializate în domeniul frumuseţii, cât şi pentru toţi funcţionarii din aceste instituţii.

Noutatea şi originalitatea ştiinţifică: abordarea implementării tehnologiilor si tehnicilor de creare si intreţinere a frumuseţii în cadrul societăţii moderne, este de a îmbunătăţi nivelul de prestare a serviciilor şi monitorizare a procesului de îmbunatatire a calităţii vieţii datorită „up-grade"-ului aspectului uman, ce constituie o notorietate în sfera prestării serviciilor.

Mediul implementării: cercetarea şi implementarea în cauză este efectuată în cadrul instituţiilor preşcolare, şcolare şi în laboratoarele de cercetare a facultăţilor universităţilor specializate în diverse domenii sociale.

Introducere

Pentru o mai bună înţelegere a subiectului dăm o definitie Reprezentarilor sociale

• Reprezentarea socială este un mod de a vedea lucrurile care are rolul de a instaura o ordine şi de a le permite indivizilor să se orienteze în mediul social (APUD Curelaru, 2005: 31)

• Este modalitatea prin care se instaurează coduri necesare comunicării între indivizi, prin numirea şi clasificarea fenomenelor ce ne înconjoară şi a obiectelor din realitate, fie acestea vizibile sau fără formă concretă,

Pe scurt – este prisma prin care fiecare individ apartenent unui grup social, percepe realitatea.

Diferenţele în condiţiile de trai ale grupurilor delimitează spaţiul de experienţă al membrilor lor, care, la rândul său, delimitează lumea imaginilor şi metaforelor disponibile pentru obiectivizare. Metafora care rezultă în urma percepţiei nu este "corectă" sau "incorectă" în sensul adevărului ştiinţific. Este doar bună de a fi luată in consideraţie. Cercetarea actuală este aplicată pe un eşantion vast, constituit din clienţii saloanelor de frumuseţe, care sunt din cele mai diferite domenii – politica, arta, politie, funcţionari publici, modele, profesori, etc., cât si din studenţi şi elevi din instituţiile de învăţământ. Scopul cercetării este de a colecta informaţii despre viziunea fiecăruia asupra noţiunii de "frumuseţe", şi în baza chestionarelor aplicate se va efectua o statistică referitor la reprezentările sociale a frumuseţii. In urma cercetării efectuate – se poate de spus ca majoritatea indivizilor percep frumuseţea ca ceva care face parte din natura. Această deducţie am făcut-o după analiza chestionarelor aplicate in care majoritatea asocierilor cu cuvântul „frumuseţe" au fost anume din natură – exemplu: "orhidee, natura, stil personal, ce-i frumos si lui dumnezeu ii place, zâmbet, lumina, suflet, îngrijire", etc.

1. Constatări

Se percepe o mică disconcordanţă a asocierilor exprimate de oameni, si ceea ce vedem in realitate in societate, in ceea ce tine de frumuseţea exterioară a fiecăruia. Observăm cum persoanele din RM se iau după „trenduri", care nu le accentuează individualitatea si frumuseţea naturală, ci din contra, tind sa facă parte dintr-un grup social anumit, ceea ce duce spre o identitate socială nesatisfăcătoare (pentru că potrivit rezultatelor chestionarelor, fiecare individ asociază frumuseţea cu ceva natural), şi trezeşte în individ „căutarea schimbării". Odată ce individul este convins că are nevoie de o schimbare, pentru a nu mai fi parte a reprezentărilor sociale „false" insuflate de grupul social (mare sau mic) căruia îi aparţine, si apare dorinţa de a se baza mai mult pe reprezentările „personale", adică felul în care percepe doar el anumite lucruri sau trope, individul devine deschis spre „schimbări".

Se consideră ca omul poate fi ajutat doar atunci, când el singur îşi doreşte asta. Din aceste considerente, când individul devine conştient că reprezentările sociale de până acum au fost doar nişte „iluzii", create de anturajul in care s-a dezvoltat de la naştere până în prezent, conştientizează cauza identităţii sociale nesatisfăcătoare, şi îşi focalizează eforturile personale (până acum foarte difuz repartizate, din cauza necunoaşterii motivului nesatisfacţiei) spre detectarea propriilor reprezentări asupra lumii, şi întărirea acestora pe poziţii.

Acest fapt uşurează considerabil sarcinile specialistului căruia i se adresează individul, fie psiholog, stilist, asistent social, etc., care la rândul său îşi focalizează eforturile spre crearea unei strategii individuale de identificare a reprezentărilor proprii, de întărirea lor (totodată lăsându-le flexibile pentru viitoarele schimbări) şi implementarea in viaţa cotidiană.

Concluzii

Când se spune ca frumuseţea va salva lumea, după părerea noastră se are in vedere ca omul când e frumos (arată aşa cum îi place) – este mai increzut in sine si in ceea ce face, luandu-si gandurile de la propria figura si concentrandu-se asupra lucrurilor importante ce pot misca lumea sa inainte.

Rezultatul acestei cercetări, efectuate pe un eşantion de 60 de persoane de diferite vârste si gen, îl constituie identificarea punctelor comune in reprezentarea sociala a termenului „frumuseţe".

Sugestii

Aceasta statistica care va reeiesi la finalul cercetarii, ne va ajuta sa punem in aplicare faza a doua a proiectului, si anume partea practica: (abstract) incepand cu sectorul rural, care este mai slab dezvoltat in sfera serviciilor, vom porni o serie de traininguri pentru stilisti si functionarii din sfera deservirii persoanelor, adica care au contact direct cu publicul- si le vom adduce la cunostinta rezultatele cercetarii – adica de ce are nevoi lumea ca sa se simta indeplinita din pct de vedere a frumuseţii exterioare

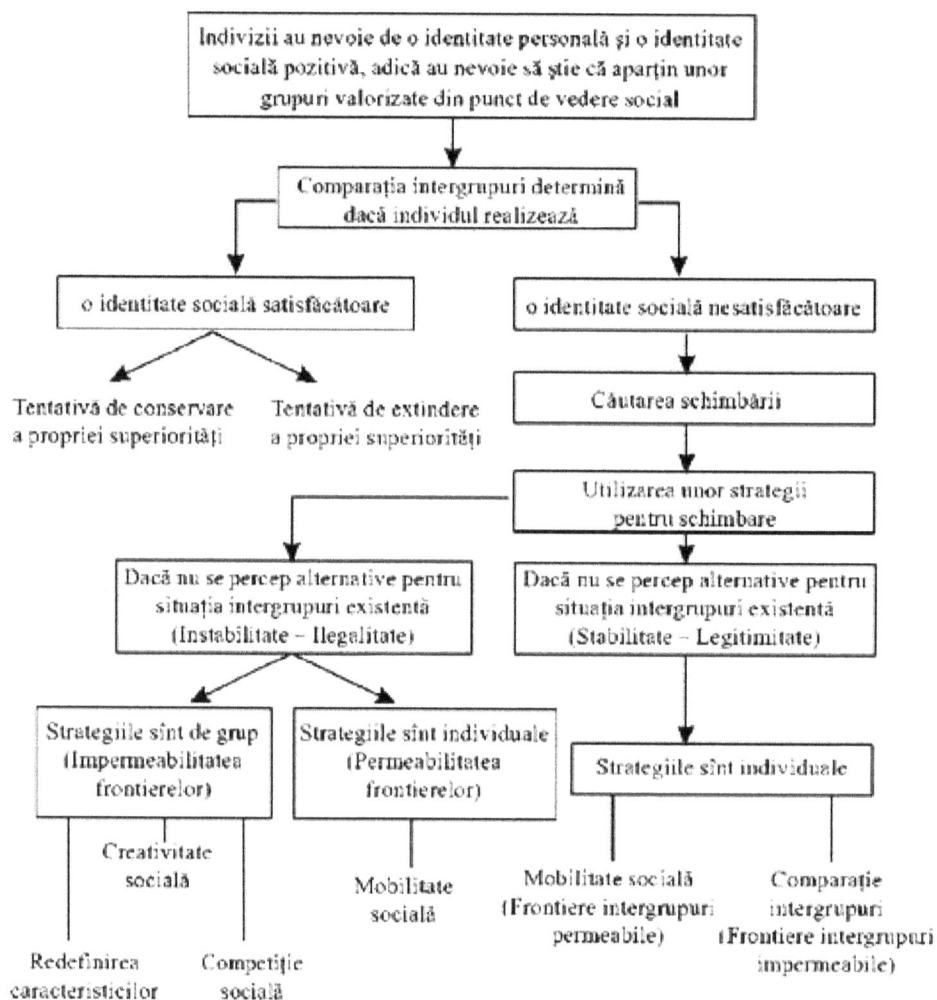

Indivizii au nevoie de o identitate personală şi o identitate socială pozitivă, adică au nevoie să ştie că aparţin unor grupuri valorizate din punct de vedere social

Comparaţia intergrupuri determină dacă individul realizează

o identitate socială satisfăcătoare

o identitate socială nesatisfăcătoare

Tentativă de conservare a propriei superiorităţi

Tentativă de extindere a propriei superiorităţi

Căutarea schimbării

Utilizarea unor strategii pentru schimbare

Dacă nu se percep alternative pentru situaţia intergrupuri existentă (Instabilitate – Ilegalitate)

Dacă nu se percep alternative pentru situaţia intergrupuri existentă (Stabilitate – Legitimitate)

Strategiile sînt de grup (Impermeabilitatea frontierelor)

Strategiile sînt individuale (Permeabilitatea frontierelor)

Strategiile sînt individuale

Creativitate socială

Mobilitate socială

Mobilitate socială (Frontiere intergrupuri permeabile)

Comparaţie intergrupuri (Frontiere intergrupuri impermeabile)

Redefinirea caracteristicilor

Competiţie socială

Referinţe
1. APUD Curelaru, 2005: 31

Portret musical – semnatura constiintei

Nicoleta TODOROI, ntodoroi@yahoo.com
Academia de muzică "Gh. Dima", Cluj Napoca, România

Abstract.

Este demonstrat că muzica lui Moţart măreşte excesiv forţele intelectuale a persoanei, care o ascultă. Sonata Lunii de Bethoven măreşte sentimentul de melancolie, de gingăşie, de tandreţe. Aria lui Rigoleto din actul final al operei "te face să plângi". Efectul este definit de cauză.

Ce ar însemna muzica persoanei concrete, portretul muzical? Ascultând "muzica personala" ce efect are asupra persoanei? Portretul muzical al persoanei ce efect introversiv şi extraversiv are? Ce elemente contribuie la crearea portretului muzical personal? Poate aşezarea aştrilor la naşterea persoanei, sau poate caracterul persoanei, sau poate intuiţia, creativitatea, emoţiile, sentimentele persoanei concrete determină esenţa şi efectul portretului muzical personal?

Compozitorul portretului muzical al persoanei dispune de depozitul datelor, care definesc inteligenţia, emoţiile şi spiritul persoanei, AURA persoanei. Portretul muzical reflectă corelarea curenţilor corporali, intelectuali, emoţionali şi spirituali a persoanei în cauză.

Secţiunea
"Robotizarea Întreprinderilor Mici şi Mijlocii"

Business Plan: Web-Factory

Ana ONICA, AESM, Chişinău, onica.ana0198@gmail.com
Dumitru TODOROI, Prof. dr. hab, m.c. ARA, todoroi@ase.md

Abstract

The purpose of this research is to plan a web design business; promotion business ideas in the field of Information Technologies; demonstration the need for a project aimed at promoting business in the on-line environment; addressing effective marketing strategies for business development in Moldova. This project is presented under the business plan of an enterprise that offer web design and web development services. The business plan allows for a broad analysis of the structure and strategies addressed by the firm. It is divided into the financial, managerial, marketing, and actual description plan. Based on the business plan we can see the profitability and necessity of WEB FACTORY on the Moldovan market. The web design firm can create a creative and original online environment for local businesses and can easily expand on the international market.

This project leads to discussions on the development of SMEs in the Republic of Moldova on the virtual platform, facilitating the access of the clients to the services and products of the local companies. It also addresses the problem of the low-profile promotion of domestic firms in the on-line environment.

The business plan developed within this project can easily be applied in practice. All the data and analyzes made are true, so it can be used to set up an economic entity that provides web design and web development services.

The idea of a business is relatively new on the Moldovan market, and the services and strategies that WEB FACTORY intends to apply are creative and feasible.

This project can be implemented in Moldova due to the fact that in the elaboration of this plan was analyzed the demand and offer of web services on the domestic market, and with good financing and qualified staff it can become not only a profitable business, but also a competitor for existing businesses.

Key-words: business, web design, web development, market, Information technology (IT), plan, promotion

1. The WEB-FACTORY

The main activity of Web-Factory is the provision of web services on the Moldovan and international markets. The headquarters of the company will be in Chisinau, and the services will be provided both through direct contact with customers and via the Internet.

The main goal of the company is to create websites accessible to all entrepreneurs who want to promote their own business on the virtual platform, thus promoting IT services on the local market.

The objectives of WEB FACTORY for the first year of activity:

- creating a loyal clientele that will continue collaboration with our company
- recruiting a professional and creative work team
- allocating the necessary financial resources for the company financial growth
- developing a well-functioning operational plan to cope with competitiveness

With its headquarters in Chisinau, the company will have access to a large market of consumers and also qualified human resources. The primary advantage of the company is the accessible price of services and the short service time. Thus, the company will easily be able to compete with the existing web services on the market.

The success of the company will be ensured by:
- High quality web pages
- A wide range of web services and graphics
- Affordable costs and advantageous deals
- Qualified and responsible staff

2. Business description

The WEB-FACTORY offers dedicated web development and web design services. The quality and efficiency of the services are based on experience in the field, the technical expertise of programmers and the creativity of designers.

The newly created company will be a Limited Liability Company (LLC). This form will facilitate the establishment of the business and make available the creation of a cumulative capital.

The services offered are: html site, simple website, catalog website, online stores, full flash site, flash animations, site promotion, site optimization, web banners, flash presentation CD, logo design. Web pages will be created in order to advertise the companies and entrepreneurs who will use these services.

The operating system used will be Microsoft, and in this regard, it will use the Windows Ten license. Designers will use the Adobe Photoshop and Adobe Flash licenses. For accounting and administration, will be used a computer with the Microsoft Office product.

2.1. Market definition

With the technical and informational progress, the increase in demand for web services has increased considerably. Thus, many companies are looking to promote their business through a website or even an online store.

More and more people have access to the Internet, so it is the best method of advertising. Companies often turn to social networks, but a website offers more opportunities. It is a useful tool in the development of the business, and as a benefit of the project it is worth mentioning that:

  • A website means promoting the company's image to a much wider range of potential customers.

  • An optimized website means promoting the offer (whether we are talking about products or services).

  • An up-to-date web site is a permanent presence for current and potential customers.

• An up-to-date website also means active connectivity with social networks so often used now, so much more openness to the target audience.

To conclude, I can say that a properly made and up-to-date website has time benefits whatever is your business activity. In order to be competitive on this market, Web Factory offers a comprehensive package of services, consisting of: web design (making sites with varied and attractive content), digital photo processing and optimization, web graphics (design, Image processing and correction, scanning, logo and web design themes, static and rotating banners, Macromedia Flash, original graphics), other services. Thus, for companies that will use Web-Factory services, they will benefit from a comprehensive package of services including web development + web design + site management.

The prices will be individual and will be set according to the package. Each customer will choose their service package according to their needs and will be able to monotorize the steps of creating the website.

2.2. Target market

Web Factory's customers are mostly companies that want to make their offer known through a site, especially small and medium-sized businesses (SMEs) that are in the start-up phase, but also individuals who are interested in Creating websites or wanting to start a business through an Online Store.

Customers' requests vary according to the financial resources they allocate to this activity, by the nature of the firm's offer, by their option to call or not on certain items such as: on-line sales, presentation of company listings and prices Location, business location or workstation maps, photos of products / stores / key people in the company, FAQs, event calendar, latest news, links, discussion forum for visitors / clients, Contact info, etc.

Collaboration with customers is very much a matter of communication with them, especially in the initial phase, of planning all activities and processes. It is very important to clearly define the reasons why the website is created, the audience to whom it is addressed, the type of information to be presented and the way of presentation, the pace of updating (after the site becomes active), other specific information to ensure a perfect understanding of the recipient's requirements by the web designer.

2.3. Competition

Due to the development of information technologies, competition in the creation and management of web pages is scarce. On the Moldovan market, there are a few large companies that have already gained a certain reputation as well as many small and very small firms that are often made up of one or two people. Compete with existing companies, Web-Factory will lead a policy of promoting price / quality concepts so as to provide customers with high-quality services at affordable prices. Also, the service package offered by the company will include a marketing analysis, so companies that will use these services will benefit from a broad market analysis and the best way to advertise through web site animations created by Web-Factory programmers.

Existing companies on the web design services market in Moldova are: Webmaster Studio, PRO webdesign, WEB STYLE, Creativ Soft SRL, Fivetn Moldova, Cherry Digital Agency.

2.4. Marketing and sales plan

The best way to advertise the company is the Internet. That's why the first step towards setting up Web-Factory is to create your own website that will include the company's description, the services offered, the contacts, and last but not least, the presentation of a portfolio that includes the websites created and the companies that used our services. In the early stages of the business, personal knowledge is also very important, which can materialize in finding the first clients of the company. The company can also be known through Facebook Ads, Google AdWords or search engines. They offer direct contact with the market, and it is possible to communicate and directly take orders or contact data.

As the company begins to have customers and build sites, it can increase its notoriety by mentioning its name or logo (Figure 1) inside the pages made.

Figure 1. The Web Factory logo

2.5. Business organization and management
Financial Plan

The initial investment to start the business is about 26226 USD, including the necessary amounts for inflating the company and endowing with the necessary technique, as well as the expenses for the first month of activity. The distribution of investments can be pursued as follows:

A. With the initial investment
Establishment of the SRR – 326 USD
Interior design – 1547 USD
Work equipment - 7950 USD
Windows and Adobe licenses – 3735 USD
Total = 13558 USD

B. Ordinary Expenses
Employee pay- monthly: 4322 USD
Public utilities - monthly: 4082 USD
Local cost per month: 3735 USD
Other costs: 529 USD
Monthly expenses of aprxoximately: 12668 USD

In order to allocate the necessary amount for the start-up investments, we will apply for a long-term loan at a commercial bank in the Republic of Moldova. Alternatively, we will try to get a grant that can cover start-up expenses.

Managerial Plan

The company's staff will be a qualified, experienced in IT, professional and will have knowledge in the economy, especially in marketing policies. For the first time, the company will work in a smaller number of employees, but during its development will be recruited more specialists. Employee pay will be determined in accordance with the workload and responsibilities of each employee. All employees will work in a team, so each employee will contribute to the programming and design of web pages, being creative and original.

The staff required for Web-Factory to work under the best conditions should be composed of:

- general manager / designer
- programmers: 2 people
- a manager
- accountant
- Network Administrator
- Head of Customer Relations Department
- Head of marketing department

2.6. SWOT analysis

• **Strengths**: Employee qualification and creativity; comprehensive and affordable service package; original and attractive design; well-equipped work equipment; short service delivery.

• **Weaknesses:** limited capital; high competition; wear of work equipment.

• **Opportunities:** expanding on the international market; attracting funds; organizing different workshops, trainings, conferences; increasing demand for web services; partnering; forming a loyal customer.

• **Threats:** non-coverage of the bank loan; limited time of presentation of the final product; taxes and high taxes.

3. Conclusion

This project is conceptually based on IT start-up, so it can be implemented at any point in the world and developed into lasting projects. In this paper, I have studied the market of the Republic of Moldova as a poorly developed IT field, but with stunning perspectives. Also, the Republic of Moldova faces a serious social-economic problem, namely the exodus of intellects. In this context, a web design business could attract young people with IT and economics studies to work in the Republic of Moldova without having to look for a job outside the country. In conclusion, Web Factory have a large perspective, and with good financing and qualified staff, it can become not only a profitable business, but also a competitor for existing businesses.

Bibliography

1. http://articles.bplans.com/how-to-write-a-business-plan
2. https://en.wikipedia.org/wiki/Web_content_development
3. Butler, D. Planificarea afacerii. Ghid de start. Editura ALL, 2006
4. CHISINAU MANIFESTO DRAFT (2017), Ministry of Information Technology and Communications of the Republic of Moldova & International Telecommunication Union Workshop on the National Digital Innovation Framework, 12 May 2017, Chisinau, Moldova

Information Technologies in Order to Maximize Profit

Alexandru POGON, ASEM, aalex.pogon@gmail.com
Maria MORARU, lector superior univ., moraru_maria@yahoo.com
Academy of Economic Studies of Moldova, Chisinau

Abstract

The purpose of the work: Maximizing profit for individual, state, financial, etc. enterprises. Using the "SOLVER" tool to help the work of the accounting, financial, banking and economic departments.

Approach: This project will present all the opportunities, advantages and disadvantages of using the SOLVER tool through the interdependence of production factors: time, quantity of production materials, price, cost and demand.

Value: Following the use of the SOLVER tool, the enterprise will benefit from: information needed to deregulate materials for more profitable resources, knowing the maximum profits in dependence on (demand for buyers, materials held and time allocated for making the goods), and the most profitable good Enterprise.

Conclusions: Based on our research we can state that the use of the "SOLVER" tool brings a benefit to the productivity factor in a business, reducing the time used to identify the optimal solution. As a result, its use in the activity of an enterprise leads to an informative progress in the accounting, financial, and correct allocation of resources to increase profits.

Scientific innovation of the application: In accordance with the financial and accounting work carried out in the 90s of the 20th century, we can observe an innovation in the field of informatics which has led to the increase of productivity and quality of work, in exchange for the accounting and financial journals that had to be met manually, Simplifying work in the field of calculations and records. But technologies are constantly being developed, and the implementation of SOLVER applications in enterprises offers enormous benefits that allow work to be delimited in: creating information tables with solutions and formulas and entering data. Thus, the "SOLVER" tool for informational development of enterprises in the Republic of Moldova can be used.

Key words: Account, profits, benefits, solver, monopolistic competition.

Introduction

Technology is a social-historical process and, as such, cannot be approached separately from all human, cultural and philosophical reality. In this regard, it can be said that man has become human since he began to work, think and create technology, gradually building between society and nature an increasingly succinct and advanced technological environment with profound impact on development. The notion of technology has emerged in the vast process of humanity becoming, and each era of society's evolution is marked by technological progress in various fields of human activity. Today, human life is surrounded by multiple informational programs and information technologies; we could say that the contemporary life without computer science is like an airless man. At the same time, as a field of activity and in the context of the contemporary technical-scientific revolution, technology is also "a science of achieving as efficiently as possible the functions necessary for society and man."

Conceptual delimitation of maximizing profit

If at the consumer level the ultimate goal is to maximize utility, at the firm level, or service, marketing or production, the ultimate goal is to maximize profit. In the modern market economy, with a certain balance between supply of goods and consumer demand, the company is almost always confronted with a restriction of imperfect competition, which requires profit-making by lowering the level of costs. Considered gross mass, it appears as a result of the difference between two terms so that the increase in the value of the first term that means increasing in the volume of activity or the fiscal value, and the profit mass tends to increase. It is recommended in these conditions to reduce the second determinant by reducing the cost per unit of product. A manufacturer that aims at maximizing profits will act both on production volume and on costs. In order for the producer to maximize its profit, it is necessary that the marginal productivity, expressed through the production price, be equal to the cost of the factors of production used to obtain the respective output. In order to achieve this, it is absolutely necessary to minimize the production costs and, as a consequence, to get the best results. It is known that in the market economy producers (except monopolies) cannot act as they like on the prices of the factors of production they buy, but neither on the price of their own commodities. Thus, the higher the profit, the higher the profitability of the economic agent, which attests the quality of the economic activity carried out over a certain period of time [1]. Maximization is in fact the acceptance of the premise that the producer has the possibility to choose the level of productivity because the level of supply of the individual producer is very small compared to the market demand.

The mode of maximizing profit

In a competitive economy, maximizing profits can occur when productivity gains reach a level where the cost is equal to income, and it is at market price.

Traditionally, in order to highlight the efficiency of productivity growth over a certain period of time, companies use unitary unit costs in their calculations, but they have an advantage in increasing or decreasing production. Thus, maximizing profits is equivalent to choosing the volume of production to ensure a maximum difference between revenue and total costs. Under the conditions of perfect competition, any firm can maximize its profit and produce without restriction on the market price, but without influencing the price drop. Any company will be tempted to increase its production volume, but this will only be achieved within certain limits. In a monopoly situation, the company can influence the quantity of products and the sale price. Both price and quantity become relative. Thus, in a market with a monopolistic competition, there is a large number of producers who produce the same type of products but distinct and a high number of consumers. Thus, competitive advantage arises through quality, performance, image, price.

Profit is the positive result of the activity of an economic agent and is intended to determine the need to increase the value of equity, to set up funds for self-financing and to involve both employees and associates [2]. Businesses establish profit on each product, by product group, or on other items. Profit must stimulate economic agents to achieve the production program, improve quality and diversify the range. The ways to increase profit are:

• reducing the cost of production without affecting the quality of production;
• coordination of the sales price level, meaning when the sales price increases, the profit increases and, respectively, the production volume can be increased;
• increasing the volume of marketed production and services rendered;
• improving the quality of production and services;

The implementation of new equipment, methods of organization and stimulation with the aim of increasing the volume of production, as well as reducing the costs [3]. The ability of an economic agent to achieve profitability is cost-effective and represents the difference between the proceeds earned and the costs of manufacturing, selling and marketing. Profitability is measured by the ratio of the results to the means used to obtain them. The results can be reflected in accounting, economic and financial.

The Microsoft EXCEL software is part of the Microsoft Office software package and is the most comprehensive and powerful tool to support business managerial activities. This software provides numerous database, financial, information, search and statistical databases. It also offers data management facilities, the ability to build professional forms and charts, formatting data from tables, analyzing data based on special functions, and personalizing the program according to the user's work style. Additionally, it is perfectly compatible with the other applications in the Microsoft OFFICE package. I present you an application that can be of real use to businesses. I specify that all names (companies, products, etc.) that I will use in the application are fictitious (arbitrary).

In my opinion, the ability to use this software is enormous because it reduces the operational process of the workers to a simple operation scheme.

According to this scheme, we note that the work of a person directly related to the registration, collection, and processing of information is limited to only 5 steps, which reduces the time to analyze this information. At present, enterprises and factories aim to increase or optimize profits. The entrepreneur has a question as to how to increase his profits or in the ideal case to get the maximum profit. For such operation, we have the Excel program and the SOLVER procedure [3]. By producing a demonstration table as a purely theoretical example of a case of maximizing the profits of an enterprise and adapting to a factory in the Republic of Moldova, we noticed some difficulties in the quantity of materials and the time allocated for the production of the goods. We can have the opportunity to increase the amount of material, but the amount of time whatever the company's possibilities is limited.

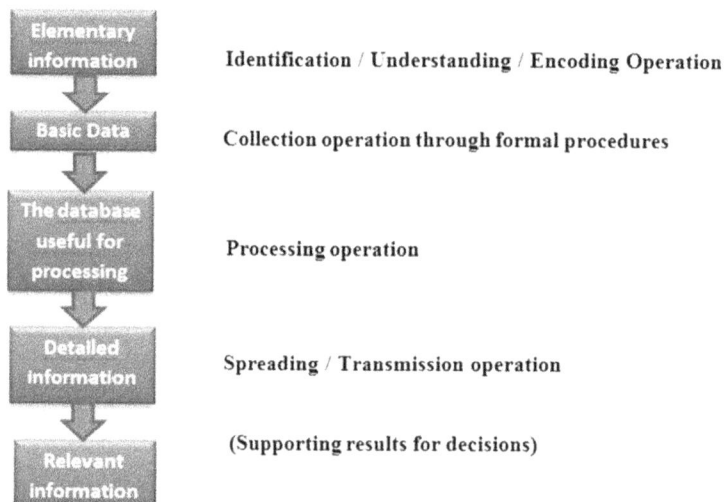

Figure 1. Operation scheme

In order to deepen you in the maximum possibilities of the SOLVER tool, I present a table that reflects a practical situation of a furniture factory. Where a general material weight (kg) is used even if the enterprise's goods vary. Thus, the time allocated for the production of the goods at maximum value is a number of monthly working hours equal to 312 (26 days, 12 hours a day). The given table is made up of some additional columns to restrict the maximum amount of produced goods. This is what we see in this table: the time available for producing the goods, the available material, the unit profit, and a table with restrictions on the use of time and materials.

	Quantity produced		0	500	160	200	0	157	0
Available	Produs	Folded edges	Chair	Sideboard	Bed	Wardrobe	Table	Armchair
312	Time (h)		0.016	0.05	0.16	0.5	0.33	0.833	0.25
30500	Material (kg)		1	4	25	95	86	35	45
	Price ($)		$18.50	$310.00	$2,200.00	$4,200.00	$3,600.00	$1,450.00	$900.00
	Cost of production ($)		$16.00	$260.00	$1,970.00	$3,575.00	$3,240.00	$1,260.00	$735.00
	Demand		5000	500	160	200	190	400	150
	Profit ($)		$2.50	$50.00	$230.00	$625.00	$360.00	$190.00	$165.00

Profit	

			Available
Time used	281.5	<=	312
Material used	30500	<=	30500

Figure 2. Tabel for the furniture factory

We used the SUMPRODUCT formula to calculate some coefficients. "Sumproduct" in our case is the function used to find the result of the multiplication of each good with its unit profit.

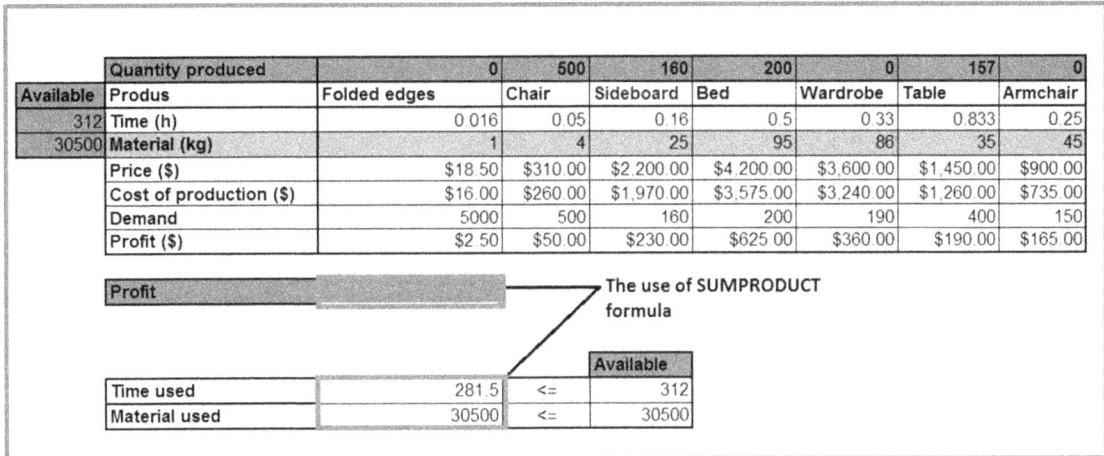

Quantity produced		0	500	160	200	0	157	0
Available	Produs	Folded edges	Chair	Sideboard	Bed	Wardrobe	Table	Armchair
312	Time (h)	0.016	0.05	0.16	0.5	0.33	0.833	0.25
30500	Material (kg)	1	4	25	95	86	35	45
	Price ($)	$18.50	$310.00	$2,200.00	$4,200.00	$3,600.00	$1,450.00	$900.00
	Cost of production ($)	$16.00	$260.00	$1,970.00	$3,575.00	$3,240.00	$1,260.00	$735.00
	Demand	5000	500	160	200	190	400	150
	Profit ($)	$2.50	$50.00	$230.00	$625.00	$360.00	$190.00	$165.00

Profit → The use of SUMPRODUCT formula

			Available
Time used	281.5	<=	312
Material used	30500	<=	30500

Figure 3. Fields for using the formula SUMPRODUCT

This function performs the addition and multiplication of goods with their price in the following way:

(Product 1 * Unit Price 1) + (Product 2 * Unit Price 2) +
(Product 3 * Unit Price 3) + ... + (Product 6 * Unit Price 6).

Thus, in the function box (Sumproduct), the rows required to perform the operations are selected. In our case this function is required for Profit, Material used and Time used.

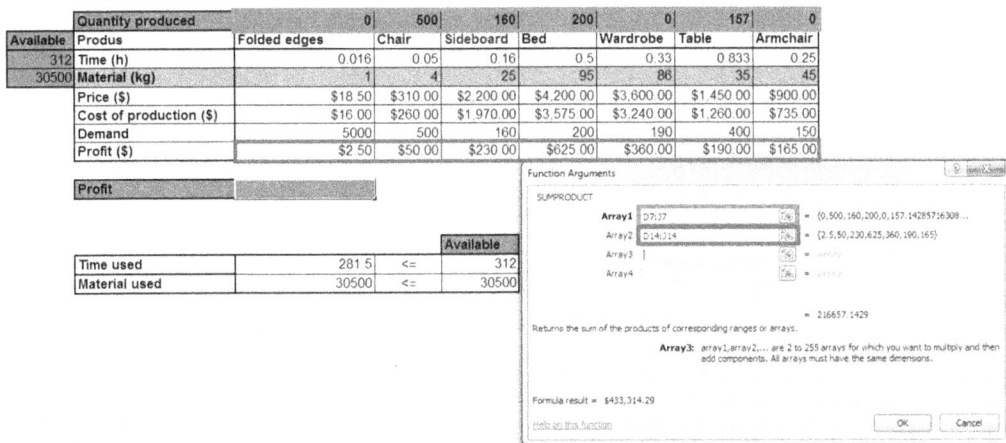

Figure 4. SUMPRODUCT formula for Profit

The next step would be to use the SOLVER tool in the Profit box. The use of the SOLVER tool to obtain the maximum profit requires indicating the restrictions or limits required to match the production capacity of the enterprise. Thus, in the SOLVER box, we introduce general restrictions: respecting the time and materials available and the quantity of goods produced with the demand on the market. Adding these parameters is done by clicking on the (add) button in the box that appears after using this tool.

Following the use of the SOLVER tool we obtain the maximum profit of the enterprise with changes in the row (Quantity of produced goods, time used and materials used), observing that some boxes in the row (Quantity of produced goods) have a coefficient of 0, so SOLVER used the more profitable goods Indicating the maximum amount of production.

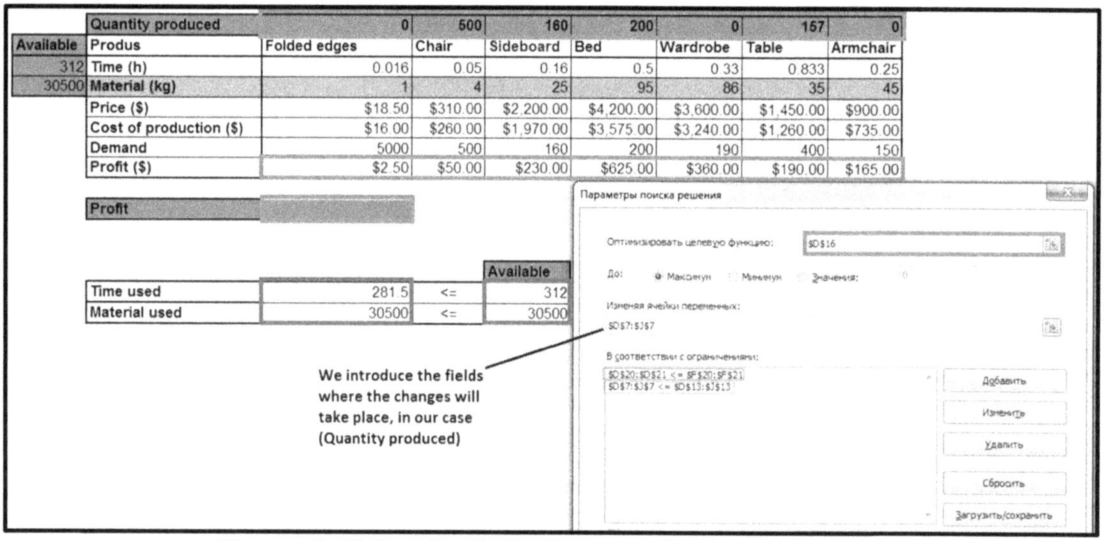

	Quantity produced		0	500	160	200	0	157	0
Available	Produs	Folded edges	Chair	Sideboard	Bed	Wardrobe	Table	Armchair
312	Time (h)		0.016	0.05	0.16	0.5	0.33	0.833	0.25
30500	Material (kg)		1	4	25	95	86	35	45
	Price ($)		$18.50	$310.00	$2,200.00	$4,200.00	$3,600.00	$1,450.00	$900.00
	Cost of production ($)		$16.00	$260.00	$1,970.00	$3,575.00	$3,240.00	$1,260.00	$735.00
	Demand		5000	500	160	200	190	400	150
	Profit ($)		$2.50	$50.00	$230.00	$625.00	$360.00	$190.00	$165.00

			Available
Time used	281.5	<=	312
Material used	30500	<=	30500

We introduce the fields where the changes will take place, in our case (Quantity produced)

Figure 5. Using the SOLVER tool for the profit field

This table does not reflect the economic truth of a factory or enterprise because the other goods can not be neglected. In order to avoid neglecting products, we have developed a new advanced table. Here was introduced the total range of matrices used to produce the goods, the quantity of products needed to meet market requirements, the calculation tables and the market change demand coefficient. This example is a factory with a wide range of materials, without any restrictions on production volume. However, time is the only limited resource that the factory has to monotorize its labor productivity. The Advanced Table contains such information as:
1. Maximum gross profits from the sale of goods
2. Production costs
3. Gross profit and additional production costs
4. The amount of material to produce the goods needed to meet market demand
5. Coefficient of change in market demand

6. The coefficient of damaged goods for the replacement of these goods to customers
7. The amount of final materials including the cost of additional materials
8. The quantity of goods stored at the warehouse
9. The remaining materials
10. The quantity of goods produced during the previous and current period
11. The quantity of goods according to the coefficient of deterioration

The coefficient of variation of market demand

	Remaining material	Available	Produs	Folded edges	Chair	Sideboard	Bed	Wardrobe	Table	Armchair	
			Cantitate produsa (Additional)	288	40	12	14	12	29	9	15%
			Quantity produced	2875	403	115	138	115	288	92	10%
Time (h)	62	312	Time (h)	0.008	0.025	0.08	0.25	0.17	0.417	0.125	
Screws (pcs)	3747	38386	Material Screws (pcs)	0	8	25	85	60	20	30	
Fabric (m2)	224	2295	Material fabric (m2)	0	0.16	0	10.2	0	0	5.6	
Plastic (kg)	75	766	Material plastic (kg)	0	0.2	0.4	1.2	1.5	0.5	0.6	
Iron (kg)	386	3958	Material iron (kg)	0	1	1.6	4.5	4	5	3.5	
Wood (kg)	5024	51470	Material wood (kg)	1	4	25	95	86	35	45	
			Price ($)	$18.50	$310.00	$2 200.00	$4 200.00	$3 600.00	$1 450.00	$900.00	
			Cost of production ($)	$10.00	$150.00	$1 200.00	$2 000.00	$1 860.00	$790.00	$460.00	
			Cantitatea de produse (P)	2500	350	100	120	100	250	80	
			Profit ($)	$8.50	$160.00	$1 000.00	$2 200.00	$1 740.00	$660.00	$440.00	
			Cantitatea de produse (C)	2875	403	115	138	115	288	92	
			Cantitatea de produse (R)	3163	443	127	152	127	316	101	

The coefficient of damaged goods for the replacement of these goods to customers

The amount of materials needed to satisfy market conditions

Total / Income / Cost of production / Gross profit — Aditional

The amount of final materials including additional material costs

The amount of stored goods

Material	Quantity
Time (h)	250
Screws (pcs)	36558.5
Fabric (m2)	2185.92
Plastic (kg)	729.905
Iron (kg)	3769.7
Wood (kg)	49018.75

	Used		Available
Time used	250.5	<=	312
Material used			
Material screws (pcs)	36558.5	<=	38386
Material fabric (m2)	2185.9	<=	2295
Material plastic (kg)	729.9	<=	766
Material iron (kg)	3769.7	<=	3958
Material wood (kg)	49018.8	<=	51470

Final Quantity	
Time (h)	312
Screws (pcs)	40306
Fabric (m2)	2410
Plastic (kg)	805
Iron (kg)	4156
Wood (kg)	54043

	Quantity
Folded edges	288
Chair	40
Sideboard	12
Bed	14
Wardrobe	12
Table	29
Armchair	9

Figure 6. Advanced entrepreneurial table

Gross profits from the sale of goods

In accounting and finance, gross profit or operating income is a measure of the profitability of a company that excludes interest and income tax expense.
Gross Profit = Income – (Operating Expenses + Production Costs).
In our example, this coefficient is calculated using the SUMPRODUCT formula.

Production costs

The cost of production is the total expenditure, corresponding to the consumption of factors of production, which economic agents perform for the production and sale of material goods or the provision of services.

Gross profit and additional production costs

We have entered in the table the gross profit and the additional costs to represent all the goods stored on the cash deposit. Thus, goods made to cover damaged products and replacing them to the customers in the event of a defect after insurance are represented as additional cash but it does not overlap with the profits of the goods sold but represents the enterprise's expenses. It is not excluded that these products can also be sold what would be an eventual profit.

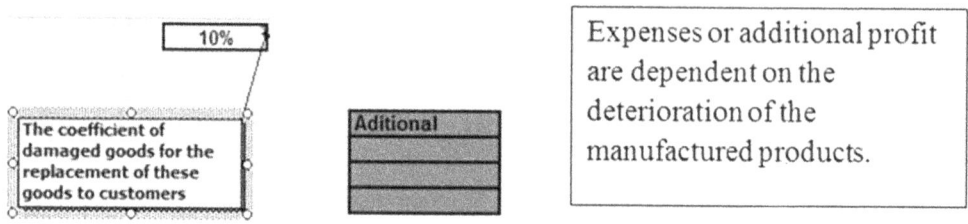

Figure 7. The coefficient of damaged good and additional production cost tabel

Gross profit and additional production costs are calculated using the SUMPRODUCT function using ranges of additional product and unit price.

The amount of material to produce the goods needed to meet market demand

This coefficient is calculated for the correspondence of the products manufactured with buyers' demand. It is using the SUMPRODUCT function in which all the spare assets are used and the amount of material used for the asset. This table is indirectly dependent on the change in demand because it is used to calculate the quantity of spare products.

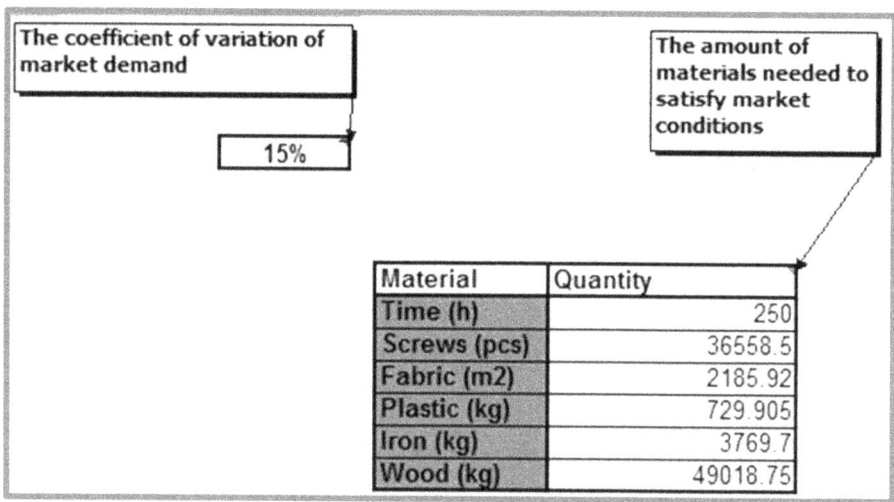

Figure 8. The coefficient of variation of market demand and material for satisfy market demand table

Coefficient of change in market demand

The change in market demand ratio is the negative / positive variation in the buyer's need to procure the products of the enterprise. As an example: the market demand for furniture products in the previous period was 2000 and in the current period it changed by 15%, 2000 * 1,15 = 2300. This coefficient allows the enterprise to modify the amount of goods produced to meet market requirements. In most cases this coefficient is set by the statistical departments or by the commercial workers of the enterprise.

The coefficient of damaged goods for the replacement of these goods to customers

Oriental enterprise with a wide range of customers and excellent reputation on the market can not afford to manufacture non-qualitative goods. Thus, most developed businesses provide customers with a timely insurance for the quality of the manufactured goods, otherwise the enterprise will have to repay the buyer's money, provide goods repair services, or exchange goods with new ones. For the third solution in the goods' disposal, we introduced a coefficient of deteriorated or non-standard products. Thus, the company will have to produce additional goods to avoid buyers' dissatisfaction with the products sold. This coefficient is also set by the commercial workers or statistical department.

The amount of final material including the expense of additional materials

In the manufacture of goods, errors are found to calculate the amount of material needed to produce them. After wood processing or cutting to create the shape of the furniture, it is possible to see frames that are not usable in the production of other goods. Thus, a standard coefficient for purchasing materials is created, this coefficient may vary between 5% -15% of the total required. In this way, the enterprise is exempt from falling into the production plan and will not suffer a decrease in its profit, and the waste of non-used materials can be stored for the next period.

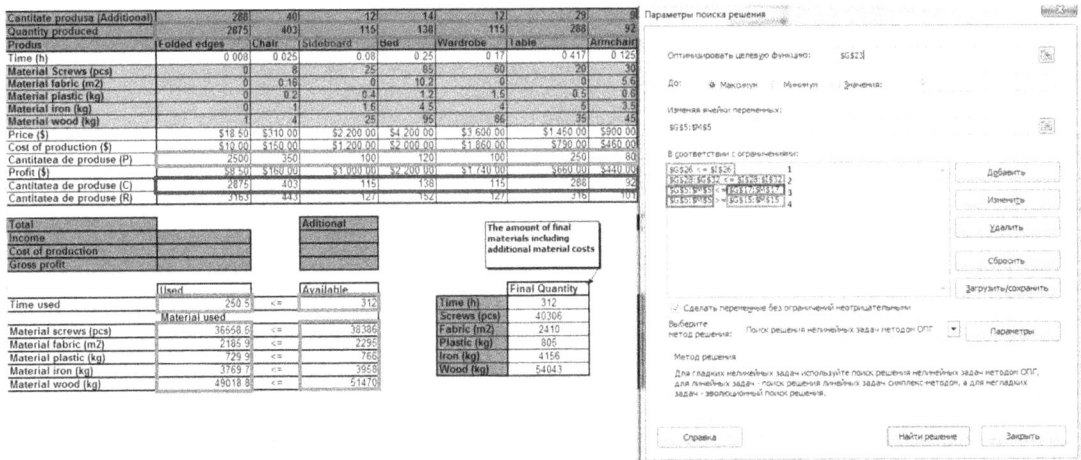

Figure 9. SOLVER procedure for the advanced entrepreneurial table

Using the SOLVER procedure for the advanced entrepreneurial table

Using the SOLVER procedure for such an advanced table requires a broad representation of the necessary restrictions and standards. For this, we will introduce the restrictions in the SOLVER procedure box:

1. Time used <= Time available

2. Materials used <= Available materials
3. Amount produced (unit) => Quantity of products (C) [if the change of demand is positive otherwise this restriction is omitted]
4. Quantity produced (unit) <= Quantity of products (P)

Conclusions

Applying Excel in accordance with the SOLVER tool for commercial enterprises and producing goods represents a technological and informational opportunity that allows the entrepreneur to identify the most profitable goods and to distribute evenly limited materials for their full use in order to obtain the maximum profit. In my opinion, the Moldovan enterprises will be able to distribute the materials optimally and will not face overproduction and excess of stored goods with using this SOLVER tool.

References

[1] http://conspecte.com/Comert/rentabilitatea-activitatii-comerciale.html
[2] http://ebooks.unibuc.ro/StiinteADM/cornescu/cap13.htm
[3] https://support.office.com/en-us/article/Using-Solver-to-determine-the-optimal-product-mix
[4] P. Ştefan, "Analiza rezultatelor întreprinderii", Editura Mirton Timişoara, 2012, p. 123.

Information Technologies in Financial Planning of Economic Units

Catalina BARAC, ASEM, catalina.barac@gmail.com
Maria MORARU, lector superior univ.,
moraru_maria@yahoo.com

Abstract

The scope of work is to expand the knowledge of the general public about the "SOLVER" tool which can facilitate the process of financial, economic and banking analysis; Its implementation in financial reports at local, regional, but also private sector level. In this study will be establish out the strengths, the inconveniences, opportunities and errors that can arise using the tool "SOLVER", which could subsequently lead to its implementation in state-authorized systems. Based on our analysis, we can conclude what are the advantages of the SOLVER tool, how to use it by comparison in the banking, financial, and accounting system; at the same time, the use of this instrument implies a minimal risk of mechanical and human errors. This research promotes the informational development of both private and publicly licensed systems, which is essentially a feature of the developed economic state that Moldova is aiming for. The findings, recommendations and findings available to the general public; the community may be useful for making financial analyzes, planning financial statements, creating reports on labor remuneration, making interest payments on deposited or borrowed amounts, collecting bank. The implementation of the SOLVER tool would reduce the risk of data leakage, the voluntary and involuntary errors committed by the human factor in the reporting process.

Key words: Solver, financial statements, risk, amount.

Introduction:

Financial planning is a specific process for economic entities that want sustainable development, which is why we have chosen an entity whose financial situation we will study. We will elaborate a set of actions that in the future must ensure a permanent presence of the company in the small and medium enterprises sector at any time of the economic cycle, but also the steady increase in the turnover.

Presentation of the economic entity:

The studied economic unit is an intermediary insurance agent between the insurance company and the client. This type of activity involves the sale of insurance contracts, so the entity bears wage costs (sellers and administrative staff), income tax expense and minimum monthly fixed costs (space rent).

Objectives of economic planning:

The company has a strategy; it needs a plan, in particular a strategic plan. This is a set of actions designed to implement this strategy. Financial managers must ensure that the company has sufficient funds to meet the needs of both exploitation and investment. This requires a firm's financial strategy. In general, planning has the scope to analyze a given situation, to determine the objectives to be pursued in the future and to decide the actions to be taken to achieve the objectives set, taking into account the foreseeable circumstances in which the firm is going to act. [1]

Financial planning sets out the ways and means by which the company's financial targets will be achieved. It focuses on identifying investment opportunities with positive net worth and on financing strategies that create value for the firm.

Specific of financial planning for the studied entity:

For our entity, taken as an example, we emphasis the financial planning on the accumulation of the reserve fund for future periods as well as the motivation of sellers through additional remuneration.

The creation of a reserve fund is necessary for the entity to cover the expenses during the economic recession or stagnation, considering the unstable investment climate, the high corruption, the uncertain political situation, in the Republic of Moldova is necessary to have a reserve for the future. Thus, economic activity should weight and will show a sustained and steady growth.

The second objective we focus on is investing in employees, directly in sellers, because they are the ones who provide direct contact with clients. It is proposed that monthly salaries be directly attributable to the amount paid to the enterprise, and since the former is directly related to this amount, it will be the basis for the calculation of this award.

Purpose of work:

In order to achieve these goals, accountants or managers who make the financial plan may perform manual calculations, but it is proposed that the calculation model, once introduced, will serve as a source of information for all users.

The purpose of the paper is to use as many MS Excel tools as possible to facilitate the work of the economic department, but would preserve the data veracity and would indicate all necessary data to both internal and external users, not only related to financial planning but also other related information. By entering the subtype of the, vehicle "Figure 1", with which the insurance contract was concluded, we can automatically see the agent's salary, the gross income of the entity, the entity's profit and the monthly aggregation of the total amount of the insured; the average value of an insurance, the maximum / minimum value of an insurance, the income obtained by the entity, the amount available for the additional premiums of the sellers. In addition, the accumulations for the reserve fund, latter will be indicators of financial planning, but in order to reach them, it is also necessary to evaluate previous indicators that have an intermediate character.

Figure 1. "Initial table"

Nr	Type	Date	Person type	Mark	Model	Subtype	Name	Employee	Sum	Employee salary	Gross income	Intermidiate profit
1	RCAI	01.07.2016	Natural	Toyota	Yaris	A	Moraru Ion	Gutu A	250,00 L			
2	GREEN CARD	01.07.2016	Juridical	SEAT	CORDOBA	C	"Exim" SRL	Iordachi V	3 000,00 L			
3	RCAI	01.07.2016	Natural	BMW	X5	E	Alexei Iovu	Ilies G	450,00 L			
4	RCAI	01.07.2016	Juridical	FORD	TRANZIT	G	"Carpet" SRL	Ursu C	600,00 L			
5	RCAI	01.07.2016	Natural	NISSAN	GT-R	A	Popov Victor	Gutu A	250,00 L			
6	GREEN CARD	01.07.2016	Juridical	VW	SHARAN	B	"Elimex" SRL	Iordachi V	2 500,00 L			
7	GREEN CARD	01.07.2016	Natural	NISSAN	PRIMERA	B	Trohin Ion	Ilies G	2 500,00 L			
8	GREEN CARD	01.07.2016	Natural	VAZ	21099	D	Teodor Victor	Ursu C	3 500,00 L			
9	RCAI	01.07.2016	Natural	Toyota	YARIS	F	Darii Angela	Gutu A	500,00 L			
10	RCAI	01.07.2016	Juridical	Opel	MOVANO	A	"Movano" SRL	Gutu A	250,00 L			

Insurance price

Subtype	Price	
	RCAI	GREEN CARD
A	250,00 L	2 000,00 L
B	300,00 L	2 500,00 L
C	350,00 L	3 000,00 L
D	400,00 L	3 500,00 L
E	450,00 L	5 000,00 L
F	500,00 L	7 000,00 L
G	600,00 L	9 000,00 L

Instrument used:

By entering the vehicle subtype through the "IF" and "VLOOKUP" functions [2], we obtain the amount of the insurance, the amount to be collected from the buyer, a specific table indicating these amounts in relation to the subtype. In "Figure 2", we also have other tables in the individual work contract of the sellers, which stipulates their salary depending on the amount of the insurance set up, as well as its type. Using these tables and the "IF" function automatically calculates the salary in relation to each sale made [4]. Similarly, we also have tables for the entity's gross income in relation to the value of each insurance sold and its type, thus using the "IF" function this indicator is also calculated.

K4   =IF(J4<=100;J4*4%;IF(AND(J4>100;J4<=300);J4*6%;IF(AND(J4>300;J4<=600);J4*10%;IF(J4<=3000;J4*5%;IF(AND(J4>3000;J4<=6000);J4*8%;IF(J4>9000;J4*11%))))))

Nr	Type	Date	Person type	Mark	Model	Subtype	Name	Employee	Sum	Employee salary	Gross income	Intermidiate profit
1	RCAI	01.07.2016	Natural	Toyota	Yaris	A	Moraru Ion	Gutu A	250,00 L	15,00 L	25,00 L	10,00 L
2	GREEN CARD	01.07.2016	Juridical	SEAT	CORDOBA	C	"Exim" SRL	Iordachi V	3 000,00 L	150,00 L	360,00 L	210,00 L
3	RCAI	01.07.2016	Natural	BMW	X5	E	Alexei Iovu	Ilies G	450,00 L	45,00 L	67,50 L	22,50 L
4	RCAI	01.07.2016	Juridical	FORD	TRANZIT	G	"Carpet" SRL	Ursu C	600,00 L	60,00 L	72,00 L	12,00 L
5	RCAI	01.07.2016	Natural	NISSAN	GT-R	A	Popov Victor	Gutu A	250,00 L	15,00 L	25,00 L	10,00 L
6	GREEN CARD	01.07.2016	Juridical	VW	SHARAN	B	"Elimex" SRL	Iordachi V	2 500,00 L	125,00 L	300,00 L	175,00 L
7	GREEN CARD	01.07.2016	Natural	NISSAN	PRIMERA	B	Trohin Ion	Ilies G	2 500,00 L	125,00 L	300,00 L	175,00 L
8	GREEN CARD	01.07.2016	Natural	VAZ	21099	D	Teodor Victor	Ursu C	3 500,00 L	280,00 L	420,00 L	140,00 L
9	RCAI	01.07.2016	Natural	Toyota	YARIS	F	Darii Angela	Gutu A	500,00 L	50,00 L	75,00 L	25,00 L
10	RCAI	01.07.2016	Juridical	Opel	MOVANO	A	"Movano" SRL	Gutu A	250,00 L	15,00 L	25,00 L	10,00 L

Insurance price

Subtype	Price	
	RCAI	GREEN CARD
A	250,00 L	2 000,00 L
B	300,00 L	2 500,00 L
C	350,00 L	3 000,00 L
D	400,00 L	3 500,00 L
E	450,00 L	5 000,00 L
F	500,00 L	7 000,00 L
G	600,00 L	9 000,00 L

Employee salary by selling an RCAI		Employee salary by selling an GREEN CARD		Gross income by selling an RCAI		Gross income by selling an GREEN CARD	
Sum	Coefficient	Sum	Coeficien	Suma	Coeficient	Suma	Coefficient
<100	4%	<3000	5%	<300	10%	<4000	12%
101-300	6%	3001-6000	8%	300-600	15%	4000-9000	17%
301-600	10%	6001-9000	11%				

Figure 2. "Working sheet"

By making the difference between gross income and salary of sellers, we find the entity's intermediate profit. When performing these interim calculations, we used the Excel tools, but for financial planning, de facto, we need to find our intermediate profit throughout the month, multiplied by 20 working days. In "Figure 3" we lower fixed costs, administration staff's salaries and income tax, so we deduct PROFIT. Of this amount, one is deposited in the reserve fund, the other is used for the additional remuneration of the employees and part will remain as current liquidity.

	A	B
1		
2	Intermidiate profit	789,50 L
3	Monthly profit	17 369,00 L
4	Fixed costs	1 200,00 L
5	Administration salary	3 000,00 L
6	Taxes	2 084,28 L
7	PROFIT	11 084,72 L
8	Bonus	4 000,00 L
9	Reserve fond	5 000,00 L
10	Currency	2 084,72 L

Figure 3. "Intermediate profit"

By guiding us to the principle of equidistance, "Figure 4" the prize will be calculated in relation to the value of the contracts concluded multiplied by a coefficient, which will be calculated using the SOLVER instrument depending on the amount, we have. This tool will help us to efficiently distribute the amount we have [3], we will be able to pay employees taking into account the benefit that everyone has in particular brought to the entity.

Employee	Employee salary 1.07	Monthly salary	Bonus
Gutu A	95,00 L	2 090,00 L	431,8
Iordachi V	275,00 L	6 050,00 L	1250,0
Ilies G	170,00 L	3 740,00 L	772,7
Ursu C	340,00 L	7 480,00 L	1545,5
			4000

Bonus coefficient	0,21

Figure 4. "Solver tool"

The advantages of the implementation of informational technologies:
• Creating electronic registers that automate the registration, validation, archiving, and release of data on each insurance.
• The existence of central folder processing software to avoid manual processing.
• facilitating access to information and electronic services.
• Upgrading the entity by digitizing information processes.
• Automated management reduces time and human resource consumption.

Conclusions:

The implementation of the proposed model will greatly change the work of the economic department, it will become easier to obtain concrete data by introducing only one type of information, and the veracity of the data is preserved.

Similarly, we can plan the profit so that we can even spread the amounts for the reserve fund, prize pool, and current liquidity. Employee payout will allow us to increase our future earnings and profits. Using the principle of fairness will allow workers to be motivated by the benefit they bring to the firm.

Financial planning can not be achieved without concrete primary data that being processed can talk about financial-economic indicators within the entity. Thus, the emphasis on the reliability of primary data is a strong point in the effective implementation of financial planning.

References:

[1]http://www.rasfoiesc.com/business/economie/finante-anci/PLANIFICAREA-FINANCIARA-Bugete93.php

[2] http://www.microsoft.com/books

[3] "Tehnologii informaţionale aplicate în economie", Ilie Tamas, Bogdan Ionescu, Editura Infomega, Bucureşti, 2010.

[4] "Tehnologii informaţionale pentru afaceri", Airinei D. s.a. (2006), Editura Sedcom Libris, Iaşi.

Informatic System for Managerial Activities in a Restaurant

Ion TABAC, CSIE, *AESM*, muctuk32@gmail.com
Valentina CAPAȚINA, *PhD Assoc. Prof., AESM*,
vcapatina@yahoo.com
Academy of Economic Studies of Moldova, Chisinau

Abstract

The description of the role of informational technologies in locals, the demonstration of their effectiveness and the description of the process of calculating income, sales, loss. In this work is described the method of the transmission of data from receiving the command, up to calculating the incomes of the restaurant gave. Based on the investigations, we understand that informational technologies evolve in this area day by day and thanks to them the locals might reach an autonomous regime. This work paper shows the level of the informational technologies in a restaurant. The results and the conclusions will be useful for young entrepreneurs that want to open a restaurant, and for the owners to consolidate the work style of his business etc. The need of implementation of these technologies in all existing locals to improve their level and facilitate the calculation methods of the incomes, expenses and loss.

Key words: *Restaurant, tabs, maps, informational, system, services.*

Introduction

An informational system is a system that allows data to be input by manual procedures or by automatic collection by the system, storing them, processing them and extracting information (results) in various forms. Components of the computer system are: computers, programs, computer networks and users. Examples: a phone book of a particular operator, the repertoire of laws including their active and passive function, medical data banks, data collection and analysis systems provided by a telescope [1].

RESTAURANT: A food unit that cooks dishes in their own kitchen and release them, together with drinks, in their own consumption rooms; locals where such unit is located. The hospitality market is marked by a strong concentration of restaurant services, which is manifested by the establishment of strategic alliances, consortia and franchise agreements. And on this market competition leads to higher quality services as well as to the development of segmentation strategies. As part of the hospitality business, catering services are an important component in marketing. The quality of restaurant products and services has five components: product features, availability, technical quality, functional quality, and ethical quality [3].

Necessary equipment:
- Router Wireless;
- PC server touchscreen;

- PDA Control mobile;
- PC reception;
- Cash register;
- Kitchen receipt;
- Bar receipt [2].

Necessary programs:
- **Operational systems**: Windows '98, Windows 2000, Windows XP, Windows Vista, Windows 7.
- **Programs for management equipment:** ex. Triobar, adero soft, etc.
- **Programs for reception of information:** Microsoft Excel.

Changes after implementation:
- continuous monitoring of the work of the employees of the company;
- fast implementation without additional effort;
- increased efficiency in the use of the workforce;
- the **production** retailer's advantage (specific consumption on production);
- tax vouchers - cash register: DATECS, EURO;
- export of data in MS Excel format;
- accessible interface, without the need for special in-depth courses;
- the ability to define users by access levels;
- dividing home bills between multiple meals before listing at home;
- partial listing of house vouchers;
- registering an accompanying goods receipt based on the cash receipt [2].

Software representation
Overview
Tab type:

I. *Tab for data registration*
The type of tab most used in the "Touchscreen" menu is the one shown below, divided into several pages that can be selected by navigating from the keyboard to the left or right, or by clicking on the button names in the container We have the "Document" and "Table" pages.

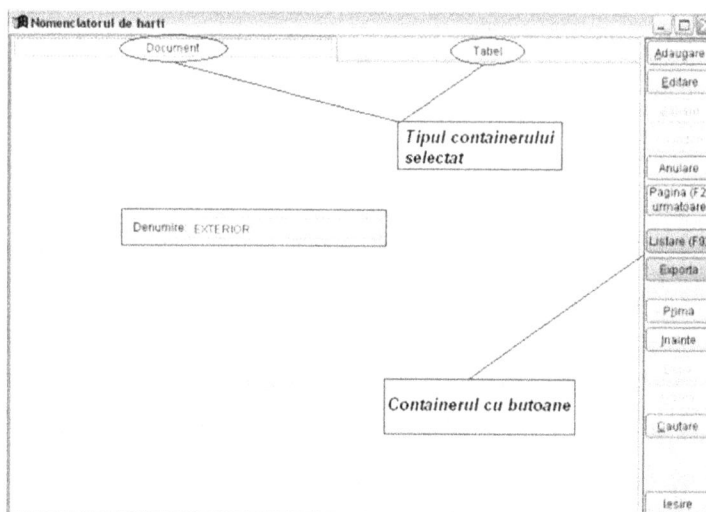

Figure 1. Tab for data registration

The "Document" page contains various containers where the data required for each field will be recorded. The "Table" page contains a list of recordings made in the "Document" page, which can be filtered by different criteria using the filters at the bottom of this page under each list in the table, figure 1.

Note: Functionality of filters. The columns in which data is recorded can be filtered by the content of the word or number to be searched (for example, to filter according to the "MA" word fragment, it will be written in the filter for the "Product Name" column, and accessed ENTER key.)

In the figure below is the window for generating reports from where the reports can be accessed, being made up of several containers, which we divided into three categories to make them easier to understand, figure 2.

Report generation:

1 - In this container, you will define the date and time from which you want to start the generated report for viewing as well as the date and time until this report will generate the desired data. The registration procedure is simple, completing the date and time fields in the format shown below.

2 - In this container you will define where the desired report will be generated, namely on the screen, the printer, or in an Excel file with the.xls extension. In this container, you can also select to generate an entire report, or to generate only a partial report.

3 - From this container will be selected according to the user's wish, different types of reports, by clicking on the "List" button, figure 3.

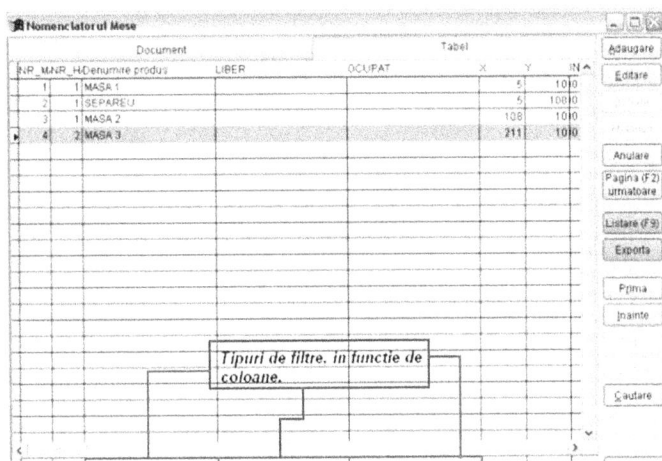

Figure 2. Filter types

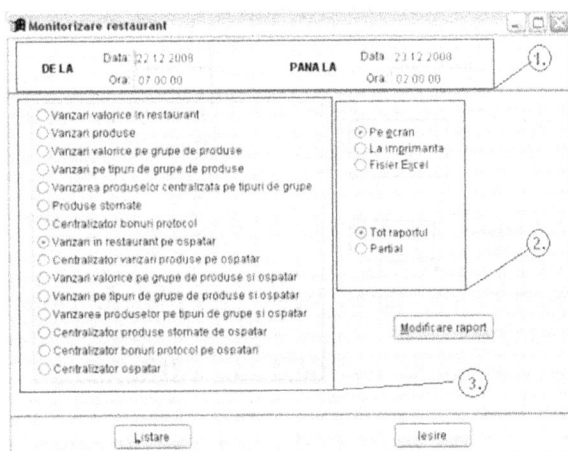

Figure 3. Tab for raport generation

II. *Map configuration*

a)   Path: "MENU" - Touchscreen – Maps.

Accessing the "Maps" submenu allows us to add, edit, delete, the maps to be configured according to the locations of the restaurants where the application will be used. Your submenu is shown in the figure below, following all the steps to configuring it, figure 4.

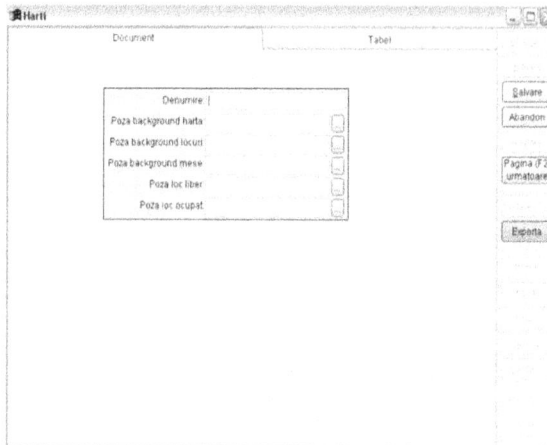
Figure 4. Tab for maps nomenclature

When configuring the "Nomenclature of maps", the following steps will be taken:

Step 1: The "map nomenclature" must contain at least one map, either inside or outside, figure 4.

1. Access the "Add" button to access the "Document" page and enter a name for the local paper. In the field of the name, fill in the name of the map according to the preference.
2. In the "Poza container container map" field you will define the picture that will appear in the map container.
3. In the "Poza background places" field you will define the picture that will appear in the place container.
4. In the "Poza background tables" field you will define the picture that will appear in the table container.
5. In the "Free Place" field, you will define the picture that will appear in the space for the seats when they are free.
6. In the "Busy Place" field, you will define the picture that will appear in the space reserved for the seats when they are occupied.

Note: To enter a new map, go through the instructions in step 1, and if you want an edit of the name of a map inserted, we are positioned on that map using one of the associated buttons, namely "First", "Forward" "After" or "Last", and the "Edit" button is accessed.

Step 2: To delete a certain name, and implicitly the map, we position on that map using one of the buttons "First", "Forward", "After" or "Last", and the "Cancel" button is accessed, followed in the window Confirm to access the "Yes" button.

Setting up tables

    b)   Path: "MENU" - Touchscreen - Setting up tables

Accessing the "Table setting" submenu allows us to add, edit, delete, maps from the premises of the company. Your submenu is shown in the figure below, following all the steps to configuring it.

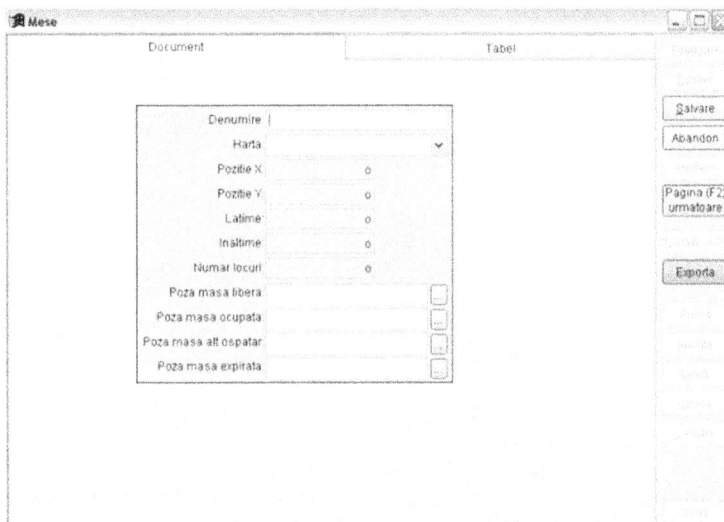

Figure 5. Table settings

When configuring the "Nomenclature of tables", the following steps will be taken:

Step 1: Access the "Add" button to access the "Document" page and enter, figure 5:

Name - table names;
Map - the map containing the table inserted;
Position X - Horizontal positioning of the table inserted (Horizontal position);
Position Y - vertical positioning of the table introduces (Vertical Position);
Width - the width of the table you entered on the screen**;**
Number of seats - the number of seats to be defined at the table tabled;
Free table picture - it will define the picture that will appear when the table is free;
Picture of the busy table - it will define the picture that will appear when the table is occupied;
Picture of another waiter - it will define the picture that will appear when the table is taken over by another waiter;
Exposed meal picture - Define the picture that will appear when the table is out of date, figure 6.

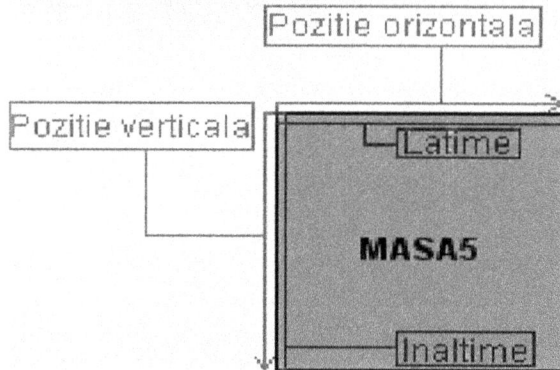

Figure 6. Table picture

The "Save" button is accessed to save, or "Abandon" to save the recordings.

Step 2: To delete a certain name, and implicitly the map, we position on that map using one of the buttons "First", "Forward", "After" or "Last", and the "Cancel" button is accessed, followed in the window Confirm to access the "Yes" button.

Conclusions

1. Following investigations, we understand that implementing this type of information management will be a plus for local restaurants.

2. Providing these services is beneficial for today's world by getting rid of our daily routine by visiting a local.

Bibliography

[1] http://adero.ro/produse.html;

[2]http://www.referatele.com/referate/informatica/online8/TIPOLOGIA-SISTEMELOR-INFORMATICE-SI-STUDIUL-DE-FEZABILITATE-referatele-com.php;

[3] https://dexonline.ro.

Sesiunea III: Plenară

Perspective for robotic AURA

Dumitru TODOROI, todoroi@ase.md
Mădălina MORARU, maddymauler@gmail.com
Laura BÂTCĂ, bitca.laura@mail.md

Abstract.

Consciousness Society is characterised by the equality of Artificial Intelligence and structured Natural Intelligence (AI=NIstructured). It is predicted that Consciousness Society will be created in the period from 2019 to 2035 years.

Committee on the problems of the European Parliament at its January 2017 special meeting endorsed the draft recommendations, as well as the administrative regulations on the civil-engineering production of robots. For that document voted PRO: 17 deputies, Against: 2 deputies, and have Refrained: 2 deputies.

About 90 research teams in the World are working intensive in the branch of creation of robots. It is demonstrated (Carnegie Mellon University research projects results) that from the all 7 million of human work functions there are demonstrated that about 5 and a half million today can be done by the robots. These human work functions are mostly of the physical type. The intellectual, sensual, temperamental, emotional, and other human psychological functions are in the phase of investigation.

It is need to investigate the measure of intellectual and spiritual Human body features, the physical places of the brain from where such features are directed and managed, the type of signals and its places from where they are produced, and measures of intensity, amplitude and frequency of circuits eliminated by these head and heart parts of Human body.

Such investigations are done by the mixt teams of researchers from the biology, psychology, physics, nano-technology, bio-informatics and other sciences. Results of such investigations represent the digital basis for the adaptable algorithms which evoluate the intelligent and spiritual robotic features.

Intelligent robots have to have the creativity's evolutional features, which depends of the intensity of corresponding intelligent creativity's signals.

Spiritual robots have to be adaptable and have to possess emotion, temperament, and sensual features. Its algorithmic adaptation depends of intensity, amplitude and frequency of circuits eliminated by emotions, temperaments, and sentiments which form corresponding digital information basis of warehouse database for intelligent and spiritual robots.

Our goal is to investigate the process of algorithmic adaptation of robots using digital basis for creation intelligent and spiritual robotic features.

Presented results constitute evaluation of research in framework of the institutional project **"Creating Consciousness Society"** that is developed in the period 2008 - 2018 by the team of AESM, their colleagues, and supporters.

Academia de Studii Economice a Moldovei
American-Romanian Academy of Arts and Sciences

TELECONFERINȚA
internatională a tinerilor cercetători
"Crearea Societăţii Conştiinţei", Ediţia a 6-a, Aprilie 21-22, 2017,
Bacău-Boston-Bucureşti-Chicago-Chişinău-Cluj Napoca-Florida-Los Angeles-Iaşi-
Timişoara
(TELE-2017)
www.ase.md, www.AmericanRomanianAcademy.org

PROGRAM – INVITATIE

Preşedinţi de Onoare a TELECONFERINŢEI internaţionale:
Grigore BELOSTECINIC, Rector ASEM, prof. univ., dr. hab., Academician AŞM,
Membru de Onoare ARA, Chişinău, Republica Moldova
Ruxandra VIDU, Preşedinte ARA, prof., PhD, Ass. Director California Solar Energy
Collaborative (Davis), Davis, USA

Preşedintele TELECONFERINŢEI internaţionale:
Dumitru TODOROI, prof. univ., dr. hab., m. c. ARA, Chişinău, Republica Moldova

Bacău-Boston-Bucureşti-Chicago-Chişinău-Cluj Napoca-Florida-Los Angeles-Iaşi-
Timişoara

Chişinău 2017

Academia de Studii Economice a Moldovei,
American-Romanian Academy of Arts and Sciences

TELECONFERINȚA

internationălă a tinerilor cercetători

"Crearea Societății Conştiinței", (TELE-2017), Ediția a 6-a, Aprilie 21-22, 2017,
Bacău-Boston-București-Chicago-Chișinău-Cluj Napoca-Florida-Los Angeles-Iași-
Timișoara
www.ase.md, www.AmericanRomanianAcademy.org

Preşedinți de Onoare a TELECONFERINȚEI internaționale:
Grigore BELOSTECINIC, Rector ASEM, prof. univ., dr. hab., Academician AŞM,
Membru de Onoare ARA, Chișinău, Republica Moldova
Ruxandra VIDU, Preşedinte ARA, prof., PhD, Ass. Director California Solar Energy
Collaborative (University of California Davis), Davis, USA

Preşedintele TELECONFERINȚEI internaționale:
Dumitru TODOROI, prof. univ., dr. hab., m. c. ARA, Chișinău, Republica Moldova

Comitetul internațional de organizare:
Dumitru TODOROI, prof. univ., dr. hab., m. c. ARA, ASEM, Chișinău, Preşedinte
Radu MIHALCEA, prof. univ., dr., dr., DHC, Illinois University, Chicago, Co-
preşedinte
Elena NECHITA, prof. PhD, Univ. „Vasile Alecsandri", Bacău, România, Co-
preşedinte,
Alin ZAMFIROIU, as. univ., dr., ASE Bucureşti, România, Co-preşedinte
Dan CRISTEA, prof. univ., dr., UAIC, m. c. AR, Iași, România, Co-preşedinte
Marian SIMION, prof., dr., Boston Teologic Institute, Boston, USA
Tinca BELINSKI, LYNN University, Florida, USA
Constantin SASU, prof. univ., dr., UAIC, Iași, România
Anatolie GODONOAGĂ, conf. univ., dr., Decan, Facultatea CSIE, ASEM
Marina COBAN, conf. univ., dr., prodecan, Facultatea BAA ASEM, Co-preşedinte
Nicoleta TODOROI, drd, Academia „Gh. Dima", Cluj-Napoca, România, Co-
preşedinte,
Diana MICUŞA, m. c. ARA, UFCM, Co-preşedinte
Anatolie PRISĂCARU, conf. univ., dr., Şef catedră „Tehnologii informaționale", ASEM

Partenerii:
Academia de Studii Economice a Moldovei, (ASEM), Chisinau, Moldova
American-Romanian Academy of Arts and Sciences, University of California Davis,
Davis, California, USA

Illinois State University, (ISU), Chicago, USA
Academy of Economic Studies, (ASE) Bucharest, România
Boston Theological Institute, (BTI), Boston, USA
"Vasile Alecsandri" University at Bacău, (BU), Bacau, România
LYNN University, Florida, USA
"Al. Ioan Cuza" University at Iaşi, (UAIC), Iaşi, România
Music Academy "Gh. Dima" at Cluj Napoca, (MA), Cluj Napoca, România
Politehnica University of Timisoara, (TPU), Timisoara, România

Tematica:

1. Robotizarea Societăţii Conştiinţei
2. Sisteme informatice in Societatea Conştiinţei
3. Informaţia, Cunoaşterea si Conştiinta robotică
4. Robotizarea Întreprinderilor Mici şi Mijlocii

Evoluţii:

17 Martie 2017: Prezentarea titlului comunicării şi rezumatul ei (Pină la o pagină)
14 Aprilie 2017: Prezentarea lucrarii extenso (Până la 12 pagini, Ms Word, 12, Normal)
21-22 Aprilie 2017: TELE-2017 On-line, Multiple Skype

Termenul limită de înregistrare a participanţilor: 17 Martie 2017: Prezentarea titlului comunicării plus rezumatul ei (Pină la o pagină)

Termenul limită de prezentare a comunicărilor spre publicare: 14 Aprilie 2017 (Până la 12 pagini, Ms Word, 12, Normal) la adresa de email: catedra.ti@ase.md, todoroi@ase.md
Telefon: 022 402947, 022 402948, 022 402 893
Cerinţe de tehnoredactare, structura lucrării ţi alte detalii analogice ca la Congresul ARA-41: http://www.americanromanianacademy.org/41-submission.
Zilele petrecerii On-line, Multiple Skype a TELE-2017: 21-22 Aprilie 2017
Limba de lucru: română şi engleză (fără traducere).
Taxa de participare nu se percepe.
Costurile de cazare şi călătorie sunt suportate de către participanţi

Comitetul local de organizare:

Prof. Dumitru TODOROI, PhD, Dr. hab. m.c. ARA, Catedra "Tehnologii informaţionale"

Assoc. Prof. Eugeniu GÂRLĂ, PhD, Serviciu "Stiinta", Sef serviciu

Assoc. Prof. Anatolia PRISĂCARU, PhD, "Tehnologii informaţionale", Şef catedră

Assoc. Prof. Sergiu TUTUNARU, PhD, AESM Incubator IT, Director

Assoc. Prof. Sergiu CREŢU, PhD, Catedra "Tehnologii informaţionale"

Assoc. Prof. Aureliu ZGUREANU, PhD, Catedra "Tehnologii informaţionale",

Assoc. Prof. Valentina CAPAŢINA, PhD, Catedra "Tehnologii informaţionale"

Ion COVALENCO, Departamentul de informatică, ASEM, Şef departament

Maria MORARU, Catedra "Tehnologii informaţionale", Lector superior

Mădălina MORARU, Student ASEM

Anastasia SLOBOZEAN, Student ASEM

Laura BÂTCĂ, Student ASEM

ANTONI Adriana, Student ASEM

Cristina ORDEANU, Student ASEM

Dumitru MICUSA, Student ULIM

Comitetul international de program

Prof. Grigore BELOSTECINIC, PhD, Dr. hab., Acad. AŞM, Rector AESM, Moldova

Prof. Ruxandra VIDU, PhD, ARA President, University of California Davis, USA

Prof. Dumitru TODOROI, PhD, m.c. ARA, AESM, Republic of Moldova

Prof. Radu MIHALCEA, PhD, Dr., Dr., DHC, Illinois State University, Chicago, USA

Prof. Elena NECHITA, PhD, Dr. m.c. ARA, UB, Bacău, România

Prof. Dumitru MOLDOVAN, PhD, Dr. hab., m. c. ASM, Chisinau

Dr. Carmen SABAU, ARA Emeritus Member, USA

Prof. Dr.rer.nat. Marius ENACHESCU, University POLITEHNICA of Bucharest, Bucharest, Romania

Dr. Alin ZAMFIROIU, Academy of Economic Studies, Bucharest, România

Dr. Catalina CURCEANU, Researcher, Primo Ricercatore Laboratori Nazionali di Frascati dell'INFN, Frascati (Roma), Italy

Prof. Ion SMEUREAN, PhD, Dr., Academy of Economic Studies, Bucharest, România

Prof. Ion IVAN, PhD, Dr., Academy of Economic Studies, Bucharest, România

Prof. Dan CRISTEA, PhD, Dr., m.c. AR, UAIC, Iaşi, România

Prof. Ioana IONEL, PhD, Dr. Ing. TPU, Timisoara, România

Prof. Costica SASU, PhD, Dr. UAIC, Iaşi, România

Assoc. Prof. Sabin BURAGA, PhD, UAIC, Iaşi, România

Prof. Marian SIMION, PhD, BTI, Boston, USA,

Ass. Prof. Diana CRICLIVAIA, PhD, Dr., m.c. ARA, Warsaw State University, Poland

Diana MICUSA, m.c. ARA, UFCM, Chisinau, Republic of Moldova

Ass. Nicoleta TODOROI, Music Academy "Gh. Dima", Cluj Napoca, România

Ass. Prof. Sergiu PERETEATCU, PhD, Dr., m.c. ARA, MSU, Chişinău, Moldova

Prof. Dr. Isabelle SABAU, USA

Dr. Petre SERBAN, Germany

Prof. Dr. Ioan OPRIS, USA

Prof. Dr. Ing. Ruxandra BOTEZ, Ecole de technologie supérieure, Montréal, Canada

Prof. Dr. Ildiko PETER, Polytechnic University of Turin, Italy

Prof. Dr. Stela DRAGULIN, Universitatea Brasov, Brasov, Romania

Program – invitaţie

Secţiunea I: Plenară

21 aprilie, orele 8:00 – 10:00. Sala 104 "B"

    Pauza, cafea, ceai, gustari

21 aprilie, orele 10:00 – 10:15.

    Secţiunea "Robotizarea Societăţii Conştiinţei"

21 aprilie, orele 10:15 – 12:15. Sala 104 "B"

    Pauza de prinz

21 aprilie, orele 12:15 – 13:15.

   Secţiunea "Sisteme informatice in Societatea Conştiinţei"

21 aprilie, orele 13:15 – 15:00. Sala 104 "B"

Sectiunea II: Plenară

22 aprilie, orele 8:00 – 10:00. Sala 104 "B"

    Pauza, cafea, ceai, gustari

22 aprilie, orele 10:00 – 10:15.

   Secţiunea "Informaţia, Cunoaşterea si Conştiinta robotică"

22 arilie, orele 10:15 – 11:15. Sala 104 "B"

    Secţiunea "Robotizarea Întreprinderilor Mici şi Mijlocii"

22 aprilie, orele 11:15 – 12:30. Sala 104 "B"

Sesiunea III: Plenară

22 aprilie, orele 12:30 – 13:30. Sala 104 "B"

Programul TELE – 2017

Secţiunea I: Plenară
21 aprilie, orele 8:00 – 10:00. Sala 104 "B"

Moderatori:
Radu MIHALCEA, Prof. Dr. Dr. H. C., University of Illinois at Chicago, USA
Prof. Dumitru TODOROI, PhD, Dr. hab. m.c. ARA, ASEM, Chişinău, RM
Ruxandra VIDU, Prof. dr., ARA President, Davis, California, USA
Secretari: Madalina MORARU, Anastasia SLOBODEAN

Societatea conştiinţei în istorie şi în America contemporană
Radu MIHALCEA, Prof. Dr. Dr. H. C., University of Illinois at Chicago, USA
radu2016mi@yahoo.com

"Subiect rezervat ", Dan CRISTEA, Prof. dr., m. c. AR, Iaşi, Romania

Ideile novatoare ale lui Traian VUIA aplicate
Ioana IONEL, Prof. dr. ing. habil, m.c. ARA, Universitatea POLITEHNICA
Timisoara, ioana.ionel@upt.ro; Ionel_Monica@hotmail.com

There has never been a better time for the sustainable development of our cities. An
INFORMATIONAL approach and a case study
Elena NECHITA, Doina PĂCURARI, Venera-Mihaela COJOCARIU, Cristina
CÎRTIȚĂ-BUZOIANU, Marcela-Cornelia DANU, enechita@ub.ro

Online Users Recognition in Consciousness Society
Alin ZAMFIROIU, AES, Bucharest, Romania, National Institute for Research &
Development in Informatics, zamfiroiu@ici.ro

Stages development of ROBO-intelligences.
Dumitru TODOROI, Prof., dr. habil, m.c. ARA, ASEM, Chişinău, todoroi@ase.md

Pauza, cafea, ceai, gustari
21 aprilie, orele 10:00 – 10:15.

Secţiunea "Robotizarea Societăţii Conştiinţei"

21 aprilie, orele 10:15 – 12:15. Sala 104 "B"
Moderator: Ioana IONEL, Prof. dr. ing. habil,, m.c. ARA, Univ, Poli. Timisoara
Alin ZAMFIROIU, as., dr., ASE Bucuresti, Romania
Aureliu ZGUREANU, conf. univ., dr., aurelzgureanu@gmail.com
Secretari: Laura BÂTCĂ, Cornel SORA

Utilizarea Tehnologiilor Internet of Things în Societatea Conţtiinţei
Ramona PLOTOGEA, Academia de Studii Economice, Bucureşti, România,
ramonaplotogea@gmail.com

Învăţarea şi evaluarea studenţilor în Societatea Conştiinţei
Cornel SORA, Academia de Studii Economice, Bucureşti, România,
cornelsora@gmail.com

Analysis of Security Issues in Web Applications
Zabiaco Dmitri, ASEM, Chisinau, dmitri.delta@gmail.com
Coordonator: Aureliu ZGUREANU, conf. univ., dr., aurelzgureanu@gmail.com

Application of Biometric Identification in Information Systems
Maclasevschi Anastasia, ASEM, Chisinau, maklasharik@gmail.com

Chescu Alexandru, ASEM, Chisinau, kuzecika@mail.ru
Coordonator: Aureliu ZGUREANU, conf. univ., dr., aurelzgureanu@gmail.com

Interoperabilitatea Limbajelor in Programarea Modernă Web
Alîmov Adrian, ASEM, alimov.adrian@gmail.com
Coordonator: Aureliu ZGUREANU, conf. univ., dr., aurelzgureanu@gmail.com

About Security Issues of Mobile Telephony
Tatarova Corina, ASEM, Chisinau, pi4eniu6ka@gmail.com
Coordonator: Aureliu ZGUREANU, conf. univ., dr., aurelzgureanu@gmail.com

Choleric ROBO-intelligences with positive sensibility
Adriana ANTONI, adry97@mail.ru
Coordinator: TODOROI Dumitru, prof., dr. hab., ARA corr. member

The Sanguine ROBO-intelligence with negative sensibility
Cristina ORDEANU, kristinaordeanu@gmail.com, T-161
Coordinator: Dumitru TODOROI, univ. prof., dr. hab., ARA corr. Member

" Subiect rezervat ", Mădălina MORARU, ASEM

Adaptable Algorithmization for Positive Sensual ROBO-intelligences.
Laura BITCA, bitca.laura@mail.md , Dumitru TODOROI, todoroi@ase.md

Pauza de prinz
   21 aprilie, orele 12:15 – 13:15.

Secţiunea "Sisteme informatice in Societatea Conştiinţei"
21 aprilie, orele 13:15 – 15:00. Sala 104 "B"
 Moderatori:
Elena NECHITA, Prof. dr., m.c. ARA, "Vasile Alecsandri" University of Bacău
Dumitru MOLDOVAN, Prof. dr. hab. m.c. ASM, ASEM, Chişinău
Ilie COANDA, Conf. univ., dr., Prodecan CSIE, ASEM
 Secretari: Ramona PLOTOGEA, Cristina FUSU

The use of information technology for improving the quality of farm management
Bogdan - Alexandru SERBAN, Bucharest University of Economic Studies, Bucharest,
Romania, serbanbogdan2008@yahoo.com

 Gestionarea plăţilor TVA
BOTNARI Andrei, gr. TI 131, ASEM
Coordonator: Ilie COANDA, Conf. univ., dr., ASEM

 Telefoane inteligente ca mijloace eficiente de procesare a datelor
BEJENARU Ion, gr. TI 131, ASEM
Coordonator: Ilie COANDA, Conf. univ., dr., ASEM

 USING "The Onion Router" TO IMPROVE PRIVACY
Kosataia Anastasia, ASEM, akosataya@gmail.com
Coordonator: Aureliu ZGUREANU, conf. univ., dr., aurelzgureanu@gmail.com

 A Review Paper of Steganography Technique Using Algorithms for Embedding
Information into Images
Carolina BULAT, ASEM, Chisinau, karonline95@gmail.com,
 Evghenii VRANCEANU, ASEM, Chisinau, jeneavranceanu@gmail.com
 Coordonator: Aureliu ZGUREANU, conf. univ., dr., aurelzgureanu@gmail.com

Principii de bază în web design pentru optimizarea activităţii unui magazin de optică

Cristina FUSU, ASEM, fusu.cristina@mail.ru

Valentina CAPAŢINA, conf. univ., dr., ASEM, vcapatina@yahoo.com

Tehnologii Informaţionale in Contabilitatea Operaţiunilor Specifice Bugetului Local

CUCER Neonela, neonelacucer@gmail.com, Valentina CAPAŢINA, PhD Asoc. Prof.

Sectiunea II: Plenară

22 aprilie, orele 8:00 – 10:00. Sala 104 "B"

Moderatori: Dan CRISTEA, prof., dr., m.c. AR, UAIC, Iasi, România

Marius ENACHESCU, Prof., dr., ARA Vice-Presudent, Bucharest, România

Anatolie PRISĂCARU, conf, dr, ASEM, Chişinău, Republic of Moldova

Secretari: Laura BÂTCĂ, Madalina MORARU

" Subiect rezervat ", Marian SIMION, Prof., dr., BTI Director, Boston, USA

" Subiect rezervat ", Carmen SABĂU, Prof., dr., ARA member, Chicago, USA

" Subiect rezervat ", Eugeniu GÂRLĂ, Assoc. Prof., dr., „Stiinta", ASEM, Chisinau

From Human AURA to Robotic AURA.

Dumitru TODOROI, todoroi@ase.md

Mădălina MORARU, maddymauler@gmail.com, Laura BÂTCĂ, bitca.laura@mail.md

Adoptarea unui stil de viaţă sănătos în Societatea Conştiinţei

Ciprian-Andrei COŞARCĂ, Academia de Studii Economice, Bucureşti, România

Pauza, cafea, ceai, gustari

22 aprilie, orele 10:00 – 10:15.

Secţiunea "Informaţia, Cunoaşterea si Conştiinţa robotică"

22 arilie, orele 10:15 – 11:15. Sala 104 "B"

Moderatori: Aureliu ZGUREANU, Conf. univ, dr., ASEM,

Ilie COANDA, Conf. univ, dr., ASEM,

Maria MORARU, Senior Lector, ASEM

Secretari: Anastasia SLOBOZEAN, Catalina BARAC

Problemele şi perspectivele dezvoltării turismului religios în cadrul RM
SLOBOZEAN Anastasia, willwandom99@mail.ru,

TODOROI Dumitru, todoroi@ase.md

ÎMM „Plantaţie de Nuci: EUROPA+"
Alexandru DAVID, EG-161, ASEM, Chişinău, Sandudavid5@gmail.com
Coordonator: Dumitru TODOROI, Prof. dr. hab, m.c. ARA, todoroi@ase.md

Frumosul in Societatea Constiintei
Olaru Lidia, ASEM, lydiaolaru@gmail.com
Dumitru Todoroi, univ. prof., dr. hab., m.c. ARA, ASEM, todoroi@ase.md

Project production based on Productive Thinking
Dumitru TODOROI, AESM, Chisinau, todoroi@ase.md
Dumitru MICUSHA, ULIM, dima_micusa@mail.ru

Diferenţe de gen în reprezentările sociale ale frumuseţii
Dumitru MICUŞA, dima_micusa@mail.ru,
Coordonator: Ina MORARU, PhD, Dr., ULIM, Chişinău, Republica Moldova

Portret musical – samnatura constiintei
Nicoleta TODOROI, ntodoroi@yahoo.com,
Academia de muzică "Gh. Dima", Cluj Napoca, România

Secţiunea "Robotizarea Întreprinderilor Mici şi Mijlocii"
22 aprilie, orele 11:15 – 12:30. Sala 104 "B"
Moderatori: Valentina CAPAŢINA, Assoc. prof., dr., ASEM
              Eugeniu GARLA, Conf., dr., m.c. ARA, Serviciu "Stiinta", Sef serviciu
Secretari: Ana ONICA, Alexandru DAVID,

Plan de afaceri: WEB-FACTORY
Ana ONICA, ASEM, Chişinău, onica.ana0198@gmail.com
Coordonator: Dumitru TODOROI, Prof. dr. hab, m.c. ARA, todoroi@ase.md

Tehnologii informaţionale in scopul maximizării profitului
Alexandru POGON, ASEM, aalex.pogon@gmail.com
Maria MORARU, lector superior univ., moraru_maria@yahoo.com

Subsistem informatic: „Evidenţa corespondenţei administrative în cadrul unei întreprinderi"
Irina CĂPĂŢINĂ, ASEM, Chiţinău, irina.capatina@yahoo.com
Coordonator: Anatolie PRISĂCARU, Conf. univ., dr. a_prisacaru@yahoo.com

Proiectarea sistemului informatic al ÎMM din spatial rural al RM
GHIDU Diana, ASEM, dianaghidu@zahoo.com,
TODOROI Dumitru, todoroi@ase.md

Tehnologii informaţionale în planificarea financiară a unităţilor economice
Catalina BARAC, ASEM, catalina.barac@gmail.com
Maria MORARU, lector superior univ., moraru_maria@yahoo.com

Sistem Informatic Pentru Gestionarea Activităţilor in Cadrul Unui Restaurant
Ion TABAC, CSIE, *AESM*, muctuk32@gmail.com
Valentina CAPAŢINA, *PhD Associate Professor, AESM*, capatina@yahoo.com

Utilizarea Tehnologiilor Informaţionale În Administrarea Şi Monitorizarea Punctelor De Acces Wi-Fi
Victor BARBOS, ASEM, barbos@ase.md
Valentina CAPAŢINA, conf. univ., dr., ASEM, vcapatina@yahoo.com

Elaborarea site-ului unei întreprinderi
ŢIGANCIUC Victor, ASEM, tiganciucphoto@gmail.com
Coordonator: TODOROI Dumitru, Prof. univ., dr. hab. m.c. ARA, todoroi@ase.md

Elaborarea locaţiei WEB a unei firme comerciale
STURZA Igor, ASEM, igoroleg30@gmail.com
Coordonator: TODOROI Dumitru, Prof. univ., dr. hab. m.c. ARA, todoroi@ase.md

Elaborarea WEB site-ului cu ajutorul tehnologiilor moderne
FORNEA Eugeniu, ASEM, fornea.eugen@mail.ru
Coordonator: TODOROI Dumitru, Prof. univ., dr. hab. m.c. ARA, todoroi@ase.md

Elaborara Locaţiei Web A Unei Imm De Prestare A Serviciilor

lina MEREUTA, ASEM
Coordonator: Dumitru TODOROI, prof. univ., dr. hab., m. c. ARA, todoroi@ase.md

Sesiunea III: Plenară

22 aprilie, orele 12:30 – 13:30. Sala 104 "B"

Moderatori: Ruxandra VIDU, Ass. Prof., PhD, ARA President, California, USA, Elena NECHITA, prof. dr., m.c. ARA, "Vasile Alecsandri" University of Bacău, Romania Alin ZIMFEROIU, Ass., dr., ASE Bucuresti, Romania

Dumitru TODOROI, Prof. univ., dr. hab. m.c. ARA, ASEM

Secretar: Mădălina MORARU, Anastasia SLOBOZEAN

Perspective for robotic AURA.

Dumitru TODOROI, todoroi@ase.md
Mădălina MORARU, maddymauler@gmail.com
Laura BÂTCĂ, bitca.laura@mail.md

ARA Publisher, Editura Academia Romậno-Americană de Arte și Științe,
University of California Davis
http://www.AmericanRomanianAcademy.org
info@AmericanRomanianAcademy.org
Adresa: P.O. Box 2761
Citrus Heights, CA 95611-2761